应用型本科信息大类专业"十三五"规划教材

数据库原理与应用

主　编　赵永霞　高翠芬　熊　燕

副主编　范桂龄　李雪燕　雷　渊　曹琳琳

U0363614

华中科技大学出版社
http://www.hustp.com

中国·武汉

内 容 简 介

本书全面地介绍数据库系统的基本概念、基本原理和基本应用。全书共分两大部分,即理论部分和应用部分。理论部分重点讲述了关系数据库、关系数据库设计理论、数据库设计、关系数据库标准语言 SQL 等内容。应用部分重点讲述了 SQL Server 2016 的数据库技术等内容,这一部分是笔者多年数据库教学经验的积累,内容丰富全面,非常具有实用性,具体包括 SQL Server 数据库配置和管理,数据库和数据表的创建和维护、SQL Server 中高级数据库编程(涵盖 Transact-SQL 程序设计、存储过程和触发器这几个部分的管理和控制)、SQL Server 安全管理以及数据库的备份和还原等内容。书中和 SQL 语句有关的例子均在 SQL Server 2016 环境下测试通过,读者可以充分利用 SQL Server 2016 平台深刻理解数据库技术的原理,达到理论和实践的紧密结合。本书内容循序渐进、深入浅出、概念清晰、条理性强,每一章节都给出了大量的案例,并对各种案例进行了详细的分析和说明。同时,每章后面都附有思考题,可以从不同的侧面帮助读者练习和掌握所学知识点。

为了方便教学,本书还配有电子课件等教学资源包,可以登录"我们爱读书"网(www.ibook4us.com)浏览,或者发邮件至 hustpeiit@163.com 索取。

本书既可以作为高等院校计算机、软件工程、信息管理与信息系统等相关专业本科生数据库课程的教材,也可以作为大中专院校计算机专业和非计算机专业教学系列教材,还可以作为科研技术人员的计算机参考书及培训教材。

图书在版编目(CIP)数据

数据库原理与应用/赵永霞,高翠芬,熊燕主编.—武汉:华中科技大学出版社,2017.7(2021.7 重印)
应用型本科信息大类专业"十三五"规划教材
ISBN 978-7-5680-3105-9

Ⅰ.①数…　Ⅱ.①赵…　②高…　③熊…　Ⅲ.①数据库系统-高等学校-教材　Ⅳ.①TP311.13

中国版本图书馆 CIP 数据核字(2017)第 168278 号

数据库原理与应用
Shujuku Yuanli yu Yingyong

赵永霞　高翠芬　熊　燕　主编

策划编辑:康　序
责任编辑:史永霞
责任监印:朱　玢
出版发行:华中科技大学出版社(中国·武汉)　　电话:(027)81321913
　　　　　武汉市东湖新技术开发区华工科技园　　邮编:430223
录　　排:武汉正风天下文化发展有限公司
印　　刷:武汉市籍缘印刷厂
开　　本:787mm×1092mm　1/16
印　　张:19
字　　数:497 千字
版　　次:2021 年 7 月第 1 版第 3 次印刷
定　　价:48.00 元

前言 PREFACE

数据库技术是计算机科学技术中发展最快的领域之一,也是应用最广泛的技术,它已成为计算机信息系统与应用系统的核心技术和重要基础。"数据库原理及应用"是计算机科学与技术的专业核心课程之一,考虑到它是一门理论性和应用性都很强的课程,因此,为了便于教师对本课程的教学和学生对知识的掌握,特别是为了鼓励学生努力学习和勤于思考,作者总结了这些年来从事数据库系统理论与实践教学的经验,力图从一个新颖的角度、合适的切入点对数据库系统各方面的知识进行介绍,由浅入深、循序渐进地探讨数据库的基本原理和应用技术,因而编写了本书。

本书内容可分为两大部分,即理论部分(第 1~6 章)和应用部分(第 7~11 章),共 11 章。

第 1 章介绍了数据库系统的基本概念、数据模型、数据库系统的组成、数据库的系统结构、数据库技术的研究领域和发展趋势。

第 2 章介绍了关系模型的基本概念、关系代数和关系演算。

第 3 章介绍了关系数据库设计理论,包括数据依赖和关系规范化理论。

第 4 章介绍了数据库设计的方法,包括需求分析、概念模型设计、逻辑结构设计、数据库物理设计和数据库的实施与维护。

第 5 章介绍了关系数据库标准语言 SQL,包括数据定义、查询、数据更新、视图、数据控制。

第 6 章介绍数据库的恢复、并发控制及数据库的完整性和安全性。

第 7 章介绍了 SQL Server 2016 数据库的特点、配置和常见管理工具的功能和使用方法。

第 8 章介绍了在 SQL Server 2016 中数据库与数据表的使用。

第 9 章介绍 T-SQL 程序设计、游标、存储过程、函数和触发器的概念、作用及使用方法。

第 10 章从安全性角度介绍了对 SQL Server 2016 数据库管理系统的基本管理方法。

第 11 章介绍了在 SQL Server 2016 环境下进行数据库备份和还原的基本方法。

本书以简明易懂的笔调阐述内容,再配以大量经过精心筛选的例题和习题,不仅方便老师教学,也便于学生自学。相信通过本书的学习,读者能够尽快掌握数据库系统的理论和技术,进入数据库管理系统的应用和开发的高级阶段。本书能使学生在正确理解数据库原理的基础上,熟练掌握主流数据库管理系统SQL Server 的应用技术及数据库应用系统的设计和开发方法。

本书由武汉东湖学院赵永霞、武昌理工学院高翠芬和熊燕担任主编,由西京学院范桂龄、武汉科技大学城市学院李雪燕、南宁学院雷渊、哈尔滨远东理工学院曹琳琳担任副主编,罗建平、周志红、黄郑正、彭玉华、温静协助进行了本书的资料整理工作。其中,第 1、2、3、5 章由赵永霞编写,第 4、6 章由高翠芬编写,第 8、10 章由熊燕编写,第 9 章中 9.2 小节和 9.3 小节由范桂龄编写,第 9 章中 9.4 小节和习题以及第 11 章由李雪燕编写,第 9 章中 9.1 小节由雷渊编写,第 7 章由曹琳琳编写。全书由赵永霞统稿。

本书在编写过程中得到了武昌理工学院的各级领导及信息工程学院的多位同事和许多同行的大力协助与支持,使编者获益良多,在此表示衷心的感谢。为了方便教学,本书还配有电子课件等教学资源包,可以登录"我们爱读书"网(www.ibook4us.com)浏览。或者发邮件至 hustpeiit@163.com 索取。

由于作者水平有限,加之时间匆促,书中错误在所难免,敬请广大读者和专家批评指正。

作　者
2021 年 5 月于武汉

目录

CONTENTS

第❶章 数据库系统概论

【学习目的与要求】

本章介绍数据库系统的一些基本概念,通过学习要求达到下列目的:

(1) 理解数据库系统的基本概念:数据、信息、数据库、数据库管理系统和数据库系统。

(2) 了解数据处理技术各个发展阶段的不同特点。

(3) 掌握数据模型的基本概念,理解什么是概念模型以及概念模型的表示方法。重点掌握以下概念:关系模型、E-R 数据模型和 E-R 数据模型向关系模型的转化。

(4) 掌握数据库系统的模式结构,熟悉数据库系统的独立性。

(5) 了解数据库系统的体系结构,了解数据库技术的研究领域和发展趋势。

数据库技术的产生使计算机应用进入了一个新的时期,社会的各个领域都与计算机发生了联系。数据库技术聚集了数据处理最精华的思想,是管理信息最先进的工具。

随着互联网的快速发展,今天数据库已经成为几乎所有企业和组织的基本组成部分。例如:当访问一个银行网站,检索账户余额和交易信息时,实际上这些信息来自银行的数据库系统;当查询某产品信息时,产品信息来自该产品的数据库系统;当在网络上查询某人的基本资料时,该人的信息来自某单位的人事管理系统;当访问在线书店,浏览书目或听音乐时,实际上访问的是存储在某个数据库中的数据。现在很多的用户界面隐藏了访问数据库的细节,很多人甚至没有意识到是在与一个数据库打交道。

数据库的应用非常广泛,它的一些具有代表性的应用如下。

学校:用于存储学生的信息、课程注册和成绩信息。

银行业:用于存储客户的信息、账户、贷款以及银行的交易记录信息。

航空业:用于存储订票和航班信息。

电信业:用于存储通话记录,产生每月账单,维护预付电话卡的余额和存储通信网络的信息。

金融业:用于存储股票、债券等金融票据的持有、出售和买入信息。

销售业:用于存储客户信息、产品和购买信息。

制造业:用于管理供应链,跟踪工厂中产品的产量,管理仓库(或商店)中产品的详细清单以及产品订单的信息。

人力资源:用于存储员工基本资料、工资、所得税和津贴信息,并产生工资单。

信用卡交易:用于记录信用卡的消费情况和产生每月清单信息。

旅游业:用于存储景点、酒店、车票等信息。

铁路交通业:用于存储车票和买卖记录等信息。

1.1 数据库系统概述

数据库在我们的生活中已经无处不在,对事物的描述,充满了信息与数据的概念。因此在介绍数据库技术之前,先简单介绍数据、信息与数据处理三个重要的概念。

1.1.1 数据、信息与数据处理

数据就是对客观事物的一种反映或描述,它是用一定方式记录下来的客观事物的特征。数据是数据库中存储的基本对象。例如,某学生的学号、姓名、性别、出生日期、地址、成绩等,就是反映该生基本状况的数据,它们是学生信息数据库的基本对象。数据的形式可以是文字、数值、图形、声音、视频等。

信息是人围绕某个目的从相关数据中提取的有价值的意义。例如,从成绩这个数据,可以得到该生是否可以获得奖学金等信息。数据是承载信息的物理符号或称之为载体,而信息是数据的内涵。二者的区别是:数据可以表示信息,但不是任何数据都能表示信息,同一数据也可以有不同的解释。信息是抽象的,同一信息可以有不同的数据表示方式。

数据处理是将数据转换成信息的过程。这个过程主要是指对所输入的数据进行加工整理,包括对数据的收集、存储加工、分类、检索、传播等一系列活动。其目的就是从大量的、已知的数据出发,根据事物之间的固有联系和运动规律,采用分析、推理、归纳等手段,提取对人们有价值、有意义的信息,作为某种决策的依据。

数据 ——→ 数据处理 ——→ 信息

图 1-1 数据和信息的关系

我们可以用图 1-1 简单地表示出数据和信息的关系。从图 1-1 中我们可以看到,只有经过了数据处理的数据才有可能成为信息。注意数据与信息的概念是相对的,而不是绝对的。

1.1.2 数据库系统的有关概念

数据库系统(database system,DBS)是指一个完整的、能为用户提供信息服务的系统。数据库系统是引进数据库技术后的计算机系统,它实现了有组织地、动态地存储大量相关数据的功能,提供了数据处理和信息资源共享的便利手段。而数据库技术是一门研究数据库结构、存储、管理和使用的软件学科。下面介绍几个相关概念。

数据库(database,DB)是以一定的数据模型组织和存储的、能为多个用户共享的、独立于应用程序的、相互关联的数据集合,或者可以理解为它是一个存放数据的"仓库"。数据库本身不是独立存在的,它是数据库系统的一部分,在实际应用中,人们常面对的是数据库系统。

数据库管理系统(database management system,DBMS)是处理数据库访问的软件,可以把它看成是操作系统的一个特殊用户,它向操作系统申请所需的软硬件资源,并接受操作系统的控制和调度。DBMS 提供数据库的用户接口。目前常用的数据库管理系统有FoxPro,SQL Server 2000,Oracle 和 Informix 等。只有在计算机上配置了 DBMS,才能建立所需要的数据库。DBMS 是数据库系统的核心部分。DBMS 主要提供一个可以方便地、有效地存取数据库信息的环境。

数据库应用系统是指系统开发人员利用数据库资源开发出来的、面向某一类信息处理问题而建立的软件系统。例如学生信息管理系统、人事管理系统等。

1.1.3 数据管理技术的发展过程

从最早的商用计算机起,数据处理就一直推动着计算机技术的发展。事实上,数据处理自动化早于计算机的出现。Hollerith 发明的穿孔卡片,早在 20 世纪初就用来记录美国的人口普查数据,并且用机械系统来处理这些卡片并列出结果。穿孔卡片后来被广泛地作为一

种将数据输入计算机的手段。

数据处理的核心问题就是数据管理。计算机数据管理随着计算机硬件（主要是外存）、软件技术和计算机应用范围的发展而不断发展，大致经历了以下几个阶段：人工管理阶段、文件系统阶段、数据库系统阶段、分布式数据库系统阶段和面向对象的数据库系统阶段。

1. 人工管理阶段

20 世纪 50 年代以前，人们还把计算机当作一种计算工具，主要用于科学计算。通常的办法是：用户针对某个特定的求解问题，首先确定求解的算法，然后利用计算机系统所提供的编程语言，直接编写相关的计算程序，给出自带的相关数据，将程序和相关的数据，通过输入设备送入计算机，计算机处理完后输出用户所需的结果。不同的用户针对不同的求解问题，均要编制各自的求解程序，整理各自程序所需要的数据，数据的管理完全由用户自己负责，这就是我们所说的数据的人工管理阶段。

这一时期数据管理的特点是数据与程序不具有独立性。数据由程序自行携带，这就使程序严重依赖于数据。如果数据类型、格式，或者数据量、存取方法、输入输出方式等发生改变，程序就要做出相应修改。同时，因为没有统一的数据管理软件，数据的存储结构、存取方式、输入输出方式等都由应用程序处理，这就给应用程序开发人员增加了很重的负担，并且效率较低。在此阶段还有大量的数据冗余。由于数据是面向应用程序的，一个程序携带的数据，在程序运行结束后就连同该程序一起退出了计算机系统。如果别的程序要共享该程序的数据，只能重新组织携带。因此，程序间经常会存在大量的重复数据。人工管理阶段的程序与数据的关系如图 1-2 所示。由图 1-2 可知，该阶段的数据在程序内部，程序和数据之间是一一对应的。

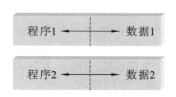

图 1-2　人工管理阶段程序与数据的关系

2. 文件系统阶段

20 世纪 50 年代后期至 60 年代中后期，计算机开始大量用于数据处理工作，大量的数据存储、检索和维护成为紧迫的需求。为了方便用户使用计算机，提高计算机系统的使用效率，产生了以操作系统为核心的系统软件，以有效地管理计算机资源。文件是操作系统管理的重要资源之一，操作系统提供了文件系统的管理功能。在文件系统中，数据以文件形式组织与保存，文件是一组具有相同结构的记录的集合，记录是由某些相关数据项组成的。数据被组织成文件后，就可以与处理它的程序相分离而单独存在。数据按其内容、结构和用途的不同可以组织成若干不同名称的文件。文件一般为某一用户（或用户组）所有，但也可供指定的其他用户共享。文件系统还为用户程序提供了一组对文件进行管理与维护的操作或功能，包括对文件的建立、打开、读/写和关闭等。用户程序可以调用文件系统提供的操作命令来建立和访问文件，文件系统就成了用户程序与文件之间的接口。在这一阶段，程序和数据间的关系如图 1-3 所示。

用户在设计应用程序时，只要按文件系统的要求来建立和使用相应的数据文件，考虑数据的逻辑结构和特征、规定的组织方式与存取方法，就不必关心数据的物理存储等各方面的具体细节。它简化了用户程序对数据的直接管理功能，提高了系统的使用效率，对数据的管理也因此进入了所谓的文件系统阶段。这个阶段的数据管理虽然较人工管理迈进了一大步，但它仍有以下弊端。

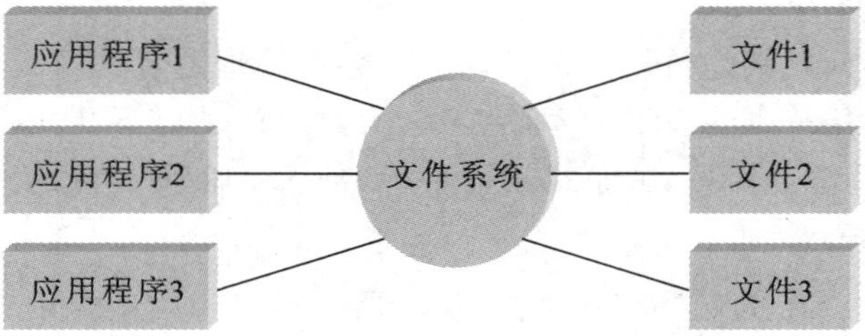

图 1-3 文件系统阶段程序与数据的关系

（1）应用程序的开发效率低。应用程序开发人员必须对所用文件的逻辑结构和物理结构有清楚的了解。文件系统只提供打开、关闭、读、写等几个低级的文件操作命令，对文件的查询、修改等处理都必须在应用程序内解决，这样就不可避免地导致应用程序功能上的重复设置。

（2）文件的设计很难满足多种应用程序的不同要求，数据冗余不可避免。在文件系统中，没有维护数据一致性的监控机制，数据的一致性由用户自己维护。这样，在复杂的大型信息系统中，要保证数据的一致性，几乎不可能实现。

（3）数据独立性差。文件系统中文件结构的设计是面向应用程序的，文件结构的每一处修改都将导致应用程序的修改，而随着应用环境和需求的变化，对文件结构的修改是经常发生的，因此，维护应用程序的工作量很大。

（4）文件系统一般不支持对文件的并发访问。现在的计算机系统多为多通道程序系统，允许多个应用程序并发运行。但文件系统一般不支持多个应用程序对同一文件的并发访问。典型的应用是航空公司的机票自动查询和订票系统，查询通常是询问在某一段时间内，从某个城市飞往另一个城市的航班有什么座位可供选择以及机票价格，数据更新可以是为旅客登记航班、分配座位等。而任何时刻都可能会有多个票务代理同时访问数据文件的某些部分，系统必须能够支持这种并发访问，同时要能够避免"两个票务代理同时卖出了同一个座位的机票"之类的错误发生。文件系统在这一点上是无能为力的。

（5）没有对数据的统一管理。由于数据缺少统一管理，在数据的结构、编码、表示格式、命名以及输出格式等方面不容易做到规范化、标准化，在数据的安全保密方面也难以采取有效措施。

这些问题阻碍了数据处理技术的发展，不能满足人们日益增长的信息需求。应用需求和计算机技术的发展促使人们研究新的数据管理技术，因此，数据库技术就应运而生了。

3. 数据库系统阶段

从 20 世纪 60 年代后期开始，计算机应用于管理的规模更加庞大，需要计算机管理的数据急剧增长，对数据共享的要求也与日俱增。大容量磁盘系统的使用，使计算机联机存取大量数据成为可能；软件价格上升，硬件价格相对下降，使独立开发系统和维护软件的成本增加。文件系统的管理方法已无法满足要求。为了解决独立性问题，实现数据统一管理，最大限度地实现数据共享，必须发展数据库技术。数据库技术为数据管理提供了一种较完善的高级管理方式，它克服了文件系统方式下分散管理的缺点，对所有的数据实行统一、集中管理，使数据的存储独立于使用它的程序，从而实现数据共享。

数据库是通用化的相关数据集合，它不仅包括数据本身，而且包括相关数据之间的联系。数据库中的数据通常是整个信息系统全部数据的汇集，面向所有合法用户，其数据结构独立于使用数据的程序。数据库的建立、使用和维护等操作由专门的软件系统即数据库管理系统(DBMS)统一进行。该阶段程序与数据的关系如图 1-4 所示。

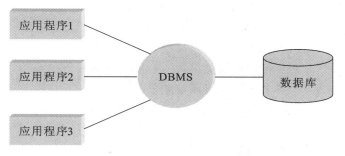

图 1-4　数据库系统阶段程序与数据的关系

这个阶段的数据库系统有以下特点：

（1）从全局观点组织数据。在数据库系统中，对数据的描述，不仅要描述数据本身，而且要描述数据之间的联系。从整体看，不仅要考虑一个应用的数据结构，更要考虑整个组织的数据结构。数据库系统实现的整体数据的结构化，是数据库的一个主要特征。

（2）实现数据共享，减少数据冗余。数据库从整体角度描述数据，数据是面向整个系统的，因此数据可以被多个用户、多个应用程序共享使用。数据共享可以大大减少数据冗余，节约存储空间，减少存取时间，避免数据之间的不相容性和不一致性，更好地实现数据规范化和标准化。

（3）采用特定的数据模型，具有较高的数据独立性。在数据库系统阶段，由数据库管理系统对数据进行统一管理，用户可以在更高的抽象级别上观察和访问数据，而不必考虑有关文件的打开、关闭、读、写等一些低级操作，也不必关心数据存储和其他实现的具体细节。同时，DBMS 屏蔽了对文件结构所做的一些修改，从而减少应用程序维护和修改的工作量，提高数据的独立性。

（4）有统一的数据控制功能。数据库是系统中各用户的共享资源，因此系统必须提供数据的安全性、完整性和并发控制机制。这些在文件系统中难以实现的功能在 DBMS 中都一一实现了。数据安全性控制机制能保护数据不被非法使用，且能防止数据库被非法使用造成的数据泄密和破坏。完整性控制机制能保证数据的正确性、有效性和相容性，在发生故障的情况下能完成数据一致性的恢复功能。并发控制机制能使用与不同类型用户交互的多用户界面，保证并发访问时的数据一致性。

目前，数据库系统的使用非常广泛。

4．分布式数据库系统阶段

20 世纪 70 年代后期，由于计算机硬件系统与通信系统的发展，分布式数据库应运而生，它是数据库技术和计算机网络技术结合的产物。所谓分布式数据库系统是由一组数据组成的，这些数据物理上分布在计算机网络的不同节点（亦称场地）上，逻辑上则是属于同一个系统。分布式数据库实质上是一个数据在多个不同地理位置存储的数据库。数据库的某一部分在一个位置存储和处理，数据库的其他部分在另外一个或多个位置存储和处理。

分布式数据库本身是分布的，能很好地适应一个单位的具体需求，用户可以根据自己的实际需要与能力来构建自己的分布式网络系统。如果经济比较紧张，开始时可以少建一些节点，以后需要扩大时就增加一些节点，因此灵活性好，可扩充性强。

数据是分布的，通常处理也是分布的，也就是说，位于本地计算机上的数据通常由本地计算机处理,减轻了对网络服务器的处理要求,提高了整个系统的处理能力。

虽然数据是相关的,要为各个用户所共享,但是异地访问的数据往往比本地访问的数据要少得多,因而减少了通信的开销,提高了系统的性能。

由于数据分布在不同位置的计算机上,某些计算机出了故障,其他节点计算机仍可正常工作,因此不会导致整个数据的破坏。如果进一步采用数据冗余技术(例如对某些重要的数据,定期补充到其他节点计算机上),还可以使整个系统具有一定的容错能力。

一个良好的分布式数据库系统,需要很好地解决分布式数据库的维护和数据一致性的问题,解决分布环境下的数据安全保密问题。

5. 面向对象的数据库系统阶段

从 20 世纪 80 年代开始,随着数据库技术应用领域的进一步拓宽,要求数据库不仅能方便地存储和检索结构化的数字和字符信息,而且可以方便地存储和检索诸如图形、图像等复杂的信息。传统的 DBMS 很难处理这些复杂的数据对象,如包括了复杂关系、数据类型的 CAD 数据库中的设计数据。若要在关系型数据库系统中处理这些复杂的数据对象,则需要使用专门的应用程序把这些复杂的数据对象分解成适合于在二维表中存储的数据。面向对象的数据库则可以像对待一般对象一样存储这些数据与过程,这些对象可以方便地被系统检索。

在面向对象数据库中,存储的对象除具有简单数据类型的对象外,还包括具有非常复杂的数据类型对象,如图形、图像、声音等,这些复杂的数据类型可以由基本数据类型组成。在面向对象的数据库系统中,可以以整型、实型、布尔型、字符串型等基本类型为基础,使用记录结构、聚集类型、引用类型等类型构造符构造新的数据类型。

在数据库研究领域,有关面向对象数据库系统的研究是近几年来的热点之一,主要包括以下几个主要方面。一是以关系数据库和 SQL 为基础研究其扩展关系模型。目前,Informix,DB2,Oracle,Sybase 等关系数据库厂商都在不同程度上扩展了关系模型,推出了对象关系数据库产品。二是以面向对象的程序设计语言为基础,研究持久化程序设计语言,支持面向对象模型。例如,Servialogic 公司的 GemStone 是以面向对象语言 Smalltalk 为基础的。三是研究开发新的面向对象数据库系统,支持面向对象数据模型,如美国 Itasca Systems 公司的 Itasca 产品等。

1.2 数据模型

数据库是某个单位或部门所涉及数据的综合,它不仅要反映数据本身的内容,而且要反映数据之间的联系。计算机是不可能直接处理现实世界的具体事物,所以必须事先把具体事物转换成计算机能够处理的数据。在数据库中用数据模型来抽象、表示和处理现实世界中的数据和联系,也就是说,用数据模型来模拟现实世界。数据模型是数据库系统的核心和基础,各种机器上实现的数据库管理系统软件都是基于某种数据模型的。

1.2.1 数据的三个范畴

数据表示信息,信息反映事物的客观状态。数据、信息、物质三者之间相互联系,自成一体。而从事物的状态到表示该状态的数据,经历了三个不同的世界:现实世界、信息世界和计算机世界(数据世界)。为了把现实世界中的具体事物抽象、组织为某一数据库管理系统所支持的数据模型,首先要将现实世界抽象为信息世界,然后将信息世界转换为计算机世界。也就是说,首先把现实世界中的客观对象抽象为某一种信息结构,这种信息结构并不依赖于具体的计算机系统,它不是某一个数据库管理系统所支持的数据模型,而是概念级的模型;然后再把概念模型转换为计算机上某一数据库管理系统所支持的数据模型。

现实世界事物之间的联系最后可以用计算机和数据库所能理解和表现的形式反映到数据库中,这是一个从现实世界到信息世界再向计算机世界逐步转化的过程。无论是从现实世界到信息世界的转化,还是从信息世界到计算机世界的转化,每次转化都是一次新的提高和加工过程,都是一次新的飞跃。三个世界转化的关系图如图 1-5 所示。

在上述三个世界中所用的术语和概念是不相同的,下面分别予以介绍。

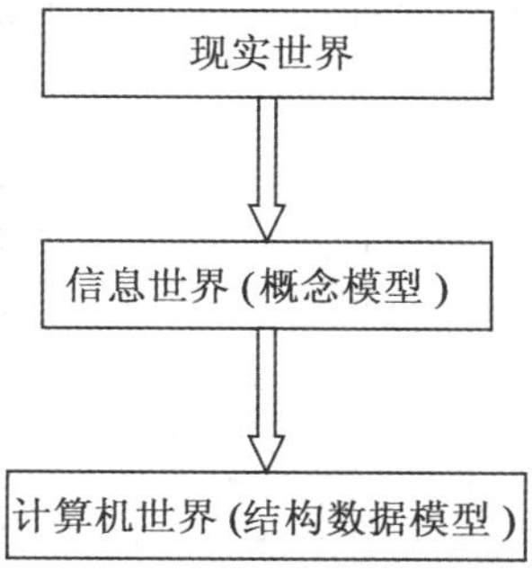

图 1-5 三个世界转化的关系图

1. 现实世界

现实世界是指客观存在的事物及其相互间的联系。世界上的事物千差万别,但是最基本的对象仍是事物,每种事物具有各自的特征,彼此相互区别又相互联系,世界由事物及其联系组成。

我们可以利用事物的特征将不同的事物区分开来,提取所需要的信息。如在学生信息管理中,学生的特征可用学号、姓名、性别、出生日期和简历等来表示,而在企业人事管理系统中,职工的特征可以选用单位号、姓名、性别、身份证号、政治面貌和社会关系等来表示。选取的特征完全由具体需求所决定。同时,事物之间的联系也是很丰富的,通常我们只选取那些对于我们来说有用的信息。例如在一个学校中,人与人之间有很多关系,教师之间就有同一个系、同一个教研室、同一课题组、上级与下级的关系。然而在教研室的管理中,我们最关心的关系是同一个教研室的关系;在科研管理中,最关心的是同一课题组的关系。要想让现实世界在计算机世界的数据库中得以实现,重要的就是将那些最有用的事物特征及其相互间的联系提取出来。

客观事物是信息的来源,是设计数据库的出发点。

2. 信息世界

信息世界是现实世界在人脑中的反映,是对客观事物及其联系的一种抽象描述。将现实世界中的事物及其相互间的联系经过收集、分析、抽象等过程,形成概念模型。概念模型是对信息世界的描述,介于现实世界与计算机世界之间,起着承上启下的作用。信息世界的主要概念如下。

(1) 实体(entity),将现实世界中客观存在的能够相互区分的事物经过加工、分类,抽象成为信息世界的实体。它可以是事物,也可以是事物之间的联系,可以是具体的,也可以是抽象的,例如一个学生、一门课、一次考试或一次比赛等。同一类实体的集合称为实体集。

(2) 属性(attribute),现实世界中事物的特征,即实体的特征,用属性表示。例如学生这个实体可以用学号、姓名、性别、身份证号、出生日期、系和年级等属性来描述。用这些属性的具体值就可以描述一个具体的实体。

(3) 关键字(key),如果某个属性或属性组合的值能够唯一地标识出实体集中的每一个实体,那么该属性或属性组合就可以被选作关键字。用作标识的关键字也称为码。

(4) 联系(relation),实体集之间的对应关系称为联系,它反映现实世界中事物之间的相互关联。例如学生通过选课,和课程联系起来。

3. 计算机世界

计算机世界即数据世界,对该世界的描述用数据库管理系统支持的数据模型,它将信息世界中的实体与实体之间的联系进一步抽象成便于计算机识别的方式。在计算机世界中用到的术语如下:

(1) 数据项,是实体属性的数据表示。例如,学号、姓名等都是数据项。

(2) 记录,是实体的数据表示,由若干数据项组成。

(3) 文件,是同类记录的集合。一个文件包含的都是同类型的记录。

(4) 数据模型,在计算机世界中记录和记录之间的联系就是数据模型。该模型是结构数据模型,在结构数据模型中包括层次模型、网状模型和关系模型,其中关系模型是目前最广泛和最成熟的一种数据模型。

1.2.2 数据模型

数据模型是描述数据、数据联系、数据语义以及一致性约束的概念工具的集合;或者,把表示实体及实体之间联系的数据库的数据结构称为数据模型;或者,把数据库系统中所包含的所有记录,按照它们之间的联系组合在一起,构成一个整体,这个整体的结构就称为数据库的数据模型。

我们可以把数据模型分为概念数据模型和结构数据模型。下面从这两个方面分别阐述。

1. 概念数据模型

概念数据模型也称为信息模型。信息模型就是人们为正确直观地反映客观事物及其联系,对所研究的信息世界建立的一个抽象的模型,是现实世界到信息世界的第一层抽象,是数据库设计人员和用户之间进行交流的语言。

它是独立于计算机系统的模型,完全不涉及信息在系统中的表示,只是用来描述某个特定组织所关心的信息结构。

描述概念数据模型的方法有很多种,但表示概念数据模型最常用的方法是实体-联系方法(entity-relationship approach,E-R 方法)。该模型将在 1.2.3 小节 E-R 数据模型中详述。

2. 结构数据模型

结构数据模型直接面向数据库的逻辑结构,是现实世界的第二层抽象。这类模型涉及计算机系统和数据库管理系统,所以称为结构数据模型。它主要有层次模型、网状模型、关系模型。

1) 层次模型

层次模型是用树形结构表示实体间联系的数据模型,它是数据库系统中最早出现的数据模型。在这种树形结构中,树是由节点和连线组成的。它通常用来描述家族结构、动植物的分类、行政机构的组织等层次分明的关系。学校中教师学生层次模型如图 1-6 所示。

层次模型有且只有一个根节点,没有双亲节点。根以外的其他节点有且只有一个双亲节点。层次模型对一对多的层次关系的描述比较自然、直观且容易理解。

层次模型本身比较简单。现实世界的很多联系是非层次性的,这时若还用层次模型表示这类联系,则显得笨拙,并且会产生大量的数据冗余。网状模型可以克服这一弊端。

2）网状模型

网状模型是用有向图结构表示实体类型及实体间联系的数据模型。网中节点之间的联系不受层次限制，可以任意发生联系。图 1-7 所示是一网状模型。

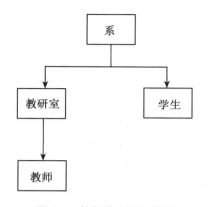

图 1-6　教师学生层次模型

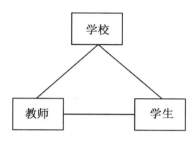

图 1-7　网状模型

网状模型有如下几个特点：
- 一个子节点可以有两个或多个父节点。
- 在两个节点之间可以有两种或多种联系。
- 可能有回路存在。

网状模型的主要优点：
- 能够更为直接地描述现实世界。
- 具有良好的性能，存取效率高。

网状模型的主要缺点：
- 结构复杂，不利于扩充。
- 不容易实现。

关系模型可以克服上述层次模型和网状模型的缺点。

3）关系模型

关系模型是结构数据模型中最为重要的数据模型。关系数据模型是由 IBM 公司的 E. F. Codd 于 1970 年首次提出的，以关系数据模型为基础的数据库管理系统，称为关系数据库系统（RDBMS）。关系模型是目前最重要的一种数据模型，关系数据库系统也是用得最为成熟的系统，所以本书的重点就是以关系模型为基础的关系数据库系统，本节的重点就是关系模型。

① 定义：实体和联系均用二维表来表示的数据模型称为关系数据模型。其主要特征是用二维表结构表示实体集，用外键表示实体间的联系。

② 关系模型的性质：
- 关系中的每一列属性都是不能再分的基本字段，即不允许表中有表；
- 各列被指定一个相异的名字；
- 各行不允许重复；
- 行、列次序无关紧要。

③ 关系数据模型的基本概念。
- 关系（relation）：对应于关系模式的一个具体的表称为关系，又称表（table）。关系和

表如图 1-8 所示。

- 关系模式(relation scheme):二维表的表头那一行称为关系模式,又称表的框架或记录类型,是对关系的描述。

关系模式可表示为:关系模式名(属性名 1,属性名 2,…,属性名 n)的形式。例如:学生(学号,姓名,性别,出生日期,籍贯)。图 1-8 所示的关系模式可以表示为:Student(sno, sname,sex,age,department)。

- 记录(record):关系中的每一行称为关系的一个记录,又称行(row)或元组。元组如图 1-8 所示。

- 属性(attribute):关系中的每一列称为关系的一个属性,又称列(column)。给每一个属性起一个名字即属性名。属性和属性名如图 1-8 所示。

- 变域(domain):关系中的每一属性所对应的取值范围叫属性的变域,简称域。例如 sex 的取值是男或女,那么{男,女}就是属性 sex 的域。

- 主键(primary key):如果关系模式中的某个或某几个属性组成的属性组能唯一地标识对应于该关系模式的关系中的任何一个记录,这样的属性组为该关系模式及其对应关系的键。当这样的键有多个的时候,我们可以选取一个作为主键。在图 1-8 中,属性 sno 和 sname 都可以唯一地标识 Student 这个关系中的任何一个记录,所以这两个属性都可以作为键。通常选取 sno 作为主键,在实际应用中很少用 sname 作为主键,因为它有重名的现象,起不到唯一标识元组的作用。

- 外键(foreign key):如果关系 R 的某一属性组不是该关系本身的主键,而是另一关系的主键,则称该属性组是 R 的外键。

根据以上概念,关系模型与二维表之间的一一对应关系如图 1-8 所示。

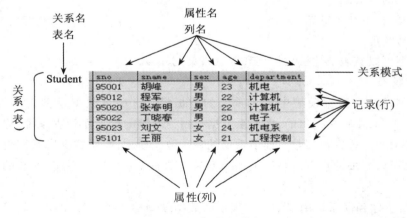

图 1-8　关系数据模型

④ 关系模型的特点。

关系模型具有如下优点:

- 结构简单、直观,用户易理解。
- 有严格的设计理论。
- 存取路径对用户透明,从而具有更高的独立性、更好的安全保密性,同时简化了程序员的工作,减少了数据库开发建立的工作量。

主要缺点是,由于存取路径对用户透明,造成查询速度慢,效率低于非关系型模型。

1.2.3　E-R 数据模型

E-R 数据模型是用来描述现实世界的概念模型。描述概念模型的方法有很多种,E-R 数据模型是最为著名也最为常用的数据模型。本节主要讨论它的相关概念及如何将 E-R 数据模型转换为关系模型。有关如何认识和分析现实世界,从中抽取实体和实体之间的联系,建立概念模型的方法将在第 4 章讲述。

1. 基本概念

概念模型有很多种,其中最为流行的一种是由美籍华人陈平山(P. P. S. Chen)于 1976 年提出的实体联系模型(entity-relationship model,E-R 模型)。用来表示 E-R 模型的图称为实体-联系图,简称 E-R 图,它主要用于描述信息世界。

E-R 图提供了表示实体、属性和联系的方法。

1) E-R 图的三个要素

* 实体:用矩形表示实体,矩形内标注实体名称。
* 属性:用椭圆表示属性,椭圆内标注属性名称,并用连线与实体连接起来。
* 实体之间的联系:用菱形表示,菱形内注明联系名称,并用连线将菱形框分别与相关实体相连,同时在连线上注明联系类型($1:1,1:n$ 或 $m:n$)。

在画 E-R 图时,在实体与属性的连线上画线段,用此表示该属性是关键属性。学生的 E-R 图如图 1-9 所示。

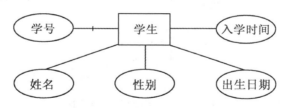

图 1-9　学生的 E-R 图

注意:若一个联系具有属性,则这个属性也要用连线与该联系连接起来。如图 1-10 所示,销售量是销售的属性。在后续图中,如果不加特殊说明,都表示此含义。

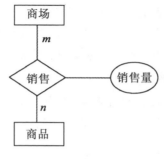

图 1-10　联系的属性

2）实体之间的联系

① 一对一联系：如果对于实体集 A 中的每个实体，实体集 B 中至多有一个（可以没有）与之相对应，反之亦然，则称实体集 A 与实体集 B 具有一对一联系，记作：1:1。如班长和班级之间的联系就是一对一联系，如图 1-11(a)所示。

② 一对多联系：如果对于实体集 A 中的每个实体，实体集 B 中有 $n(n \geqslant 0)$ 个实体与之相对应；反过来，实体集 B 中的每个实体，实体集 A 中至多只有一个实体与之相对应，则称实体集 A 与实体集 B 具有一对多联系，记作：1:n。如班级和学生之间的联系就是一对多联系，如图 1-11(b)所示。

③ 多对多联系：如果对于实体集 A 中的每个实体，实体集 B 中有 $n(n \geqslant 0)$ 个实体与之相对应；反过来，实体集 B 中的每个实体，实体集 A 中有 $m(m \geqslant 0)$ 个实体与之相对应，则称实体集 A 与实体集 B 具有多对多联系，记作：m:n。如学生和课程之间的联系就是多对多联系，如图 1-11(c)所示。

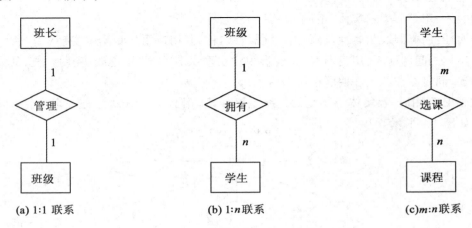

(a) 1:1 联系   (b) 1:n 联系   (c)m:n联系

图 1-11 E-R 模型的联系图

2. E-R 图的画法

把有联系的实体（矩形框）通过联系（菱形框）连接起来，注明联系方式，实体的属性（椭圆框）连接到相应的实体上。例如，学生和学院之间的 E-R 图可表示为图 1-12 所示。假设：学生的属性有学号、姓名、性别、出生日期和所在院，学院的属性有学院号、学院名和院长。在实体与属性的连线上加线段的是关键属性。

由于 E-R 图直观易懂，在概念上表示了数据库的信息组织情况，所以若能画出 E-R 图，那么结合具体 DBMS 的类型，能把它演变为 DBMS 能支持的数据模型，这种逐步推进的方法如今已经普遍用于数据库设计中，成为数据库设计中的一个重要步骤。

3. E-R 模型到关系模型的转化

E-R 模型对最初的高级数据库设计非常方便，但是没有哪个数据库产品直接支持该模型，它只是一个工具而已，是连接实际对象与数据库间的桥梁。E-R 模型到关系模型的转化过程如图 1-13 所示。

关于 E-R 模型到关系模型的转化，可以从以下四个方面分别讲述。

1）独立实体到关系模式的转化

独立实体到关系模式的转化：将实体码转化为关系表的关键属性，其他属性转化为关系

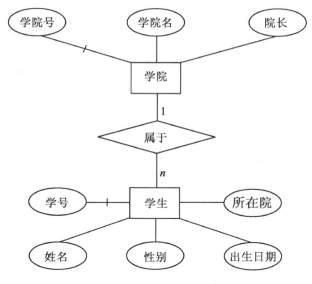

图 1-12 学院和学生的 E-R 图

图 1-13 E-R 模型到关系模型的转化

表的属性即可。

图 1-14 所示的独立实体转化为关系模式为学生(<u>学号</u>,姓名,性别,籍贯),其中有下画线的学号为关键属性,在图中用画有小线段的连线来表示。

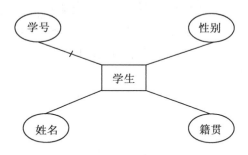

图 1-14 独立实体到关系模式的转化

2)1:1联系到关系模式的转化

一个 1:1 联系可以转化为一个独立的关系模式,此时与该联系相连的各实体的码以及联系本身的属性均转化为该联系的关系模式的属性;1:1 联系还可以与任意一端对应的关系模式合并,此时需要在该关系模式的属性中加入另一个关系模式的码和联系本身的属性即可。

经理和公司间存在着 1:1 联系,其 E-R 图如图 1-15 所示。将其转化为关系模式的方法有:

① 将联系转化成一个关系模式,转化后的关系模式为:

经理(<u>经理号</u>,姓名,年龄,电话,民族,住址)

公司(<u>公司编号</u>,名称,电话,类型,注册地)

领导(<u>经理号</u>,<u>公司编号</u>,任期)

② 将联系与"公司"关系模式合并,增加"经理号"和"任期"属性,即

公司(<u>公司编号</u>,名称,电话,类型,注册地,经理号,任期)

经理(<u>经理号</u>,姓名,年龄,电话,民族,住址)

③ 将联系与"经理"关系模式合并,增加"公司编号"和"任期"属性,即

公司(<u>公司编号</u>,名称,电话,类型,注册地)

经理(<u>经理号</u>,姓名,年龄,电话,民族,住址,公司编号,任期)

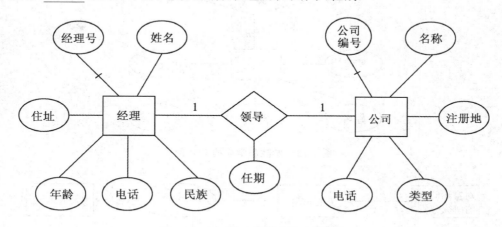

图 1-15　1:1联系到关系模式的转化

3）1:n 联系到关系模式的转化

一个1:n 联系可以转化为一个独立的关系模式,此时与该联系相连的各实体的码以及联系本身的属性均转化为该联系的关系模式的属性;1:n 联系还可以与 n 端对应的关系模式合并,此时需要在 n 端关系模式的属性中加入单方关系模式的码和联系本身的属性即可。

班级和学生间存在着1:n 联系,其 E-R 图如图 1-16 所示。将其转化为关系模式的方法有:

① 将联系转化成一个关系模式,转化后的关系模式为:

学生(<u>学号</u>,姓名,年龄,入学时间,民族,电话)

班级(<u>班号</u>,名称,年级,系,专业)

属于(<u>学号</u>,班号)

② 将联系与"学生"关系模式合并,增加"班号"属性,即

学生(<u>学号</u>,姓名,年龄,入学时间,民族,电话,班号)

班级(<u>班号</u>,名称,年级,系,专业)

由于第二种方法可以减少系统中关系个数,一般情况下更倾向于采用这种方法。

4）两个实体 $m:n$ 联系到关系模式的转化

两个实体 $m:n$ 联系到关系模式的转化:原有的实体关系表不变,再单独建立一个关系表,分别用两个实体的关键属性作为外键即可,并且如果联系有属性,也要归入这个关系中。

$m:n$ 联系转化为关系模式,如图 1-17 所示。

学生(<u>学号</u>,姓名,年龄,电话)

课程(<u>课程号</u>,课程名,课时数)

学习(<u>学号</u>,<u>课程号</u>,成绩)

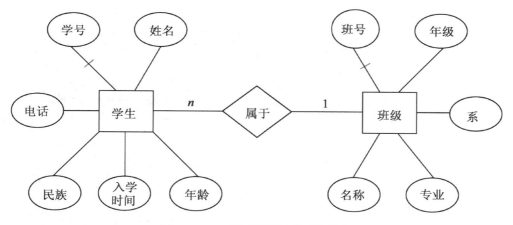

图 1-16 1:n 联系到关系模式的转化

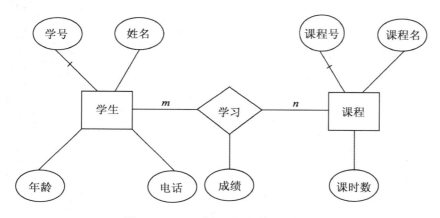

图 1-17 m:n 联系到关系模式的转化

5）对于两个以上实体 m:n 的多元联系到关系模式的转化

两个以上实体 m:n 的多元联系到关系模式的转化，也需要为联系单独建立一个关系，该关系中最少应包括它所联系的各个实体关键字，若是联系有属性，也要归入这个新增关系中。这种转换与两实体间 m:n 联系类似。

例 1-1 某医院病房计算机管理中心需要如下信息。

科室：科室号、科室名、科室地址、医生姓名。

病房：病房号、病房名、所属科室名。

医生：医生编号、医生姓名、职称、所属科室名、年龄。

病人：病历号、病人姓名、性别、诊治、主管医生、病房号。

其中，一个科室有多个病房、多个医生，一个病房只能属于一个科室，一个医生只属于一个科室，但一个医生可负责多个病人的诊治，一个病人的主管医生只有一个。

完成如下设计：

（1）设计该计算机管理系统的 E-R 图。

（2）将该 E-R 图转换为关系模式结构。

解 （1）根据题意画出该系统的 E-R 图，如图 1-18 所示。

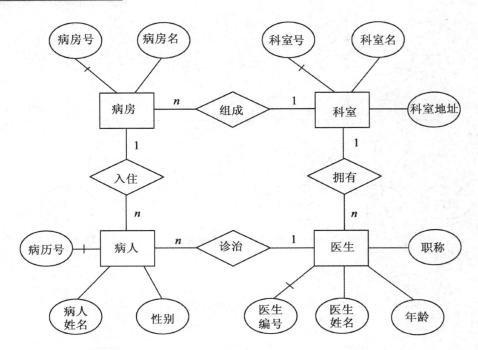

图 1-18　E-R 图

（2）对应的关系模式结构如下：

科室（科室号，科室名，科室地址）

病房（病房号，病房名，科室号）

医生（医生编号，医生姓名，职称，年龄，科室号）

病人（病历号，病人姓名，性别，医生编号，病房号）

1.2.4　面向对象数据模型

在很多领域中，一个对象由多个属性来描述，而其中某些属性本身又是另一个对象，也有自身的内部结构。例如，计算机辅助设计 CAD 的图形数据，多媒体应用的图像、声音和文档等。

所谓面向对象数据模型是指属性和操作属性的方法封装在称为对象类的结构中。可以通过将一个对象类嵌套或封装在另一个类里来表示类间的关联，新的对象类可以从更一般化的对象类中导出，如图 1-19 所示。

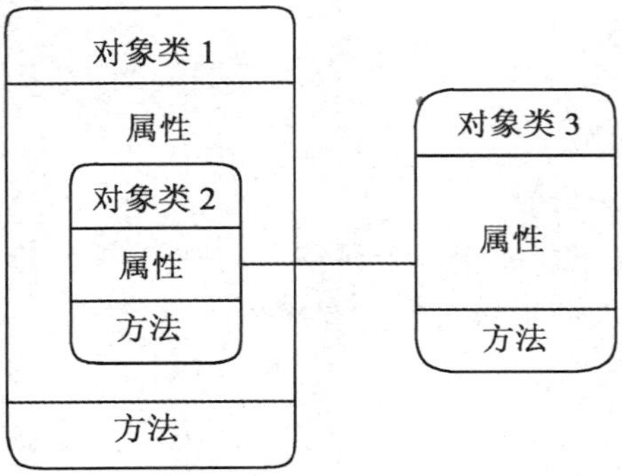

以下是描述面向对象数据模型的几个概念。

1. 对象

对象是一组信息及其操作的描述，是现实世界中实体的模型化，它和记录的概念相似，但更加复杂。

一个对象对应着 E-R 模型中的一个实体，面向对象类型的基础是将一个对象的相关数据和代码封装为一个单元，其内容对外界是不可见的。

图 1-19　面向对象数据模型

2. 类(对象类)

类是类似对象的集合(相似的对象组成一个类)。面向对象数据模型中类的概念对应于E-R模型中的实体集概念。

3. 类层次

一个面向对象数据库模型通常需要很多的类,然而有些类通常是相似的。为了表示类之间的相似性,我们把类放入一个特殊化层次(ISA)中。图1-20描述了一个带有特殊化层次的E-R图,表示出银行人员之间的关系,图1-21给出了对应的类层次。

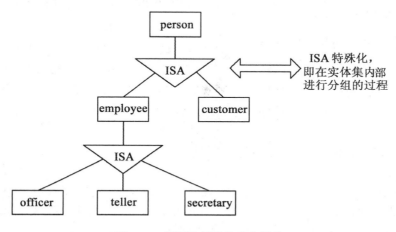

图 1-20 银行实例的特殊化层次

一个系统中所有的类和子类组成一个树状的类层次。类层次的概念实际上类似于实体-联系模型中特殊化层次的概念。在类层次中,一个类继承其直接或间接祖先的所有属性和方法。所谓继承性是指允许不同类的对象共享它们公共部分的结构和特征。继承性可以用超类和子类的层次联系实现。

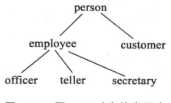

图 1-21 图 1-20 对应的类层次

我们用ISA指出一个类是另一个类的特殊化,类的特殊化被称为子类(subclass)。例如,如图1-21所示,employee 是 person 的一个子类,employee 是 teller 的超类(superclass),person 是 employee 的超类。

4. 对象标识

创建对象时,系统为每一个对象赋予一个唯一的标识。这个标识称为对象标识。标识的几种形式如下。

(1)值(value):用于标识的一个数据值。这种形式的标识常在关系数据库系统中使用。例如,一个元组的主码标识了这个元组。

(2)名称(name):用于标识一个用户提供的名称。这种形式的标识常用于文件系统中的文件。不管文件的内容是什么,用户给每个文件赋予一个名称来唯一标识这个文件。

(3)内置(built-in):数据模型或程序设计语言中的一种标识方法,它不需要用户提供的标识符。这种形式的标识常在面向对象系统中使用,对象创建时系统自动赋予每个对象一个标识符。

5. 对象包含

对象之间的引用可以用来对现实世界中的不同概念进行建模,对象包含是其中之一。

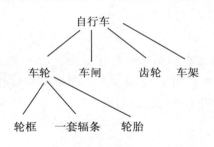

图1-22 自行车设计数据库的包含层次

如图1-22中自行车设计数据库的包含层次,每一个自行车的设计包括车轮、车架、车闸和齿轮。车轮又包括轮框、一套辐条和轮胎。该设计的每个构件可以建模为一个对象,同时构件间的包含可以建模为对象间的包含。

包含其他对象的对象被称为复杂对象(复合对象),可以包含如图1-22所示的多层次包含,这种情形就产生了对象间的包含层次。

在面向对象系统中,包含是一个重要的概念,因为它允许不同的用户从不同的角度来观察数据。一个自行车设计师只专注于自行车的实例,而对于一个市场职员来说,他所关心的只是自行车的价格。

1.3 数据库系统的组成

数据库系统是数据库、硬件系统、软件和数据库管理员的集合体。它是一个实际可运行的,按照数据库方式存储、维护以及向应用系统提供信息或数据支持的计算机系统。该系统的目标是存储信息并支持用户检索和更新所需要的信息。

1. 数据库

数据库是计算机外存储器上按一定组织方式存储在一起的数据集合,是用来存储数据的。数据库中的数据相互关联且具有最小冗余度,可共享,具有较高的数据独立性,可确保数据的安全性和完整性。数据库本身不是独立存在的,它是数据库系统的一部分,在实际应用中,人们面对的是数据库系统。

2. 硬件系统

硬件系统是整个数据库系统的基础,它包括中央处理器、内存、外存、输入/输出设备、数据通道等硬件设备。数据库系统的数据量都很大,并且数据库管理系统的丰富功能使得它自身的规模也很大,因此整个数据库系统对硬件的要求较高,这些要求是:

(1) 要有足够大的内存来存放操作系统、数据库管理系统的核心模块、数据缓存区和应用程序等。

(2) 要有大容量的、直接存取的外存储器来直接存放数据库和进行数据备份。

(3) 要有较强的通道能力来提高数据传送率。

3. 软件

数据库系统涉及的软件有:

(1) 操作系统,用来支持数据库管理系统的运行。

(2) 作为主语言存在的高级语言,通常用来编制应用程序。

(3) 数据库管理系统,它是数据库系统的核心。

(4) 为特定应用环境开发的数据库应用系统。

(5) 以数据库管理系统为核心的应用开发工具,它是系统为应用开发人员和最终用户提供的高效率、多功能的应用生成器、第四代等各种软件工具。它们为数据库系统的开发和应用提供了良好的环境。

操作系统和高级语言是计算机系统所配置的基本软件,是数据库系统工作中要涉及的。数据库管理系统是一组软件,是数据库系统的核心。应用程序通常是用高级语言来编写的,它描述了用户的应用需求。

4. 数据库管理员

数据库管理员(database administrator,DBA)是控制数据整体结构的人,负责数据库系统的正常运行。DBA 可以是一个人,在大型系统中也可以是由几个人组成的小组。DBA 承担创建、监控和维护整个数据库结构的责任。DBA 的具体职责有:

(1)DBA 设计概念模式(决定存储什么关系)和物理模式(决定如何存储数据),即 DBA 决定数据库中的信息和内容,并参与数据库的设计。

(2)DBA 负责确保数据库的安全性和完整性。DBA 检测系统是否满足完整性约束,并确保不允许操作未授权的数据存取。一般来说,对于数据库的所有数据不是每个人都能存取的。例如学生成绩管理信息,对于学生来讲,他们只有查询的权限,而没有修改的权限。DBA 只把查询的权限给学生,就可实现这种安全与授权策略。

(3)DBA 负责监控数据库的使用和运行,及时处理数据库运行过程中出现的问题。当系统发生故障时,DBA 必须在最短时间内将数据库恢复到正确状态,并尽可能不影响或少影响计算机其他部分的正常运行。DBA 为此需定义和实施适当的备份和恢复策略,如周期性地转储数据和维护日志文件等。

(4)DBA 需负责修改数据库。用户的需要是随时间而变化的,DBA 修改数据库并不断地改进数据库以保证它的性能能够适应用户的需求。

 ## 1.4 数据库的系统结构

考察数据库系统的整体结构可以有多个角度。

从构件角度看,数据库系统由五大部分组成。

从数据库管理系统角度看,数据库系统结构通常采用三级模式结构。

从最终用户角度看,数据库系统结构可以分为集中式结构、分布式结构、客户/服务器结构和并行结构。这也是数据库系统外部的体系结构。

本节介绍数据库系统的模式结构、数据库系统外部的体系结构以及与之相关的内容。

1.4.1 数据库系统的模式结构

在数据库系统中,用户看到的数据与计算机中存放的数据是两回事,但两者之间是有联系的,实际上它们之间已经经过了两次变换:一次是系统为了减少冗余,实现数据共享,把所有用户的数据进行综合,抽象成一个统一的数据视图(概念模式);第二次是为了提高存取效率,改善性能,把全局视图的数据按照物理组织的最优形式存放(物理模式)。

从数据库管理系统的角度看,数据库系统通常采用三级模式结构,这是数据库管理系统内部的系统结构。从数据库最终用户的角度看,数据库结构分为集中式结构、分布式结构、客户/服务器结构和并行结构等。

美国国家标准委员会(ANSI)所属的标准计划和要求委员会(Standards Planning and Requirements Committee,SPARC)在 1975 年公布了关于数据库标准报告,提出了数据库的三级组织结构,称为 SPARC 分级结构,分别是内模式、模式、外模式,如图 1-23 所示。

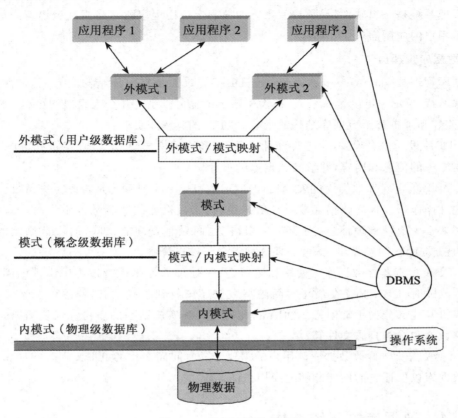

图 1-23　数据库系统结构图

1. 内模式

内模式也称为存储模式,它是数据库在物理存储器上具体实现的描述,是数据在数据库内部的表示方法,也是数据物理结构和存储方式的描述。一个数据库只有一个内模式。

2. 模式

模式也称为逻辑模式或概念模式,是对数据库中全体数据的逻辑结构和特征的描述,是数据库系统模式结构的中间层,既不涉及数据存储细节和硬件环境,也与具体的应用程序、所使用的应用开发工具和高级程序设计语言无关。

一个数据库只有一个模式。数据库模式以某一种数据模型为基础,统一综合地考虑了所有用户的需求,并将这些需求有机地结合成一个逻辑整体。

模式是数据项值的框架。数据库系统模式通常还包含访问控制、保密定义、完整性检查等方面的内容。

3. 外模式

外模式也称为子模式或用户模式,它是用户能够看见和使用的局部数据的逻辑结构和特征的描述,是用户的数据视图,是与某一应用有关的数据的逻辑表示。

外模式一般是模式的子集。一个模式可以有多个外模式。由于它是各个用户的数据视图,如果不同的用户在应用需求、看待数据的方式、对数据保密的要求各方面存在差异,则对外模式的描述就是不同的。即使是模式中的同一数据,其在外模式中的结构、类型、长度、保密级别等都可以不同。另一方面,同一外模式也可以为某一用户的多个应用系统所使用,但是一个应用程序只能使用一个外模式。

外模式是保证数据库安全性的一个有力措施。每个用户只能看见和访问所对应的外模式中的数据,数据库中的其他数据是不可见的。

4. 模式之间的映射

数据库系统的三级模式是对数据的三个抽象级别,它把数据的具体组织留给数据库管理系统管理,使用户能够逻辑地处理数据,而不必关心数据在计算机中的具体表示方式和存储方式。为了能够在内部实现这三个抽象层次的联系和转换,数据库管理系统在这三级模式之间提供了两层映射:

- 外模式/模式之间的映射;
- 模式/内模式之间的映射。

数据库系统的独立性正是由这两层映射关系完成的,它们保证了数据库系统中的数据具有较高的逻辑独立性和物理独立性。

1)外模式/模式之间的映射

模式描述的是数据的全局逻辑结构,外模式描述的是数据的局部逻辑结构。对应于同一个模式可以有任意多个外模式。对于每一个外模式,数据库系统都有一个外模式/模式之间的映射,它定义了二者之间的映射关系,当整个系统要求改变概念模式时,可以改变映射关系,而保持外模式不变。应用程序是根据数据的外模式编写的,从而应用程序不必修改,保证了数据与程序的逻辑独立性。这种用户数据独立于全局逻辑数据的特性叫作逻辑数据独立性。

2)模式/内模式之间的映射

数据库的模式/内模式之间的映射定义了数据库全局逻辑结构与存储结构之间的对应关系。当为了某种需要改变物理模式时,可以同时改变二者之间的映射,而保持概念模式和外模式不变,从而应用程序也不必改变,它保证了数据与程序的物理独立性。这种全局逻辑数据的特性叫作物理数据独立性。

在数据库的三级模式结构中,数据库模式及全局逻辑结构是数据库的核心,它独立于数据库的其他层次。因此,设计数据库模式结构时应首先确定数据库的逻辑模式。

数据库内模式依赖于它的全局逻辑结构,但独立于数据库的外模式,也独立于具体的存储设备。它将全局逻辑结构中所定义的数据结构及其联系按照一定的物理存储策略进行组织,以达到较好的时间与空间效率。

数据库的外模式面向具体的应用程序,它定义在逻辑模式之上,但独立于存储模式和存储设备。当应用需求发生较大变化,相应外模式不能满足其视图要求时,该外模式就做相应改动,故在设计外模式时应该充分考虑到应用程序的扩充性。

应用程序是在外模式描述的数据结构上编制的,它依赖于特定的外模式,与数据库的模式和存储结构独立。数据库的二级映射关系保证了数据库外模式的稳定性,从而从底层保证了应用程序的稳定性,实现了数据库数据的独立性。

数据独立性是指应用程序和数据之间相互独立、不受影响,以及数据结构的修改不会引起应用程序的修改。而这种独立性正是通过以上模式之间的映射关系实现的。通过这两种映射,将用户对数据库的逻辑操作转换为对数据库的物理操作,保证了数据与程序之间的独立性,使数据的定义和描述可以从应用程序中分离出去。另一个方面,数据的存取由 DBMS 实现,用户不必考虑存取路径等细节,从而简化了应用程序的编写,大大降低了应用程序维护和修改的工作量。

1.4.2 数据库系统的体系结构

数据库系统的体系结构受所运行的计算机系统的影响很大,尤其受到计算机体系结构中的联网、并行和分布这些方面的影响。

计算机联网可以使某些任务在服务器系统上执行,而另一些任务在客户机系统上执行。这种工作任务的划分导致了客户/服务器结构数据库系统的产生。

在一个组织机构的多个站点或部门间对数据进行分布,可以使数据能存放在产生它们或最需要它们的地方,而同时仍能被其他站点或其他部门访问。分布式数据库系统是用来处理地理上或管理上分布在多个数据库系统中的数据的。

一个计算机系统中的并行处理能够加速数据库系统的活动,对事务做出更快速的响应,并且在单位时间内处理更多的事务。查询能够以一种充分利用计算机系统所提供的并行性的方式来处理。并行查询处理的需求导致了并行数据库系统的产生。

下面从传统的集中式系统开始,分别介绍客户/服务器结构的数据库系统、分布式结构的数据库系统和并行数据库系统。

1. 集中式系统

现代通用的计算机系统包括一个到多个 CPU 以及若干个设备控制器,它们通过公共总线连接在一起,但却提供对共享内存的访问,如图 1-24 所示。

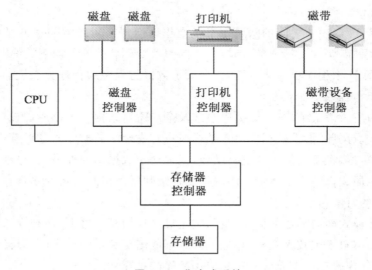

图 1-24 集中式系统

对计算机的使用方式分为两类:单用户系统和多用户系统。

在单用户系统中,通常只有一个 CPU 和一至两个硬盘,整个数据库系统包括应用程序、DBMS 和数据,它们都装在一台计算机上,由一个用户独占,不同机器之间不能共享数据。

这属于早期的最简单的数据库系统。

多用户系统有更多的硬盘和更多的存储器,可能具有多个 CPU,并且有一个多用户操作系统。它为大量的通过终端与系统相连的用户服务。

2. 客户/服务器结构的数据库系统

由于个人计算机的速度更快、能力更强、价格更低,因此集中式体系结构发生了变化,连接到集中式系统的终端被个人计算机代替。以前由集中式系统直接执行的用户界面功能也越来越多地由个人计算机来处理。此时,集中式系统起服务器系统的作用,它满足客户机系统产生的请求。客户/服务器结构的数据库系统的一般结构如图 1-25 所示。

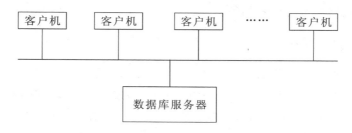

图 1-25　客户/服务器结构的数据库系统的一般结构

客户/服务器结构的数据库系统把 DBMS 的功能和应用分开了,它在网络中的某个计算机上专门执行 DBMS 的功能,这样的计算机称为数据库服务器。其他节点上的计算机安装 DBMS 的外围应用开发工具,支持用户的应用,这些计算机称为客户机。

3. 分布式结构的数据库系统

在分布式结构的数据库系统中,数据库存储在几台计算机中。分布式结构的数据库系统中的计算机之间通过网络或电话线等各种通信媒介互相通信。分布式结构的数据库系统中的计算机规模和功能可大可小,小到工作站,大到大型机系统。一般的分布式结构的数据库系统结构如图 1-26 所示。

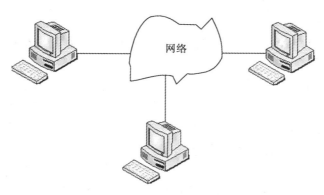

图 1-26　分布式结构的数据库系统的一般结构

分布式结构的数据库中的数据在逻辑上是一个整体,但在物理上是分布在计算机网络的不同节点上的。

所谓分布式,是指数据不是存放在同一位置,而是分布在网络的各节点上,所以它是计算机网络发展的必然产物。计算机网络中的每个节点都可以独立处理本地数据库中的数据,执行局部应用,同时也可以同时存取和处理多个异地数据库中的数据,执行全局应用。

该系统主要用来处理地理上或管理上分布在多个数据库系统中的数据。它比主从式结构的数据库系统有更高的可靠性,因为一个节点的故障并不影响整个系统的正常运行。

4. 并行数据库系统

并行数据库系统由通过高速互联网络连接在一起的多台处理器和多个磁盘构成。并行系统通过并行地使用多个 CPU 和磁盘来提高处理速度和 I/O 速度。并行计算机正变得越来越普及,也使并行数据库系统的研究变得更加重要。有些应用需要在每秒钟里处理大数量的事物,这样的需求推动了并行数据库系统的发展。

并行数据库体系结构包括共享内存、共享磁盘、无共享和层次的体系结构。这些体系结构在可扩展性和通信速度方面各有所长。

1.4.3 数据库管理系统

数据库管理系统是指数据库系统的核心软件。对数据库的一切操作都是通过 DBMS 进行的。用户对数据库进行操作,是由 DBMS 把操作从应用程序带到外模式、模式,再导向内模式,进而操作存储器中的数据。DBMS 的主要目的是提供一个可以方便地、有效地存取数据库信息的环境。

下面介绍 DBMS 的功能及组成。

1. 数据库管理系统的主要功能

1)数据库的定义功能

DBMS 提供数据库的描述语言(DDL)定义外模式、模式、内模式以及相互间的映射关系,定义数据的完整性、安全控制等约束。

2)数据库的操纵功能

DBMS 提供数据库的操纵语言(DML)实现对数据库中数据的操作。基本的数据操作有查询、插入、删除和修改。在第 5 章中,我们用 SQL 详细介绍关于这些操作的具体实现。该功能也是面向用户的主要功能。

3)数据库的保护功能

DBMS 提供了数据库恢复、并发控制、数据安全性控制和数据完整性控制四个方面的保护工具。

数据库的恢复功能是指在数据库被破坏或数据不正确时,系统有能力把数据库恢复到正确状态。

数据库的并发控制是指当多个用户同时对同一数据的操作可能会破坏数据库中的数据,或者用户读了不正确的数据时,它能防止错误发生,正确处理好多用户、多任务环境下的并发操作。

数据的安全性控制防止未经授权的用户蓄谋或无意地存取或修改数据库中的数据,以免数据的泄露、更改或破坏。

数据库的完整性功能可以保证数据及语义的正确性和有效性,防止任何对数据造成错误的操作。

4)数据库的存储管理

数据库的存储管理主要是把各种 DML 语句转换成底层的文件系统命令,起到数据的存储、检索和更新的作用,简化和促进对数据的访问。

5）数据库的维护功能

数据库的维护功能由数据装载程序、备份程序、文件重组程序和性能监控程序等实用程序组成，由数据库管理员使用。

数据装载程序把正文文件或顺序文件中的数据转换成数据库中的格式，并装入到数据库中。

备份程序把磁盘中的数据库完整地存储到磁带上，产生一个备份。在系统发生灾难性故障后，可以把备份中的数据库重新装入其他磁盘，供用户使用。

文件重组程序把数据库中的文件重新组织成其他不同形式的文件以改善系统的性能。

性能监控程序监控用户使用数据库的方式是否合乎要求，收集数据库运行的统计数据。数据库管理员根据这些统计数据做出判断，决定采取何种重组方式来改善数据库运行的性能。

6）数据字典

数据字典（data dictionary，DD）中存放着对实际数据库各级模式所做的定义，即对数据库的描述。对数据库的操作都要通过访问数据字典才能实现。通常数据字典中还存放数据库运行时的统计信息，例如记录个数、访问信息等。

2．数据库管理系统的组成

DBMS 由查询处理器和存储管理器两大部分组成。

1）查询处理器

查询处理器由 DDL 编译器、DML 编译器、嵌入型 DML 的预编译器和查询运行核心程序四部分组成。

- DDL 编译器编译或解释 DDL 语句，并把它登录在数据字典中。
- DML 编译器对查询或程序中的 DML 语句进行优化，并转换成查询运行核心程序能执行的低层指令。
- 嵌入型 DML 的预编译器把嵌入在宿主语言程序中的 DML 语句预处理成宿主语言的过程调用形式。
- 查询运行核心程序执行由 DML 编译器产生的低层指令。

2）存储管理器

存储处理器由授权和完整性管理器、事务管理器、文件管理器和缓冲区管理器四部分组成。

- 授权和完整性管理器测试访问是否满足完整性约束，检查用户访问数据是否合法。
- 事务管理器负责并发事务的正确执行，确保数据库一致性状态。数据库系统的逻辑工作单位称为事务，事务由对数据库的操作序列组成。
- 文件管理器负责磁盘空间的合理分配，管理物理文件的存储结构和存取方式。
- 缓冲区管理器负责从磁盘读取数据通过缓冲区进入内存，并决定哪些数据进入高速缓冲存储器。

1.4.4　数据库语言

数据库语言是用户与 DBMS 之间的媒介，它类似于高级语言，是用户与计算机之间的媒介。它包括数据描述语言和数据操纵语言两大部分，前者负责描述和定义数据库，后者说明对数据进行各种操作。

1. 数据描述语言

数据描述语言(data description language,DDL)的任务是对数据库的逻辑设计和物理设计中所得到的数据模式进行定义和描述。

1)模式数据描述语言

模式数据描述语言的作用是定义和描述一个数据库的模式。它可以对模式命名、定义数据项、建立记录项、定义记录之间的联系、指定安全性控制要求和描述数据的完整性约束条件。

2)子模式数据描述语言

子模式数据描述语言的作用是书写用户子模式,即定义用户数据库的逻辑结构。它的功能类似于模式数据描述语言,不同之处在于子模式数据描述语言描述的是数据库的一个局部,而模式数据描述语言描述的是数据库的整体。

3)物理数据描述语言

物理数据描述语言的作用是根据数据库的物理设计要求和数据模式定义,描述存储数据库的物理特征和逻辑数据到物理数据的映射。

例如,用 SQL 描述的表达式定义了 account 表:

create table account(account-number char(10),balance integer)

DDL 表达式执行的结果是生成了 account 表。

2. 数据操纵语言

数据操纵语言(data manipulation language,DML)是用户与数据库系统的接口之一,是用户操作数据库中数据的工具。它由数据库管理系统向应用程序员提供一组宏指令或调用语句,而用户利用 DDL 向数据库管理系统提出对数据库中的数据进行各种操作的请求。

数据操纵是指对存储在数据库中的信息进行检索,向数据库中插入新的信息,从数据库中删除信息,修改数据库中存储的信息。

数据操纵语言使用户可以访问或操纵那些按照某种特定数据模式组织起来的数据。

数据操纵语言根据过程化程度可分为过程化 DML 和陈述式 DML。过程化 DML,要求用户指定需要什么数据以及如何获得这些数据。陈述式 DML(也称非过程化 DML),只要求用户指定需要什么数据,而不必指明如何获得这些数据。SQL 的 DML 部分是非过程化的。

1.4.5 数据字典

数据字典是关于数据描述信息的库,它存储有关数据的来源、描述、与其他数据的关系、用途、责任和格式等信息。它本身就是一个数据库,存储有关数据的数据。

数据字典是数据处理人员在数据库的设计、实现、运行、维护、扩充各阶段中,控制并管理有关数据的信息工具。

数据字典与 DBMS 同为数据库管理中的两个主要工具,它们在数据资源管理与使用中互相补充。

DBMS 直接和数据的计算机处理有关,而数据字典则与一个组织的全部数据的收集、规范说明和管理有关。

数据字典是各类数据描述的集合,它是关于数据库中数据的描述,即元数据,而不是数据本身。数据字典通常包括数据项、数据结构、数据流、数据存储和处理过程五个部分(至少应该包含每个字段的数据类型和在每个表内的主外键)。数据字典对这五个部分描述的具体内容如下:

数据项描述={数据项名,数据项含义说明,别名,数据类型,长度,取值范围,取值含义,
　　　　　　与其他数据项的逻辑关系}

数据结构描述={数据结构名,含义说明,组成:{数据项或数据结构}}

数据流描述={数据流名,说明,数据流来源,数据流去向,
　　　　　组成:{数据结构},平均流量,高峰期流量}

数据存储描述={数据存储名,说明,编号,流入的数据流,流出的数据流,
　　　　　　组成:{数据结构},数据量,存取方式}

处理过程描述={处理过程名,说明,输入:{数据流},输出:{数据流},
　　　　　　处理:{简要说明}}

1.4.6　数据库系统的工作流程

前面已经介绍了关于数据库系统的基本概念,那么数据库管理系统是如何工作的呢?数据库中的数据又是如何存取的呢?数据库管理系统的工作流程如图 1-27 所示。

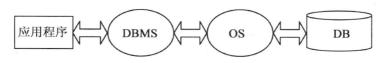

图 1-27　DBMS 的工作流程

DBMS 的工作过程:

(1)应用程序通过相应的 DML 命令向 DBMS 发出数据操作请求,并提交诸如记录类姓名和要读取的记录的关键字值等必要的参数,控制转入 DBMS。

(2)DBMS 对应用程序中对数据的操作请示进行分析,通过子模式/模式的映像、模式/存储模式的映像关系,转换成复杂的低层代码。同时,还要对应用程序及其所要进行的操作进行合法性和有效性检查,若检查通不过,则拒绝执行该操作,并返回相应的出错信息,否则就是合法操作,进入下一步。

(3)DBMS 向操作系统发出相应请求,通过操作系统实现对数据库的操作。

(4)DBMS 接收操作系统对数据库操作中返回的结果。

(5)DBMS 对操作结果进行处理,转换为应用程序所需的外部记录,并将其送入应用程序的工作区,同时,也向应用程序送回本次执行的状态信息,记录工作日志,启动应用程序继续执行。

 1.5　数据库技术的研究领域

数据库技术始于 20 世纪 60 年代末,历史不是很长,但其发展速度在计算机领域以至整个社会引人瞩目。数据库技术已被公认为信息科学方面最重要的领域之一。

数据库技术是在不断发展的。概括来讲,数据库技术的研究领域主要包括下述三个

方面。

1.5.1 数据库管理系统软件的研制

DBMS 是数据库系统的基础。DBMS 的研制包括研制 DBMS 本身以及以 DBMS 为核心的一组相互联系的软件系统,包括工具软件和中间件。其研制的目标是提高系统的性能和提高用户的生产率。

随着数据库应用领域的不断扩大,许多新的应用领域,如自动控制、计算机辅助设计等,都要求数据库能够处理与传统数据类型不同的新的数据类型,如声音、图像等非格式化的数据。面向对象的数据库系统、扩展的数据库系统、多媒体数据库系统等就是在这些新的需求和应用背景下产生的。

1.5.2 数据库设计

数据库设计的研究范围包括:数据库的设计方法、设计工具和设计理论的研究,数据模型和数据建模的研究,计算机辅助数据库设计及其软件系统的研究,数据库设计规范和标准的研究等。其设计的主要任务是在 DBMS 的支持下,按照应用要求,为某一个部门或组织设计一个结构合理、使用方便、效率较高的数据库及其应用系统。

1.5.3 数据库理论

数据库理论的研究主要集中于关系规范化理论、关系数据理论等。近年来,随着人工智能与数据库理论的结合以及并行计算技术的发展,数据库逻辑演绎和知识推理、并行算法等都成为新的研究方向。

随着数据库应用领域的不断扩展,计算机技术的迅猛发展,数据库技术与人工智能、网络通信技术、并行计算技术等相互渗透、相互结合,使数据库技术不断涌现新的研究方向。

1.6 数据库技术的发展趋势

前面几节主要介绍了关系数据库管理系统(RDBMS)。关系模式很容易理解,关系表中操作数据的形式也为大多数人所熟悉,效率也很高。关系代数提供了支持数据分析的数学基础。由于能在运行中动态地把数据连接在虚表中,因而关系数据库有助于开发具有较高数据独立性的应用程序,它在很多应用领域发挥了巨大的作用。但是,关系模型很难表达复杂的语义,它不擅长于数据类型较多、较复杂的领域。随着科学技术的进步和数据技术的发展,数据库应用领域不断扩大,已从传统的商务数据处理扩展到许多新的应用领域,从而对数据库技术提出了许多新的要求。

例如,随着网络应用的发展,数据分布已成为不可避免的事实,连锁超市、银行以及跨国公司,其数据存储在一个城市、一个国家甚至世界上不同角落的数据中心。如何实现这些不同数据中心数据的集中管理和共享是数据库管理的一个新领域。另外,如在工程数据管理领域,由于工程数据的整体性以及工程数据实体间关系的复杂性,简单的关系模式已经无法满足工程数据管理的需求。为了适应这些特殊的数据管理要求,人们提出了对象数据模型以及关系模型和对象模型的过渡模型——对象关系模型。

针对这些新的领域,许多数据库技术研究与开发人员分别在数据模型、数据库与其他计算机新技术的结合以及数据库技术的应用领域等方面对数据库新技术展开了一系列研究工作。下面分别从数据库与其他相关技术的结合、与面向应用领域的数据库新技术来对数据库技术的发展趋势做一简要介绍。

随着云计算时代的到来,各种类型的互联网应用层出不穷,对与此相关的数据模型、分布式架构、数据存储等数据库相关的技术指标也提出了新的要求。虽然传统的关系型数据库已在数据存储方面占据了不可动摇的地位,但由于其天生的限制,已经无法满足云计算时代对数据扩展、读写速度、支撑容量以及建设和运营成本的要求。云计算时代对数据库技术提出了新的需求,主要表现在以下几个方面。

(1)海量数据处理:对类似搜索引擎和电信运营商级的经营分析系统这样大型的应用而言,需要能够处理 PB 级的数据,同时应对百万级的流量。

(2)大规模集群管理:分布式应用可以更加简单地部署、应用和管理。

(3)低延迟读写速度:快速的响应速度能够极大地提高用户的满意度。

(4)建设及运营成本:云计算应用的基本要求是希望在硬件成本、软件成本以及人力成本方面都有大幅度的降低。

所以从云计算到虚拟化技术,再到自助商业智能工具等,数据库面临信息管理技术创新带来的新的挑战。"云"时代让数据库产业进行技术的性能、扩展性和安全性方面的提升。网络运算技术让用户在"云"的环境中分享存储资源,并且同时可以保障数据在安全方面的需求。

什么是云数据库?云数据库即 CloudDB,或者简称云库。它把各种关系型数据库看成一系列简单的二维表,并基于简化版本的 SQL 或访问对象进行操作。传统关系型数据库通过提交一个有效的链接字符串即可加入云数据库。云数据库解决了数据集中与共享的问题,剩下的是前端设计、应用逻辑和各种应用层开发资源的问题。使用云数据库的用户不能控制运行着原始数据库的机器,也不必了解它身在何处。

对于普通用户而言,服务和数据的 Web 化趋势是必然的,即越来越多的在本地的服务和数据会逐渐转移到 Web 中。而用户的个人计算机以及其他设备,将成为享受这些服务的终端,用户也不必再为自己个人计算机上的软件维护与升级而烦恼。当然,这很可能还需要一段较长的时间才能实现。但是,这才是云计算发展的高级目标。

对于学术界而言,要想真正获取、组织、管理好这样 Web 规模的数据,仍然有许多亟待解决的问题。现有的云计算系统中,有许多功能是为特定应用而开发的,虽然高效,却不一定能够推广。因而,能否在"云数据库"中实现原有数据库系统中丰富的查询功能、高效复杂的索引以及强大的事务处理功能,都是非常具有挑战性的难题。

可以说,随着云计算与数据库不断结合,云数据库应用越来越丰富,云数据库会对未来的应用产生不可估计的影响。

1.6.1 数据库技术与其他相关技术的结合

数据库技术与其他计算机领域的新技术结合,是数据库技术的重要发展趋势。如:数据库技术与分布处理技术相结合,产生了分布式数据库系统;数据库技术与并行处理技术相结合,产生了并行数据库系统;数据库技术与人工智能技术相结合,产生了知识库系统和主动数据库系统;数据库技术与多媒体技术相结合,产生了多媒体数据库系统;数据库技术与面向对象技术相结合,产生了面向对象数据库系统;数据库系统与模糊技术相结合,产生了模糊数据库系统等。下面简单介绍一下以上列举的几个数据库系统。

1. 分布式数据库系统

我们前面提到的数据库系统都属于集中式数据库系统,所有的工作都由一台计算机完成。这有很多优点,例如,在大型计算机配置大容量数据库时,价格比较合算,人员易于管理,能完成大型任务。数据集中管理,减少了数据冗余,应用程序和数据之间有较高的独立性。

但是,随着数据库应用的不断发展,规模的不断扩大,逐渐感觉到集中式数据库系统也有不便之处。如大型数据库系统的设计和操作都比较复杂,系统显得不灵活且安全性也较差。因此,采用将数据分散的方法,把数据库分成多个,建立在多台计算机上,这种系统称为分散式系统。在这种系统中,数据库的管理、应用程序的研制等都是分开并相互独立的,它们之间不存在数据通信联系。

随着计算机网络通信的发展,有可能把分散在各处的数据库系统通过网络通信连接起来,这样形成的系统称为分布式数据库系统(distributed database system,DDBS)。DDBS 兼有集中式和分散式的优点。这种系统由多台计算机组成,各计算机之间由通信网络相互联系着。

分布式系统是一个逻辑上属于同一整体而物理上分布存放在一个计算机网络节点上的数据集合。在分布式数据库环境中,每一个节点都有自己的计算机及其设备、自己的数据库管理系统。前面强调了它的分布性,实际上它还有一个重要的特色,即每个节点都有高度的自治性。这就是说,当不需要存取其他节点的数据时,该节点如同一个集中式数据库系统一样,因此应当把分布式系统内的关系想象为一系列独立的但相互合作的集中式系统之间的伙伴关系。

分布式数据库系统具有许多重要的特性和优点。

1)位置透明性

位置透明性是指用户和应用程序不必知道它所使用的数据在什么地方。用户用到的数据有可能在本地数据库中,也有可能在外地数据库中。如果用户涉及的数据在外地,那么要把数据从外地通过网络传输到本地,或者从本地传输到外地,或者多次往返传输。系统提供位置透明性后,用户就不必关心数据在本地还是在外地,即使数据的位置改变,也不必修改应用程序,否则应用程序要复杂得多。这种位置透明性简化了应用程序,大大方便了用户。这是分布式数据库的主要目标之一。

2)复制透明性

在分布式系统中,为了提高系统的性能和实用性,有些数据并不只存放在一个场地,很可能同时重复地存放在不同的场地。这样,本地数据库中也包含了外地数据库中的数据。应用程序执行时,就可在本地数据库的基础上运行,不必借助通信网络去与外地数据库联系,而用户还以为在使用外地数据库中的数据。这种方法加快了应用程序的运行速度。但各场地上大量复制数据使更新操作要波及所有复制的数据库,以保证数据的一致性,这势必增加系统的开销。然而总体来说,复制可以提高系统的查询效率。

这里存在一个问题——如何执行有复制数据的更新操作。如果由应用程序来做,一个应用中的更新操作就要涉及所有复制的数据库。如果这件事由系统去做,我们就说系统提供了复制透明性,即用户不必关心数据库在网络中各个节点的数据库复制情况,更新操作引起的异常由系统去处理。

3)系统的可靠性高、可用性好

分布式系统比集中式系统具有更高的可靠性和更好的可用性。因为数据分布在不同的地方,并且有很多备份数据,假设在个别地方或个别通信链路上发生故障,它也不会引起整个系统崩溃。

4)可扩展性好,易于集成现有的系统

当一个部门建立若干数据库之后,为了充分利用数据资源,开发全局应用,就要研制分布式系统。这比新建一个大型系统要简单,既省时间,又省财力、物力。另外,只要增加组成分布式数据库的场地数,就能扩充数据库。

5)效率和灵活性

分布式数据库中的数据可以存储在常用地点,这样可减少响应时间,也可减少通信代价。数据可动态传送或复制,甚至可以取消。

除了上述优点以外,也存在系统开销大的缺点,主要是指通信开销。另外,数据的安全性和保密性较难保证,在具有高度场地自治的分布式数据库中,局部数据库管理员可以认为他管辖的数据比较安全,但是还不能保证全局的数据是安全的。安全性问题是分布式系统的固有问题。因为分布式系统是通过网络实现分布控制的,而通信网络本身在保护数据方面存在着弱点,数据比较容易被黑客窃取,所以在此网络的安全性显得尤为重要。

2. 面向对象数据库系统

数据库的研究主要是对关系数据库的实现和应用,关系模式很容易理解,关系表中操作数据的形式大家也很熟悉,效率也高。但是关系模型很难表达更复杂的语义,它不擅长于数据类型较多、较复杂的领域。随着数据库技术应用领域的进一步拓宽,要求数据库不仅能方便地存储和检索结构化的数字和字符信息,而且可以方便地存储和检索诸如图形、图像等复杂的信息,如包括了复杂关系、数据类型的 CAD 数据库中的设计数据。若要在关系数据库系统中处理这些复杂的数据对象,则需要使用专门的应用程序把这些复杂的数据对象分解成适合于在二维表中存储的数据。面向对象的数据库则可以像对待一般对象一样存储这些数据与过程,这些对象可以方便地被系统检索。

在面向对象的方法中,对象作为描述信息实体的统一概念,把数据和对数据的操作融为一体,通过方法类、继承、封装和实例化机制来实现信息含义的存储和描述。因此,对象可以自然、直观地表达复杂结构对象,并用操作封装来增强数据处理能力。这样,人们开始以面向对象概念为基本出发点来研究和建立数据库系统,在数据库系统中全面引入对象概念的面向对象数据库产生了。

面向对象数据库的实现一般有两种方法:一种是纯粹的面向对象数据库技术,构建面向对象技术的数据库;另一种是在现有关系数据库的基础上增加对象管理的技术,从而实现面向对象数据库。由于面向对象数据库支持的对象标识符、类属联系、分属联系、方法等概念很难实现存储和管理,所以第一种方法实现起来成本比较高。因此,大多数人将目光转到改造和优化现有的关系数据库上,这种基于关系数据库实现的对象数据库又称为对象关系数据库。

对象关系数据库增强了关系数据库的数据管理能力,是对关系数据库的改进,同时也是对象数据库理论的一种实践应用。对象关系模型是指在关系数据模型的基础上增加了对复杂数据类型的查询规则。通过复杂数据类型管理,关系数据库中元组的属性可以是复杂的数据类型。这种数据库的演变模式是为了扩展现有数据库系统的建模能力,而不破坏已有的成熟的数据模型。基于对象关系模型的对象关系数据库系统为那些想在关系数据库中使用面向对象特征的用户提供了一个便利的操作途径。

对象关系数据库系统集成了关系数据库系统的优点和面向对象数据库的建模能力,具有用户根据应用需要扩展数据类型和函数的机制,支持复杂数据类型的存储和操作能力。对象关系数据库系统增强了面向对象的建模能力,因此具有面向对象数据库的特征和优点,是目前关系数据库系统发展的一个新方向。

3. 模糊数据库系统

模糊数据库系统就是指能够处理模糊数据的数据库系统。我们一般遇到的数据库都是具有二值逻辑和精确数据的。但是,在现实中还有很多不确定的模糊不清的事情。我们的大脑也是偏向于处理一些模糊的事件,对这些模糊事件更感兴趣。当一件东西太清楚地展示在我们面前时,我们的大脑就失去了对事物进行探索的欲望。可以把不完全性、不确定性、模糊性引入数据库系统中,从而形成模糊数据库。自从1965年美国的L. Z.扎德提出模糊逻辑以来,人们就对这个领域产生了极大的兴趣,模糊理论的应用也在不断扩大,作为流行的数据库更是受到了注意。研究模糊数据库的意义也是重大的。

随着模糊数学理论体系的建立,人们可以用数量来描述模糊事件并能进行模糊运算。在数据库系统中,也可以将数学上的这种成果如不完全性、不确定性、模糊性引入,从而形成模糊数据库。

模糊数据库的研究主要有两个方面:首先是如何在数据库中存放模糊数据,其次是定义各种运算、建立模糊数据上的函数。模糊数的表示主要有模糊区间数、模糊中心数、模糊集合数和隶属函数等。

在模糊数据库中,如果把各记录值视为节点,把关系视为节点间的连线,一个模糊数据库就可看成一个复杂的网络。模糊数据库上的操作主要指从某节点到网上其他节点的移动。但由于要涉及很强的指针或游标来指示当前的位置,其复杂性会大大增加,所以发展前景也不乐观。

在模糊层次数据模型中,将树中的各节点"父子关系"和"兄弟关系"的亲密程度通过隶属值来实现。然而与模糊网络数据模型一样,其复杂性也限制了模糊数据库的发展。

模糊关系数据模型中,有元组模糊关系数据模型、模糊关系数据模型、集合值模糊关系数据模型和属性具有加权模糊值的模糊关系数据模型。其中属性具有加权模糊值的模糊关系数据库是一种对一般关系数据库模糊化最彻底的模糊数据库,并且是一种具有广泛应用的模糊数据库。

模糊实体-关系数据模型,可以提供一个模糊E-R图,图中直观而形象地描述了模糊数据库,为数据库的设计提供了一个很友好的图形工具。但是,它并没有明确地指明在数据上可以实现的各种操作,在设计时可以在图上设计和修改满意后用相应的转换工具进行转换才行。

在模糊面向对象数据库中,对对象类的定义引入递归的概念,采用面向对象的描述方法,模块化强,结构化程度高,从而便于分层实现,有利于实际系统的开发。但由于目前还不成熟,开发起来有很大的困难。

对象-关系数据模型是结合关系数据模型和面向对象模型一起新发展的一种模型,它具有关系数据模型的强大查询语言的功能,同时也有面向对象的特性,所以是目前建立模糊数据库的最好的选择。

4. 多媒体数据库系统

一般认为,数据模型化是数据库技术的基础和核心。如果广义地理解,数据模型化包括了概念模型、逻辑模型和物理模型的建立。其中概念模型是数据库设计者对现实世界的抽象,逻辑模型是对概念模型的逻辑表示,而物理模型是对逻辑模型的机器表示。要把复杂的现实世界正确地描述出来,并将其数据及关系在数据库中进行存储和管理,关键的一步是要把现实世界抽象为概念模型。多媒体数据库所依托的是多媒体数据模型,首先是需要把各种媒体所建立的概念模型结合为一个有机的统一整体,使概念模型一体化,以形成一个"多媒体概念模型",再以某种符号系统加以表示,而后形成多媒体数据模型的基础。

多媒体数据模型应具有以下特性:

(1)能支持媒体的独立性。这是因为多媒体数据库的目标应能实现诸如媒体的混合、媒体的扩充、媒体的互换,即应能使用户最大限度地忽略各种媒体间的差别,而实现对复杂数据对象的管理和使用。

(2)要支持数据模型的三个基本要素:数据的结构性质,能描述实体及实体间的联系;具有与数据库相关的语义完整性限制;体现数据的操作特性,亦即要通过对各种媒体的符号化、抽象化,使用户可以对各种媒体数据进行统一的处理和一致性管理。对不同的内部表示的数据用同样的数据库语言进行操作,并提供能用于多媒体数据库的语言接口。

实现多媒体数据模型的方式是多样的,当前所涉及的方法有:

(1)基于关系数据模型的方法,即在关系数据模型中引入抽象数据类型,并对数据类型定义所必要的数据表示形式及其操作定义加以扩充。

(2)基于语义数据模型的方法,语义数据模型能提供更自然的处理现实世界的数据及其联系能力,并在实体类型的表示及其联系上具有特点。当然还有其他的方法,如基于面向对象的建模方法等。当然,对于多媒体数据模型的研究还很不充分,目前仍然缺乏完整的、具有普遍意义的理论。

5. 演绎数据库

演绎数据库是指具有演绎推理能力的数据库。一般地,它用一个数据库管理系统和一个规则管理系统来实现。将推理用的事实数据存放在数据库中,称为外延数据库;用逻辑规则定义要导出的事实,称为内涵数据库。主要研究内容为,如何有效地计算逻辑规则推理。具体为:递归查询的优化、规则的一致性维护等。

1.6.2 面向应用领域的数据库新技术

随着科学技术的进步和数据技术的发展,数据库应用领域不断扩大,已从传统的商务数据处理扩展到许多新的应用领域,因而也对数据库技术提出了许多新的要求。

1. 云计算时代对数据库技术提出的新的要求

(1)海量数据处理:类似搜索引擎和电信运营级的经商分析系统这样大型的应用,需要能够处理 PB(1 PB＝1024 TB)级的数据,同时应对百万字节数量级的流量。

（2）大规模集群管理:分布式应用可以更加简单地部署、应用和管理。

（3）低延迟读/写速度:快速的响应速度能够极大地提高用户的满意度。

（4）建设及运营成本:云计算应用的基本要求是希望在硬件成本、软件成本及人力成本方面都有大幅度的降低。

2. 数据集成和数据仓库将向内容管理过渡

新一代数据库的出现,使得数据集成和数据仓库的实施更简单,连续处理、准实时处理和小范围数据处理都将会成为数据集成和分析人员所面临的难题。另外,随着数据应用逐步过渡到数据服务,还要着重处理三个问题:关系型与非关系型数据的融洽、数据分类、国际化多语言数据。

3. 混合数据将在未来得到快速的发展

数据应用的主要开发平台将转换到 XML 化的操作语义。随着服务组件体系结构 SOA(service component architecture)和多种新型 Web 应用的普及,XML 数据库将完成一个从文档到数据的转变。同时,"XML 数据/对象实体"的映射技术也将得到广泛应用。

4. 主数据管理将会在未来的一至两年里成为一个新的热点

在企业内部的应用整合和系统互联中,许多企业具有相同业务语义的数据被反复定义和存储,导致数据本身成为 IT 环境发展的障碍。为了有效使用和管理这些数据,主数据管理将会成为一个新的热点。

5. 数据库新技术的未来发展趋势

（1）微型数据库。亿万个微型信息设备连接到 Web 上,每个微型信息设备都可能配置一个数据库,我们称其为微型数据库。微型数据库必须具有自调节和自适应能力。这就需要全部取消需要用户设置的系统参数,使它在没有程序员的情况下,具有自动调节的能力。二是随时保持与 Web 的连接,以快速、准确地获取 Web 上的大量信息。

（2）未来的联邦数据库系统。Web 本身也可看成是一个大规模联邦系统。人们需要研究新的大规模联邦数据库的查询优化方法,需要研究大规模联邦数据库查询的语义和执行等问题。

（3）未来数据库的体系结构。目前,基于无共享硬件资源计算机机群系统的并行数据库系统已取得了很大进展。但基于由大量计算机构成的大规模计算机机群系统的并行数据库的研究还进展甚小,需花大力气。此外,程序逻辑和数据统一管理、结构化和半结构化数据的集成,也是今后数据库研究的方向。

（4）演绎面向对象数据库。演绎面向对象数据库是未来数据库系统的基本特征,如何把面向对象与演绎的概念有机集合并应用到数据库,主要牵涉到数据模型。目前,实现演绎面向对象数据模型的方法有:①面向对象语言与逻辑语言并用;②扩充逻辑程序设计系统,引入方法、类型及对象等概念,使用户同时就有面向对象和演绎的概念;③面向对象的逻辑,把面向对象的特点与逻辑语言充分结合。

6. 性能与易用性是数据库技术完善的必经之路

关系型数据库所以升级缓慢,其中一个主要原因就是没有关键的技术革新,各大厂商所做的主要工作都是在对自己的产品进行锦上添花式的不断完善。这一发展方向就是使数据库向着需求更少的方向增强。所谓需求更少是指数据库以更少的相对资源消耗、更高的性能运行，并且随着技术的不断进步，数据库变得更加智能，维护和使用将更加简单。这是数据库技术在完善过程中的必经之路。

7. 搜索是数据库的未来之路

随着数据库技术的不断完善和用户数据的不断积累，用户的需求也不断提高，在此基础上，更高级的应用应运而生，包括已经成熟的数据仓库应用、广为接受的商业智能（BI）应用及方兴未艾的 SOA 等。当数据库能够容纳几乎所有数据之后，我们必然面临的一个问题是如何快速获得我们需要的数据。

8. 开源数据库有望走向应用主流

和 Linux 操作系统渐入佳境一样，开放源代码的数据库管理系统正走向应用的主流。目前主要的开源数据库产品包括 MySQL、MaxDB 和 PostgreSQL。除了开源数据库厂商成为市场焦点外，甲骨文、Sun 和微软老牌厂商也纷纷拥抱开源。开源数据库软件正在以其低成本得到越来越多用户的认可，并迫使主流厂商推出免费版。费用低且性能佳的开源数据库使得中小型企业使用数据库成为可能，使中小型企业能以较低的成本来构建强大的各种数据库应用。在引入数据库后，又会在使用过程中不断地发展新应用，从而推动企业的信息化，形成一个良性的发展过程。在这个过程中，开源数据库恰好扮演了一个引入者和助力者的角色。未来，在中小企业用户市场的拉动下，开源数据库有望走向应用主流。

本 章 小 结

本章介绍了数据库系统的一些基本概念：数据、信息、数据库、数据库管理系统和数据库系统。

计算机数据管理随着计算机硬件、软件技术和计算机应用范围的发展而不断发展。计算机数据管理技术经历了人工管理、文件系统、数据库系统、分布式数据库系统和面向对象数据库系统等阶段。

数据库中用数据模型来抽象、表示和处理现实世界中的数据和联系，也就是说，用数据模型来模拟现实世界。数据模型是数据库系统的核心和基础，各种机器上实现的数据库管理系统软件都是基于某种数据模型的。

概念模型也称为信息模型，用于信息世界的建模。E-R 模型是这类模型的典型代表。用 E-R 图描述该模型，简单、直观、易懂。使用它建立的数据库概念和数据模型便于计算机专业人员和普通计算机用户进行交流和沟通。

数据库结构数据模型包括层次、网状、关系和对象四种。其中关系数据模型是当前数据库系统中的主流数据模型。

将 E-R 模型转化为关系模型，它是连接实际对象和数据库间的桥梁。

数据库系统是数据库、硬件、软件和数据库管理员的集合体。它是一个实际可运行的、按照数据库方式存储的、维护和向应用系统提供信息或数据支持的计算机系统。该系统的目标是存储信息并支持用户检索和更新所需要的信息。

数据库系统从构件角度看，它由五大部分组成。数据库系统结构从数据库管理系统角度看，数据库系统通常采用三级模式结构。数据库的系统结构从最终用户角度看，可以分为集中式结构、分布式结构、客户/服务器结构和并行结构。这也是数据库系统外部的体系结构。

数据库系统的三级模式和两层映射的系统结构,保证了数据库系统的逻辑独立性和物理独立性,应用程序不因被处理数据的逻辑和物理特性的改变而改变。

数据库技术被应用到特定的领域中,出现了工程数据库、地理数据库、统计数据库和空间数据库等多种数据库,使数据库领域中新的技术内容层出不穷。

思 考 题

1. 试解释 DB、DBMS 和 DBS 三个概念。

2. 试叙述 E-R 模型、层次模型、网状模型和关系模型的主要特点。

3. 什么是数据独立性?在数据库中有哪几种独立性?

4. 什么是 E-R 图?构成 E-R 图的基本要素是什么?

5. 如何将 E-R 模型转化为关系模型?

6. 分布式数据库和面向对象的数据库各有什么特点?

7. 数据库的三级模式结构描述了什么问题?试详细解释。

8. 试述 DBMS 的主要功能。

9. 什么是 DBA?DBA 的职责是什么?

10. 使用 DBS 的用户有哪几类?

11. 试对数据管理技术五个发展阶段做详细的比较。

12. 什么是数据字典?试述数据字典的主要任务和作用。

13. 什么是数据冗余?数据库系统与文件系统相比怎样减少冗余?

14. 试叙述 DBMS 的三个组成部分。

15. 简要叙述关系数据库的优点。

16. 什么是数据模型?数据模型的作用及三要素是什么?

第②章　关系数据库

【学习目的与要求】

本章介绍关系模型的基本概念和关系代数两方面的内容。通过学习，要求达到下列目的：

（1）掌握关系模型的相关概念，即笛卡儿积、关系、域、属性、元组、关系模式和关键字等概念。

（2）掌握关系代数的传统集合运算——并、交、差运算方法，重点掌握专门的关系运算——选择、投影、连接、除运算方法。

（3）了解元组关系演算方法和域关系演算方法。

第 1 章简单介绍了关系模型的概念。本章将系统地讨论这个数据模型，从数学的角度给出更严格、更形式化的定义。

关系数据库应用数学方法来处理数据库中的数据。美国 IBM 公司的 E. F. Codd 系统而严格地提出了关系模型的概念，他从 1970 年起就连续发表了多篇论文，奠定了关系数据库的理论基础。20 世纪 70 年代末，关系方法的理论研究和软件系统的研制取得了较好的成果，其中，美国 IBM 公司的 System R 和美国加州大学 Berkeley 分校的 Ingres 的关系数据库实验系统在功能和技术上最有代表性。1981 年，IBM 公司在 System R 的基础上先后推出了两个商品化的 RDBMS（关系数据库管理系统）：SQL/DS 和 DB2；同时美国加州大学 Berkeley 分校也研制出了商品化的 Ingres 系统，使数据库走向了实用化和商品化。20 世纪 80 年代，关系数据库管理系统成为发展的主流，越来越多地用到微机上。随着计算机技术与网络技术的发展，数据库管理系统向着分布式和面向对象式数据库系统发展，产生了网络数据库、多媒体数据库和对象-关系数据库及其他扩充的关系数据库系统。近年来，关系数据库系统的研究取得了辉煌的成就，涌现出许多性能良好的商品化的 RDBMS，如 DB2、Oracle、SQL Server、Informix 等，进入了关系数据库的鼎盛时代，并在此基础上向新一代数据库系统发展。

关系数据库是以关系模型为基础的数据库。在数据库技术发展初期，人们普遍使用的是层次数据库管理系统和网状数据库管理系统，它们分别以层次模型和网状模型为基础。现在用得比较成熟的数据库管理系统则是关系数据库管理系统，它有很好的用户界面，并具有简单灵活的数据模型、较高的数据独立性、良好的语言接口和坚实的理论基础。本章主要介绍关系数据库的数据模型——关系模型的相关概念，以及用它解决相关问题的数学理论。

2.1　关系模型概述

关系模型是关系数据库的数据模型，它有严格的数学基础，抽象级别比较高，简单清晰，便于理解和使用，也是目前用得较为成熟的数据模型。所谓关系模型就是用二维表结构来表示实体及其联系的模型。关系模型是建立在集合代数的基础上形成的。本节主要从集合的角度给出关系模型的相关概念。

2.1.1 关系的基本概念

1. 域

在关系数据模型中,每个属性都有一个取值范围。域是用于描述这个属性取值范围的,或者说,域是一组具有相同数据类型的值的集合。例如,{若干整数集合},{男,女},{0,1},{A,B,C,D,E}等,都可以看成是域。域有如下特点。

(1) 域必须命名。命名后的域表示为:

D1＝{张三,李四,王五,赵六},表示某些姓名的集合,域名为 D1。

D2＝{男,女},表示性别的集合,域名为 D2。

D3＝{18,19,20},表示年龄的集合,域名为 D3。

(2) 域中数据的个数称为域的基数。

例如,上述命名后的域,D1 的基数为 4,D2 的基数为 2,D3 的基数为 3。

2. 笛卡儿积

设 D1,D2,…,Dn 为给定的域,则 D1,D2,…,Dn 的笛卡儿积为:

$$D1 \times D2 \times \cdots \times Dn = \{(d1,d2,\cdots,dn) \mid di \in Di, i=1,2,\cdots,n\}$$

其中,每一个元素(d1,d2,…,dn)称为一个 n 元组,简称元组,元组中的每一个 di 称为元组的一个分量,di 必须是 Di 中的一个值。

注意这里元组与集合的区别。元组不是 di 的集合,因为元组中的分量是按序排列的;集合是一组相关数据的组合,集合中的数据是无序的。二者的表示方法不同,例如,

元组:$(a,b,c) \neq (b,a,c) \neq (c,b,a), (a,a,a) \neq (a,a) \neq (a)$。

集合:$\{a,b,c\} = \{b,a,c\} = \{c,b,a\}$。

例 2-1 设 D1＝{0,1},D2＝{a,b,c},求笛卡儿积 D1×D2。

解 D1×D2＝{(0,a),(0,b),(0,c),(1,a),(1,b),(1,c)}。

可以把笛卡儿积看成是一张二维表。上述 D1×D2 的结果还可以用表 2-1 表示。

表 2-1 D1×D2 的结果

D1	D2
0	a
0	b
0	c
1	a
1	b
1	c

表 2-1 中的第一个分量来自 D1,第二个分量来自 D2。笛卡儿积就是所有这样的元组组成的集合。

3. 关系

笛卡儿积 D1×D2×…×Dn 的任意一个子集称为集合 D1,D2,…,Dn 上的一个 n 元关系。关系中属性个数称为元数,元组个数称为基数。在实际应用中,关系往往是从笛卡儿积中选取的有意义的子集。在计算机里,一个关系可以存储为一个文件。

设 D1＝{张强,李林,王孝文}是一个学生集合,D2＝{高等数学,英语,C语言,电子技术}是一个课程集合,求笛卡儿积 D1×D2。

解 R＝D1×D2 如表 2-2 所示。

表 2-2 关系 R

D1	D2
张强	高等数学
张强	英语
张强	C 语言
张强	电子技术
李林	高等数学
李林	英语
李林	C 语言
李林	电子技术
王孝文	高等数学
王孝文	英语
王孝文	C 语言
王孝文	电子技术

关系 R1 是从 R 中提取的一个有意义的子集。R1⊆R,R1 如表 2-3 所示。

表 2-3 关系 R1

D1	D2
张强	高等数学
张强	电子技术
李林	英语
李林	C 语言
王孝文	高等数学
王孝文	英语
王孝文	C 语言

笛卡儿积 D1×D2 的结果集 R 本身是无意义的,而关系 R1 是从 D1×D2 中选取出来的有意义的子集,它表示学生与课程之间存在的一种选修关系。所以说,关系是从笛卡儿积中选出的有意义的子集。

4. 属性

属性对应关系中的列,也称为字段。关系中的属性名称必须是互不相同的。

5. 关键字

如果一个属性(集)的值能唯一标识一个关系的元组,则该属性(集)称为候选关键字(关键字),简称为键。

关键字有以下特点。

（1）一个关系中可以有多个候选关键字。

（2）当对关系进行插入、删除或检索时，可以选取其中一个候选关键字作为主关键字（简称关键字或主键）。每个关系都有一个并且只有一个主关键字。

（3）凡可作为候选键的属性称为主属性；否则，称为非主属性。

（4）当关系中的某个属性集并非主键，但却是另一个关系的主键时，则该属性集称为外部键，简称为外键。

6．元组

元组对应关系中的行，也称为记录。一个元组对应一个实体，一个关系可由一个或多个元组构成，一个关系中的元组必须互不相同。

7．关系模式

一个关系的属性名表称为关系模式，一个关系模式描述了一个实体，是对关系的描述，它包括关系名、组成关系的属性名、属性间的数据依赖关系等。关系模式实际上就是关系框架，即二维表的表结构。例如，设关系名为 REL，其属性为 $A_1, A_2, \cdots, A_n$，则关系模式可表示为：

$$REL(A_1, A_2, \cdots, A_n)$$

8．关系模型

关系模型是所有的关系模式、属性名和关键字的汇集，是模式描述的对象。一个关系模型描述了若干个实体及其相互联系，反映了客观世界的逻辑抽象。

9．关系数据库

关系数据库是对应于一个关系模型的所有关系的集合。关系数据库可以用型和值去描述。关系数据库的型是指数据库的结构描述，它包括关系数据库名、若干属性的定义及这些属性上的若干关系模式。关系数据库的值是指符合这些关系模式的多个关系在某一时刻各自所取的值。

10．关系的性质

关系就是一个二维表，可以用二维表来理解关系的性质。

（1）关系的每一列属性必须具有不同的名字。

（2）关系的每一列属性是同一类型的域值，不同属性的域值可以相同。

（3）关系的任意两行不能完全相同，即不可能出现两个完全相同的元组。

（4）关系的每一分量都是不可再分的最小数据单位，即所有的属性值都是原子的。

（5）关系中行的顺序、列的顺序可以任意互换，不会改变关系的意义。

（6）每个关系都有一个主关键字唯一标识它的各个元组。

2.1.2 关系的完整性规则

1．实体完整性规则

实体完整性规则（entity integrity rule）是指关系中的元组在组成主键的属性上不允许出现空值（NULL）。空值就是"不知道"或"无意义"。关系中的每一行都代表一个实体，而任何实体都应是可以区分的，主键的值正是区分实体的唯一标识。如果出现空值，那么主键值就起不到唯一标识元组的作用。

例如,学生关系 STUDENT(sno,sname,sex,birthday)中的主键是 sno,它在任何时候都不能取空值。

例如,学生选课关系 SC(sno,cno,grade),属性组学号 sno、课程号 cno 构成选课关系的主键,所以 sno、cno 这两个属性在任何时候都不能取空值。

实体完整性规则的意义在于,如果主键中的属性取空值,就说明存在某个不可标识实体,即存在不可区分的实体,这与关键字的意义相矛盾。

2. 参照完整性规则

所谓参照完整性规则(reference integrity rule)是指一个表的外键必须是另一个表主键的有效值,或者是空值。如果外键存在一个值,则这个值必须是另一个表中主键的有效值,也就是说,外键可以没有值,即空值,但不允许是一个无效值。

例如,除了上述学生关系 STUDENT(sno,sname,sex,birthday),选课关系 SC(sno,cno,grade),还有课程关系 COURSE(cno,cname,credit),每个关系中有下画线的属性表示主键。可知,选课关系 SC 中的属性学号 sno 是一个外键,课程号 cno 也是一个外键,它们分别是关系 STUDENT 和 COURSE 的主键。所以,选课关系 SC 中的学号值必须是实际存在的学号,即学生关系 STUDENT 中有这个学生的记录;选课关系 SC 中的课程号的值也必须是确实存在的课程的课程号,即课程关系 COURSE 中有该课程的记录。也就是说,选课关系 SC 中某些属性的取值需要参照其他关系的取值。

3. 用户定义完整性

任何关系数据库系统都应该支持实体完整性和参照完整性。除此之外,不同的关系数据库应根据它的应用环境不同,还需要一些特殊的约束条件。用户定义完整性就是针对某一具体关系数据库的约束条件的,是用户按照实际数据库运行环境的要求对关系中的数据所定义的约束条件,反映的是某一具体应用所涉及的数据必须要满足的条件。系统提供定义和检验这类完整性的机制,以便用统一的方法处理它们,而不再由应用程序承担这项工作。例如,学生的性别定义为字符型数据,范围太大,因此可以写一个规则,把性别限制为男或女。

 ## 2.2 关系代数

关系代数(relation algebra)是一种抽象的查询语言,是关系数据操纵语言的一种传统表达方式,是用对关系的运算来表达查询的。任何一种运算都将运算符作用于一定的运算对象上,以得到预期的运算结果。关系代数的运算对象是关系,运算结果也是关系。关系代数用到的运算符包括集合运算符、关系运算符、比较运算符和逻辑运算符四类,如表 2-4 所示。

表 2-4 关系代数运算符

分 类	符 号
集合运算符	∪(并)、∩(交)、-(差)
关系运算符	π(投影)、σ(选择)、⋈(连接)、÷(除法)
比较运算符	>、≥、<、≤、=、<>
逻辑运算符	∧(与)、∨(或)、¬(非)

关系代数的运算可分为两类:传统的集合运算和特殊的关系运算。

（1）传统的集合运算：并、差、交等。

（2）特殊的关系运算：投影、选择、连接、除法运算等。

2.2.1　传统的集合运算

当传统的集合运算并、交、差用于关系时，要求参与运算的两个关系必须是同类关系。所谓同类关系是指在两个关系中，元组的分量个数相同，相应属性取自同一个域。并、交、差这三种运算可以实现表中数据的插入、删除和修改等操作。

现有关系 R 和关系 S，如表 2-5 和表 2-6 所示。

表 2-5　关系 R

x	y	z
a	3	e
b	1	d
a	5	a

表 2-6　关系 S

x	y	z
b	1	d
c	2	e
a	3	e

1. 并

由属于 R 或属于 S 或同时属于 R 和 S 的元组构成的集合，记为 R∪S。表 2-7 就是 R 和 S 并运算的结果。

表 2-7　R∪S

x	y	z
a	3	e
b	1	d
a	5	a
c	2	e

2. 交

由同时属于 R 和 S 的元组组成的集合，记为 R∩S。表 2-8 就是 R 和 S 交运算的结果。

表 2-8　R∩S

x	y	z
b	1	d
a	3	e

3. 差

由属于 R 但不属于 S 的元组组成的集合,记为 R－S。表 2-9 就是 R 和 S 差运算的结果。

表 2-9 R－S

x	y	z
a	5	a

2.2.2 特殊的关系运算

特殊的关系运算包括选择、投影、连接和除法,这些运算主要用于数据查询服务。

1. 选择

选择(selection)是按照给定条件从指定的关系中挑选出满足条件的元组构成新的关系的运算。或者说,选择运算的结果是表的行的子集。

选择运算的一般方法表示为:

SELECT ＜关系名＞ WHERE ＜条件＞

选择运算的关系代数表达式记为:

$$\sigma_F(R),即 \sigma_{\langle 条件表达式\rangle}(R)$$

其中,σ 为选择运算符,R 为关系名。

例 2-3 选择操作。设有"学生"关系,如表 2-10 所示,要求从中选择所有的男同学。

解 其关系代数表达式记为:

$$\sigma_{性别 = "男"}(学生)$$

选择运算的一般表达式为:

SELECT 学生 WHERE 性别＝"男"

运算结果如表 2-11 所示。

表 2-10 学生

学　号	姓　名	性　别	成　绩	所　在　系
05101	张强	男	83	计算机
05102	李林	女	87	电子
05103	王孝文	男	78	计算机

表 2-11 $\sigma_{性别 = "男"}$(学生)

学　号	姓　名	性　别	成　绩	所　在　系
05101	张强	男	83	计算机
05103	王孝文	男	78	计算机

2. 投影

投影(projection)是从指定的关系中挑选出某些属性构成新的关系的运算。或者说,投影运算的结果是表的列的子集,是对关系垂直方向的操作。

投影运算的方法表示为:

PROJECT ＜关系名＞（属性 1,属性 2,…)

投影运算的关系代数表达式记为:

$$\pi_A(R)$$

其中,A 为 R 的属性序列,π 为投影运算符,R 代表关系名。投影是对原关系进行列的选择,并且投影将取消由于取消了某些列而产生的重复元组。

例 2-4 投影操作。设有例 2-3 学生表所示"学生"关系,要求查看所有的系。

解 其关系代数表达式为:

$$\pi_{所在系}(学生)$$

投影运算的一般表达式为:

PROJECT 学生(所在系)

投影运算的结果如表 2-12 所示。

表 2-12 $\pi_{所在系}$(学生)

所在系
计算机
电子

3. 连接

连接(join)操作是关系代数中最有用的操作之一。它最常用的方式是合并两个或多个关系的信息。

1) 条件连接

连接是将两个或多个关系连接在一起,形成一个新的关系的运算。条件连接运算是按照给定条件,把满足条件的各关系的所有元组按照一切可能组合成新的关系的运算。或者说,连接运算的结果是在两个关系的笛卡儿积上的选择。

连接运算的方法表示为:

JOIN <关系 1> AND <关系 2> WHERE <条件>

连接运算的关系代数表达式记为:

$$R \underset{i\theta j}{\bowtie} S$$

在这里,θ 可以是等于号、大于号、小于号、不等号,等等,是指对 R 和 S 满足条件 θ 的连接。其中,i 和 j 分别表示 R 和 S 这两个关系中的第 i 列和第 j 列,i 和 j 可以用属性名表示,也可以用属性所在列的位置来表示。

例 2-5 连接操作。设有两个关系 R 和 S,如表 2-13 和表 2-14 所示,求 $T = R \underset{Y>B}{\bowtie} S$。

表 2-13 关系 R

X	Y	Z
a	2	c
b	3	d
c	5	e

表 2-14 关系 S

A	B
a	2
c	4

解 这是一个典型的连接操作,是指关系 R 中的 Y 列大于关系 S 中的 B 列的连接。在这里,关系 R 中的 Y 列大于关系 S 中的 B 列,Y 列和 B 列分别在关系 R 和关系 S 中的第 2 列。还可以用另外一种方式表示,即 $R \underset{2>2}{\bowtie} S$。在条件 2>2 中,左面的 2 表示关系 R 中的第 2 列,右面的 2 表示关系 S 中的第 2 列。用列名或用列所在位置的值,这两种表示方法是相同的。

连接运算后的结果如表 2-15 所示。

表 2-15 关系 T

X	Y	Z	A	B
b	3	d	a	2
c	5	e	a	2
c	5	e	c	4

连接的关系代数表达式为:

$$T = R \underset{Y>B}{\bowtie} S$$

该连接运算的一般表达式为:

JOIN R AND S WHERE Y>B

连接运算中有两种特殊形式,也是最为重要、最为常用的连接,分别是等值连接和自然连接。

2)等值连接

等值连接是连接的一种特殊形式,它是 θ 为等于号时的连接,它从关系 R 和 S 的笛卡儿积中选取这两个关系中指定列的属性值相等的那些元组。对于例 2-5,若条件变为等于,则连接后的结果 T1 如表 2-16 所示。

$$T1 = R \underset{Y=B}{\bowtie} S$$

表 2-16 关系 T1

X	Y	Z	A	B
a	2	c	a	2

3)自然连接

自然连接是连接中最为特殊的一种形式,它规定连接的两个关系中的所有同名字段都相等。此时,可以省略连接条件,默认的连接条件是所有同名字段相等时的连接,可记为:

$$R \bowtie S$$

自然连接要求两个关系中必须有共同的或公用的属性组,它是公共属性相等时的连接,并且在结果中去掉了重复的属性组。R 与 S 的自然连接要完成以下三件事:

(1)计算 R×S;

(2)在 R×S 上选择同时满足条件 R. Ai= S. Ai 的所有元组,其中 Ai 为属性名;

(3)去掉重复属性。

例 2-6 关系 R 和关系 S 如表 2-17 和表 2-18 所示,求关系 R 和关系 S 的自然连接。

表 2-17　关系 R

A	B	C
a1	b1	c2
a2	b2	c1
a3	b1	c3
a4	b3	c5
a5	b4	c1

表 2-18　关系 S

D	E	B
d1	e1	b1
d2	e2	b3
d3	e3	b5
d4	e4	b6
d5	e5	b7

解　　自然连接关系 R 和关系 S,是指在这两个关系中的公共属性 B 列相等时的连接。连接后的结果如表 2-19 所示。

该连接的关系代数的表达式为:

$$T = R \bowtie S$$

表 2-19　关系 T

A	B	C	D	E
a1	b1	c2	d1	e1
a3	b1	c3	d1	e1
a4	b3	c5	d2	e2

对上述关系 R 和关系 S,求其等值连接 $T1 = R \underset{B=B}{\bowtie} S$,结果如表 2-20 所示。

表 2-20　关系 T1

A	R.B	C	D	E	S.B
a1	b1	c2	d1	e1	b1
a3	b1	c3	d1	e1	b1
a4	b3	c5	d2	e2	b3

比较表 2-16 与表 2-20 的等值连接与表 2-19 自然连接的结果,知道等值连接与自然连接的主要区别如下。

(1) 等值连接和自然连接都是对参与运算的两个关系先做笛卡儿积,然后对笛卡儿积的结果做选择运算。

（2）等值连接的连接条件属性不要求是同名属性，而自然连接要求公共属性相等。

（3）等值连接后不要求去掉同名属性，而自然连接要求去掉同名属性。

4. 除法运算

设关系 R 和关系 S 的元数分别为 r 和 s（设 r＞s＞0），那么 R÷S 是一个（r−s）元的元组集合。R÷S 的计算过程如下：

（1）$T = \pi_{1,2,\cdots,r-s}(R)$；

（2）$W = (T \times S) - R$；

（3）$V = \pi_{1,2,\cdots,r-s}(W)$；

（4）$R \div S = T - V$。

关系除法运算不同于数值运算中的除法，参与运算的对象是两个关系。当被除关系 R 是 r 元关系，除关系 S 是 s 元关系时，商为 r−s 元关系。商的结果是，将被除关系 R 中的 r−s 列按其值分成若干个组，检查每一组对应的另外 s 列值的集合是否包含除关系，若包含，则取 r−s 列的值作为商的一个元组；否则不取。

例 2-7　关系 R 和关系 S 如表 2-21 和表 2-22 所示，求 T＝R÷S。

表 2-21　关系 R

A	B	C	D
a	b	c	d
a	b	e	f
a	b	d	e
b	c	e	f
e	d	c	d
e	d	e	f

表 2-22　关系 S

C	D
c	d
e	f

解　运算结果如表 2-23 所示。

表 2-23　关系 T

A	B
a	b
e	d

关系代数在关系数据库理论和实践中处于非常重要的地位，下面结合本章所学内容给

出一个关系代数表达式的例子。

例 2-8　　设有三个关系 S、C 和 SC,如表 2-24 至表 2-26 所示,试用关系代数表示下列查询语句。

表 2-24　关系 S

学　号	姓　名	年　龄	性　别	籍　贯
98601	王晓燕	20	女	北京
98602	李波	23	男	上海
98603	陈志坚	21	男	长沙
98604	张兵	20	男	上海
98605	张兵	22	女	武汉

表 2-25　关系 C

课程号	课程名	教师姓名	办公室
C601	高等数学	周振兴	416
C602	数据结构	刘建平	415
C603	操作系统	刘建平	415
C604	编译原理	王志伟	415

表 2-26　关系 SC

学　号	课 程 号	成　绩
98601	C601	90
98601	C602	90
98601	C603	85
98601	C604	87
98602	C601	90
98603	C601	75
98603	C602	70
98603	C604	56
98604	C601	90
98604	C604	85
98605	C601	95
98605	C603	80

(1) 检索籍贯为上海的学生的姓名、选修的课程号和成绩。

(2) 检索选修"操作系统"的学生姓名、课程号和成绩。

(3) 检索选修了全部课程的学生姓名和年龄。

解 (1) R1＝$\pi_{2,6,7}(\sigma_{籍贯="上海"}(S \bowtie SC))$，结果如表 2-27 所示。

表 2-27 关系 R1

姓 名	课 程 号	成 绩
李波	C601	90
张兵	C601	90
张兵	C604	85

(2) R2＝$\pi_{2,6,7}(S \bowtie SC \bowtie \sigma_{课程名="操作系统"}(C))$，结果如表 2-28 所示。

表 2-28 关系 R2

姓 名	课 程 号	成 绩
王晓燕	C603	85
张兵	C603	80

(3) R3＝$\pi_{2,3}(S \bowtie (\pi_{1,2}(SC) \div \pi_1(C)))$，结果如表 2-29 所示。

表 2-29 关系 R3

姓 名	年 龄
王晓燕	20

注：本例中属性名全都用列值代替。

在例 2-8 中，运用本节介绍过的关系代数运算经过有限次的复合后形成的式子称为关系代数表达式。

在介绍的 8 种关系代数运算中，笛卡儿积、并、差、投影和选择为基本运算；而交、连接和除法运算可用上述 5 种基本运算来表达，故将这 3 种运算称为非基本运算，引入它们并不增加语言的能力，但可以简化表达。

5 种基本运算及其作用如下。

积运算：R×S 用于实现两个关系的组合连接，是所有连接操作的基础。

并运算：R∪S 用于实现两个关系的合并或关系中元组的插入。

差运算：R－S 用于实现关系中元组的删除。

投影运算：$\pi_A(R)$ 用于实现关系中列（属性）的选择。

选择运算：$\sigma_F(R)$ 用于实现关系中行（元组）的选择。

2.2.3 扩充的关系运算

1. 外连接

假设有关系 R 和关系 S，它们的公共属性组成的集合为 Y，当对 R 和 S 进行自然连接时，R 中的某些元组可能在 S 中没有与 Y 上相等的属性的元组，同理，对 S 也如此。那么，在 R 和 S 进行自然连接时，这些元组都将被舍弃，若不舍弃这些元组，在这些新增加的属性上填上空值 NULL，这种操作称为外连接，即外连接是指在关系 R 和关系 S 进行自然连接时，将原该舍弃的元组也保留在新关系中，同时在这些元组新增加的属性上填上空值的操作。若只保存 R 中原要舍弃的元组，则称为 R 与 S 的左外连接；若只保存 S 中原要舍弃的元组，则称为右外连接。若 R 和 S 中的元组都要保存，则称为全外连接，简称为外连接。

例 2-9 关系 R 和关系 S 如表 2-30 和表 2-31 所示,计算关系 R 和关系 S 的自然连接、外连接、左外连接和右外连接。

表 2-30 关系 R

A	B	C
a	b	c
b	b	f
c	a	d

表 2-31 关系 S

B	C	D
b	c	d
b	c	e
a	d	b
e	f	g

解 自然连接、外连接、左外连接和右外连接分别如表 2-32 至表 2-35 所示。

表 2-32 自然连接

A	B	C	D
a	b	c	d
a	b	c	e
c	a	d	b

表 2-33 外连接关系 T1

A	B	C	D
a	b	c	d
a	b	c	e
c	a	d	b
b	b	f	NULL
NULL	e	f	g

表 2-34 左外连接关系 T2

A	B	C	D
a	b	c	d
a	b	c	e
c	a	d	b
b	b	f	NULL

表 2-35　右外连接关系 T3

A	B	C	D
a	b	c	d
a	b	c	e
c	a	d	b
NULL	e	f	g

2. 外部并

外部并是指关系 R 和关系 S 属于不同关系模式时所进行的并运算,构成的新关系的属性由 R 和 S 的属性组成(公共属性只取一次),新关系的元组由属于 R 或属于 S 的元组构成,此时元组在新增加的属性上填上空值。

例 2-10　计算例 2-9 中关系 R 和关系 S 的外部并。

解　外部并结果如表 2-36 所示。

表 2-36　外部并结果

A	B	C	D
a	b	c	NULL
b	b	f	NULL
c	a	d	NULL
NULL	b	c	d
NULL	b	c	e
NULL	a	d	b
NULL	e	f	g

2.3　关系演算

关系代数是过程化的,用关系代数表示查询等操作时,需要提供一定的查询过程描述。而关系演算是非过程化的,只需给出所需信息的描述,而不需要提供获得该信息的具体过程。目前,面向用户的关系数据语言基本是以关系演算为基础的。关系演算可分为元组关系演算和域关系演算两大类。元组关系演算是以元组为变量的,而域关系演算是以属性(域)为变量的。

2.3.1　元组关系演算

元组关系演算表达式的一般形式为:

$$R = \{t \mid P(t)\}$$

上式表示 R 是满足公式 P 的所有元组 t 的集合。其中:t 是元组变量,表示一个定长的元组;P 是公式,即程序设计语言中的条件表达式,由元组公式组成。该式以元组为变量,称为元组关系演算。我们把 $\{t \mid P(t)\}$ 称为一个演算表达式,把 $P(t)$ 称为一个公式,t 为 P 中唯一的自由元组变量。可递归地定义元组演算公式如下。

（1）原子命题函数是公式，它有以下三种形式。

① R(s)：R 是关系名，s 是元组变量。它表示"s 是关系 R 的一个元组"。

② s[i]θu[j]：s 和 u 是元组变量，θ 是算术比较运算符。它表示"元组 s 的第 i 个分量与元组 u 的第 j 个分量之间满足 θ 关系"。

③ s[i]θa 或 aθu[j]：s 和 u 是元组变量，a 是常量。它表示"元组 s 的第 i 个分量值与常量 a 之间满足 θ 关系"或"常量 a 与元组 u 的第 j 个分量值之间满足 θ 关系"。

（2）设 P1 和 P2 是公式，则¬ P1、P1∧P2、P1∨P2、P1→P2（→表示蕴涵）也都是公式。

（3）设 P 是公式，t 是 P 中的某个元组变量，那么(∀t)(P)、(∃t)(P)也都是公式。其中，∀ 是全称量词，表示"所有的…"；∃ 是存在量词，表示"至少有一个…"。在公式中未用 ∀ 和 ∃ 量词约束的变量，称为自由元组变量，该变量类似于程序设计语言中的外部变量或全局变量。用到 ∀ 和 ∃ 量词约束的变量称为约束元组变量，该变量类似于内部变量。

（4）在元组演算公式中，各种运算符的优先次序为：算术比较运算符最高；量词次之，且按∃、∀ 的先后次序进行；逻辑运算符优先级最低，且按¬、∧、∨、→的先后次序进行；括号内的运算优先。

（5）元组演算所有公式按上述条款所确定的规则经有限次的复合求得，不再存在其他形式。

关系代数的运算均可以用关系演算表达式来表示。所有的关系代数表达式都可由 5 种基本操作组合而成，因此，只需把 5 种基本操作用元组演算表达即可。下面用关系演算表达式来表示 5 种基本运算。设 R 和 S 是两个关系。

① 并为：

$$R∪S=\{t|R(t)∨S(t)\}$$

② 差为：

$$R-S=\{t|R(t)∧¬ S(t)\}$$

③ 笛卡儿积为：

$$R×S=\{t|(∃u)(∃v)(R(u)∧S(v)∧t[1]=u[1]∧\cdots∧t[k1]=u[k1]∧t[k1+1]$$
$$=v[1]∧\cdots∧t[k1+k2]=v[k2])\}$$

④ 投影为：

$$π_{i1,i2,\cdots,ik,}(R)=\{t|(∃u)(R(u)∧t[1]=u[i1]∧\cdots∧t[k]=u[ik])\}$$

⑤ 选择为：

$$σ_F(R)=\{t|R(t)∧F'\}$$

F′ 是公式 F 用 t[i]代替运算对象 i 得到的等价公式。

例 2-11 设有关系 S、C、SC，分别如表 2-24 至表 2-26 所示，用元组关系演算表示下列查询语句。

（1）查询所有男生的信息。

（2）查询学生年龄大于 18 岁的学生的姓名。

（3）查询家在北京的学生的姓名和年龄。

解 （1）$R1=\{t|S(t)∧t[4]='男'\}$

（2）$R2=\{t^{(1)}|(∃u)(S(u)∧t[1]=u[2]∧u[3]>18)\}$

（3）$R3=\{t^{(2)}|(∃u)(S(u)∧t[1]=u[2]∧t[2]=u[3]∧u[5]='北京')\}$

元组关系演算以元组变量作为谓词变元的基本对象。一种典型的元组关系演算语言是

E. F. Codd 提出的 ALPHA 语言。ALPHA 语言并没有具体实现,但是关系数据库管理系统 Ingres 所用的操作语言 QUEL 是参照 ALPHA 语言编写的,它与 ALPHA 语言非常类似。

2.3.2　域关系演算

域关系演算用域变量代替元组变量的每一个分量。域演算表达式的一般形式为:

$$\{t1\cdots tk \,|\, P(t1,\cdots,tk)\}$$

其中:t1,…,tk 为元组变量的各个分量,统称为域变量;而 P(t1,…,tk)是关于域变量 t1,…,tk 的公式。域演算公式可递归地定义如下。

(1)原子命题函数是公式,域关系演算也有以下三种形式。

① R(t1…tk):R 是关系名,ti 是域变量。它表示以 t1,…,tk 为分量的元组在关系 R 中。

② siθuj:si 和 uj 是域变量(元组变量的分量),θ 是算术比较运算符。它表示元组 s 的第 i 个分量与元组 u 的第 j 个分量之间满足 θ 关系。

③ siθa 或 aθuj:si 和 uj 是域变量,a 是常量。它表示元组 s 的第 i 个分量值与常量 a 之间满足 θ 关系或常量 a 与元组 u 的第 j 个分量值之间满足 θ 关系。

(2)设 P1 和 P2 是公式,则¬ P1、P1∧P2、P1∨P2、P1→P2(→表示蕴涵)也都是公式。

(3)设 P(t1,…,tk)是公式,ti 是 P 中的某个域变量,那么(∀ti)(P)、(∃ti)(P)也都是公式。

(4)域演算公式中运算符的优先级与元组演算公式中的规定相同。

(5)域演算所有公式按上述条款所确定的规则经有限次的复合求得,不再存在其他形式,类似于元组关系演算。

例 2-12　设有关系 S、C、SC,分别如表 2-24 至表 2-26 所示,用域关系演算表示下列查询语句。

(1)查询所有男生的信息。

(2)查询学生年龄大于 18 岁的学生的姓名。

(3)查询家在北京的学生的姓名和年龄。

解　(1)R1={t1t2t3t4t5 | S(t1t2t3t4t5)∧t4='男'}

(2)R2={t2 |(∃t1)(∃t2)(∃t3)(∃t4)(∃t5)(S(t1t2t3t4t5)∧t3>18)}

(3)R3={t2t3 |(∃t1)(∃t2)(∃t3)(∃t4)(∃t5)(S(t1t2t3t4t5)∧t5='北京')}

本 章 小 结

本章介绍了关系模型的相关概念。关系是从笛卡儿积中选取的有意义的子集,关系中不允许出现完全相同的重复元组和属性。

关系的完整性规则包括实体完整性、参照完整性和用户定义完整性。实体完整性是指关系中的主码不能为空;参照完整性是指一个关系中的外码值或者为空,或者为被参照关系的一个主码;用户定义完整性是指用户对关系中的任意属性的取值所做出的限定。

传统的集合运算包括并、交和差。特殊的关系运算包括选择、投影、连接和除法运算。选择运算是选择出满足一定条件的元组,即行的操作;投影运算是对关系中属性的选择,即列的操作;连接运算是把两个关系按条件连接成新的关系,它是合并关系的手段。

关系代数运算是设计关系数据库操作语言的基础,因为其中的每一个查询往往表示成一种关系代数运算的表达式。数据及联系都是用关系表示的,所以实现数据间的联系也可以用关系代数运算来完成。

将数理逻辑中的谓词演算推广到关系运算中得到了关系演算。关系演算可分为元组关系演算和域关系演算两大类。元组关系演算是以元组为变量,用元组关系演算公式描述关系。而域关系演算是以属性(域)为变量,用域关系演算公式描述关系。关系代数和关系演算的表达能力是等价的。关系数据库语言属于非过程化语言,以关系代数为基础的数据库语言非过程性较弱,以关系演算为基础的数据库语言非过程性较强。

每一种数据库处理语言都不具有直接处理本章所描述的关系代数运算表达式,但都具有处理关系代数运算表达式的功能,只是表达方式不同而已。

思 考 题

1. 为什么关系中的元组没有先后顺序,且不允许有重复元组?
2. 外键值何时允许空?何时不允许空?
3. 笛卡儿积、等值连接、自然连接三者之间有什么区别?
4. 传统的集合运算有哪些?
5. 关系的完整性规则有哪几类?
6. 关系代数的基本运算有哪些?如何用这些基本运算来表示其他的运算?

第3章 关系数据库设计理论

【学习目的与要求】

本章介绍函数依赖和关系规范化方面的数据库设计的基础知识。通过学习，要求达到下列目的：

(1) 理解函数依赖的概念，能够分析属性间存在的各种函数依赖。

(2) 掌握 1NF、2NF、3NF 和 BCNF 的概念，可以根据定义判断关系模式的规范化级别。

(3) 掌握将一种关系规范化为所要求的级别。

(4) 了解为什么要对模式进行分解，以及如何分解。

关系数据库设计理论是设计关系数据库的指南，也是关系数据库的理论基础。关系数据库理论是借助近代数学工具而提出来的。它有效地解决了过去出现的种种问题，提出了一整套定义、概念和公理等，巧妙地把抽象的数学理论和具体的实际问题结合起来，使定义、概念、公理十分严密而又非常实用。它不仅是关系模型的设计指南，也是其他模型的设计指南。它不仅对数据库领域的发展有推动作用，而且对整个计算机领域的发展有很大影响。

关系数据库设计的目标是生成一组关系模式，可以方便获取信息。方法之一就是设计适当的范式模式。要确定一种关系模式是否属于我们期望的范式，还需要有关作为数据库建模对象的现实企业的额外信息。这些内容将在第 4 章介绍，本章先介绍函数依赖的概念，然后用函数依赖及其他类型的数据依赖定义范式。

3.1　问题的提出

当设计关系数据库时，常采用一种自下而上的设计方法。这种方法对涉及的所有数据进行收集，然后按照栏目进行归纳分类。

假定有关系 S(no,name,sex,cour,degr)，其中，S 表示学生表，对应的各个属性依次为学号、姓名、性别、课程和成绩，(no,cour)是主键。

下面分析这样的关系模式在实际使用中会出现什么问题。

1. 数据冗余

如果一个学生选修多门课程，则会导致 name 和 sex 属性多次重复存储，造成数据冗余。

2. 更新异常

由于数据存储冗余，当更新学生姓名时，该关系中与之对应的所有课程名都要进行修改。如果不慎漏改了某些记录，则会造成数据的不一致，这属于更新异常。

3. 插入异常

如果某个学生未选修课程，cour 就为空，而关系数据模式的完整性规则中规定主键不能为空或部分为空，则其 no、name 和 sex 属性值就无法插入，这便是插入异常。

4. 删除异常

当要删除所有学生成绩时，也会删除与之相关的所有 no、name 和 sex 属性值，这便是删除异常。

为了克服上述异常,将关系 S 分解为如下两个关系:

S1(no,name,sex)

S2(no,cour,degr)

为什么关系 S 分解成 S1、S2 之后,原来存在的问题就基本解决了呢? 问题的实质是什么? 如何把一种不好的关系模式分解成好的关系模式? 其理论基础是什么? 这是本章要解决的问题。解决这些问题的办法就是重新设计数据库。

关系模式有严格的理论基础,也是目前应用最为广泛的数据模型。关系数据库规范化理论指导数据库的逻辑设计。该理论主要包括数据依赖、规范化和模式分解三个方面的内容。本章着重介绍这三个方面的内容。

3.2 数据依赖

3.1 节所述的关系 S 分解以后,原来的异常问题解决了。出现上述异常的原因是什么呢? 异常的根本原因在于关系 S 中的某些属性之间存在数据依赖。

数据依赖是现实世界事物之间相互关联性的一种表达,是属性固有语义的体现。人们只有对一个数据库所要表达的现实世界进行认真的调查与分析,才能归纳与客观事实相符合的数据依赖。

现实世界中的事物是彼此联系、相互制约的。这种联系分为两类:一类是实体与实体之间的联系,一类是实体内部各属性之间的联系。第 1 章讨论了实体之间的联系,下面讨论属性之间的联系。

3.2.1 属性间的联系

1. 一对一联系

设 A、B 为某种关系模式的两个属性的值集,如果 A 中的任意具体值与 B 中至多有一个值相对应,且 B 中任意具体值与 A 中至多有一个值相对应,则称 A、B 这两个属性之间的联系是一对一联系,记为 1:1 联系。例如,在学生关系中,如果姓名没有重名,那么学号与姓名这两个属性之间的联系是一对一的联系,即学号可以决定姓名,姓名也可以决定学号。

2. 一对多联系

设 A、B 为某种关系模式的两个属性的值集,如果 A 中的一个值至多与 B 中的一个值相对应,而 B 中的一个值却可以与 A 中的多个值相对应,则称这两个属性之间的联系为从 B 到 A 的一对多联系,记为 1:m 联系。例如,在学生关系中,系名与学号之间的联系是一对多联系,一个学号对应一个系名,而一个系名却可以对应多个学号。

3. 多对多联系

设 A、B 为某种关系模式的两个属性的值集,如果 A 中的一个值与 B 中的多个值相对应,B 中的一个值也同样与 A 中的多个值相对应,则称这两个属性之间的联系是多对多的联系,记为 m:n 联系。例如,在学生和课程的选修关系中,一个学生可以选修几门课,同一门课也可以有多个学生同时选修。在选修关系中,学号和课程号之间的联系是多对多联系。

与实体之间的关系一样,属性间的三类关系之间也存在着包含关系,即一对一是一对多的特例,一对多又是多对多的特例。

实体间的关系实际上是实体间相互依赖又相互制约的关系,而属性间的关系则是属性值之间相互依赖又相互制约的关系。后一种关系就是我们所说的数据依赖。数据依赖最重要的有两种:函数依赖和多值依赖。本书重点讨论函数依赖。

3.2.2 函数依赖

函数依赖(functional dependency)是关系模式中属性之间的一种依赖关系。

1. 函数依赖的概念

设 R(U)是属性集 U 上的关系模式,X、Y 是 U 的子集,若 R(U)的所有具体关系 r 都满足如下约束:X 的每个具体值与 Y 中唯一的具体值相对应,则称函数 Y 依赖于 X,或 X 函数决定 Y,记为 X→Y,X 称为决定因素。

如果 X→Y,并且 Y 不是 X 的子集,则称 X→Y 是非平凡的函数依赖。若 Y 是 X 的子集,则称 X→Y 是平凡的函数依赖。

根据函数依赖的定义,可以找出如下规律。

(1) 在一种关系模式中,如果属性 X、Y 的联系为 1:1 联系,则存在函数依赖 X→Y,Y→X,即 X 可以决定 Y,Y 也可以决定 X,记为 X↔Y,称 X 和 Y 互相依赖。

(2) 如果属性 X、Y 的联系为 1:m 联系,则存在函数依赖 Y→X,但 X↛Y。

(3) 如果属性 X、Y 的联系为 m:n 联系,则 X 与 Y 之间不存在任何函数依赖。

例 3-1 有一种学习关系模式 R(S♯,SN,C♯,G,CN,TN,TA),其中各属性的含义为:S♯ 代表学生学号,SN 代表学生姓名,C♯ 代表课程号,G 代表成绩,CN 代表课程名,TN 代表任课教师姓名,TA 代表教师年龄。其中,每个学号只能有一个学生姓名(学生姓名无重名),每个课程号只能对应一个课程名,每个教师只能对应一种年龄,每个学生学习一门课只能有一个成绩。根据上述规定,写出关系模式 R 的基本函数依赖。

解 根据上述规定,存在如下函数依赖:

S♯→SN(每个学号只能有一个学生姓名)

C♯→CN(每个课程号只能对应一个课程名)

TN→TA(每个教师只能对应一种年龄)

(S♯,C♯)→G(每个学生学习一门课只能有一个成绩)

2. 完全函数依赖

在 R(U)中,如果 X→Y,并且对于 X 的任何一个真子集 X′,都有 X′不能决定 Y,则称 Y 对 X 完全函数依赖,记为 $X \xrightarrow{f} Y$。

若 X→Y,但 Y 不完全函数依赖于 X,有 X 的真子集 X′能决定 Y,则称 Y 部分函数依赖于 X,记作 $X \xrightarrow{p} Y$。

例 3-2 给定一种学生选课关系 SC(sno,cno,G),可以得到 F={(sno,cno)→ G},对 (sno,cno)中的任何一个真子集 sno 或 cno 都不能决定 G,所以,G 完全依赖于 sno、cno。

由定义可知,当 X 是单属性时,由于不存在任何真子集 X′,如果 X→Y,则 $X \xrightarrow{f} Y$。

3. 传递函数依赖

在同一关系模式 R(U)中,如果存在非平凡函数依赖 X→Y,Y→Z,而 Y↛X,则称 Z 对 X 传递函数依赖,记作 $X \xrightarrow{T} Z$。

例 3-3 设关系模式 S(S#,SN,D#,DN,L),其中各属性的含义为:S# 代表学号,SN 代表学生姓名,D# 代表学生所在系号,DN 代表系名,L 代表系地址。该关系模式是否存在传递函数依赖?

解 该关系存在如下函数依赖:

S#→D#,但 D#↛S#,D#→L,由传递函数依赖的定义可知,S#→L 是传递函数依赖,即 $S\# \xrightarrow{T} L$。

3.2.3 关键字

在关系模式 R(U)中,X 是 U 中的属性或属性组,如果 X→U,即不存在 X 的真子集 Y,使得 Y→U 成立,则称 X 是 R 的一个候选键。若候选键多于一个,则选定其中的一个作为主键。

包含在任何一个候选键中的属性称为主属性(primary attribute),不包含在任何键中的属性称为非主属性(non-primary attribute)或非键属性(non-key attribute)。单个属性构成的候选码称为单属性码,一种关系模式中的全部属性构成的码称为全码。

例 3-4 考查关系模式 S(S#,SN,SA,D#,DN)的键。其中各属性的含义为:S# 代表学号,SN 代表学生姓名,SA 代表学生年龄,D# 代表学生所在系号,DN 代表系名。

解 在该模式中,S# 符合以下条件:

(1) S#→(S#,SN,SA,D#,DN),即 S# 可函数决定模式中的每个属性。

(2) S# 不存在任何真子集。

因此,S# 是键。

也可证明,属性集(S#,SN)也可函数决定 S 中的全部属性,但(S#,SN)不是键,因为(S#,SN)中存在真子集 S#,可函数决定 S 中的全部属性。

3.3 规范化理论

关系模式的好与坏,可以用一个具体的标准来衡量。这个标准就是模式的范式(normal forms,NF)。范式的种类与函数依赖有着直接的联系,基于函数依赖的范式有 1NF、2NF、3NF、BCNF 等多种。

当不涉及函数依赖时,关系中不可能有冗余的问题。但是,当存在函数依赖时,关系中就有可能存在数据冗余问题。

第一范式(1NF)是关系模式的基础,第二范式(2NF)一般已不再使用,在数据库设计中最常用的是第三范式(3NF)和 BCNF。1NF、2NF 和 3NF 是 Codd 在 1971—1972 年提出的。BCNF(Boyce Codd normal forms)是 Codd 和 Boyce 在 1974 年共同提出的一种新范式。本节重点介绍 1NF、2NF、3NF 和 BCNF。

3.3.1 第一范式

如果关系模式 R 的每个关系 r 的属性值都是不可分的原子值(atomic value),那么称 R 是属于第一范式(first normal form,1NF)的模式。

满足第一范式的关系称为规范化的关系,否则称为非规范化的关系。关系数据库研究的关系都是规范化的关系。第一范式是关系模式应具备的最基本的条件。

例 3-5 判断表 3-1 所示关系是否为第一范式，如果不是，把它规范成第一范式。

表 3-1　例 3-5 表 1

系　名	课　程　名	教　师　名
计算机系	DB	李军,刘强
机械系	CAD	李莉,宋海
化工系	CAM	王小明
自控系	CTY	张华,曾建

解 因为关系模式至少是第一范式关系，即不包含重复组，并且不存在嵌套结构，所以给出的数据集显然不可直接作为关系数据库中的关系，规范为第一范式的关系如表 3-2 所示。

表 3-2　例 3-5 表 2

系　名	课　程　名	教　师　名
计算机系	DB	李军
计算机系	DB	刘强
机械系	CAD	李莉
机械系	CAD	宋海
化工系	CAM	王小明
自控系	CTY	张华
自控系	CTY	曾建

3.3.2　第二范式

满足第一范式的关系仍然存在数据库设计的异常问题，下面通过例子分析之。

例 3-6 供应商和它所提供的零件信息，关系模式如下。

FIRST(sno,sname,status,city,pno,qty)，各属性的含义分别表示供应商号、供应商名称、供应商状态、供应商所在城市、零件号、零件数量，并且有函数依赖

$$F = \{sno \rightarrow sname, sno \rightarrow status, status \rightarrow city, (sno, pno) \rightarrow qty\}$$

具体的关系如表 3-3 所示。

表 3-3　例 3-6 表

sno	sname	status	city	pno	qty
S1	精益	20	天津	P1	200
S1	精益	20	天津	P2	300
S1	精益	20	天津	P3	480
S2	盛锡	10	北京	P2	168
S2	盛锡	10	北京	P3	500
S3	尼尔森	30	北京	P1	300
S3	尼尔森	30	北京	P2	280
S4	泰达	40	上海	P2	460

从表 3-3 可以看出,每个分量都是不可再分的数据项,所以是第一范式。

然而,第一范式会带来以下 4 个问题。

（1）冗余度大。例如,每个供应商的 sno、sname、status、city 要与零件的种类一样多。

（2）更新异常。例如,供应商 S1 从"天津"搬到"上海",若稍不注意,就会使一些数据被修改,而另一些数据没有被修改,导致数据修改的不一致。

（3）插入异常。若某个供应商的其他信息未提供,如"零件号",则不能进行插入操作。

（4）删除异常。若供应商 S4 的 P2 零件销售完了,删除后,在基本关系 FIRST 中将找不到 S4,可 S4 又是客观存在的。

上述这些异常问题的原因在于,关系模式中非主属性 status 部分依赖于组合关键字 (sno,pno),即 $(sno,pno) \xrightarrow{p} status$。

正因为上述原因引入了第二范式（2NF）。

若关系模式 R∈1NF,且每个非主属性完全依赖于码,则关系模式 R∈2NF,即当第一范式消除了非主属性对码的部分函数依赖,就可成为第二范式。

例 3-7 FIRST 关系的码是 (sno,pno),而 $sno \rightarrow status$,因此非主属性 status 部分函数依赖于码,故不是第二范式。

解 若此时将 FIRST 关系分解为:FIRST1(sno,sname,status,city)∈2NF;FIRST2(sno,pno,qty)∈2NF,则 FIRST1 和 FIRST2 中的码分别为 sno 和 sno,pno,每个非主属性完全依赖于码。

例 3-8 设有关系模式 S(S#,C#,GRADE,TNAME,TADDR),各属性的含义分别表示学号、课程号、成绩、教师姓名和教师地址。(S#,C#)是 S 的候选键。试讨论关系模式 S 是否属于第二范式。如果不是,如何进行分解并使之符合第二范式的要求?

解 根据语义,S 上有两个 FD:(S#,C#)→(TNAME,TADDR,GRADE)和 C#→(TNAME,TADDR)。显然,前一个函数依赖是部分依赖,因此 S 不是第二范式。

可以把 S 分解成两个关系模式 S1(C#,TNAME,TADDR)和 S2(S#,C#,GRADE),消除部分依赖,S1 和 S2 都是第二范式模式。

例 3-9 设有关系模式 S(S#,SN,SA,SS,SD,DN,C#,GR),各属性的含义分别为学号、姓名、年龄、性别、系名、地址、课程号、成绩。将该关系模式转换成第二范式。

解 （1）S 的主关键字是(S#,C#),对此关键字存在着部分函数依赖的非主属性有 SN、SA、SS、SD、DN(均依赖于 S#),而 GR 对主关键字是完全函数依赖。

（2）将 S 分解成两种模式:SR(S#,SN,SA,SS,SD,DN);SC(S#,C#,GR)。

若在一个关系中所有候选码都是单属性,就不可能存在部分依赖,它肯定是属于第二范式的。只有当候选码是组合属性时,才有可能存在部分函数依赖,才需要判断和消除部分函数依赖,通过分解达到第二范式。

推论:当关系模式的所有候选码都是单属性时,该关系模式一定属于第二范式。

3.3.3 第三范式

当一个关系模式属于第二范式时,它依然存在如下问题。

（1）数据冗余。如例 3-9 中的关系模式 SR(S#,SN,SA,SS,SD,DN)。

（2）插入异常。如关系模式 SR 中，当一个新建的系没有招生时，有关这个系的信息不能插入。

（3）删除异常。当某个系的学生全部毕业而又没有招收新生时，这个系的信息将随学生记录一起删除。

仍然存在上述异常的根源是在第二范式中存在传递函数依赖。

若关系模式 SR 中，$S\# \rightarrow SD$，$SD \not\rightarrow S\#$，$SD \rightarrow DN$，则 DN 传递依赖于 $S\#$。

若关系模式 R(U,F) 中不存在这样的码 X，属性组 Y 及非主属性 $Z(Z \not\subseteq Y)$ 使 $X \rightarrow Y$，$(Y \not\rightarrow X) Y \rightarrow Z$ 成立，则关系模式 $R \in 3NF$，即当第二范式消除了非主属性对码的传递函数依赖，则成为 3NF。

例如，在例 3-7 中 $FIRST1 \not\in NF$，因为在分解后的关系模式 FIRST1 中有 $sno \rightarrow status$，$status \rightarrow city$，$status \rightarrow sno$，所以存在着非主属性 city 传递依赖于码 sno。可将它分解为第三范式：FIRST3(sno,sname,status)、FIRST4(status,city)。

注意上述分解后的关系，它们都可以通过自然连接恢复原来的关系。这种分解具有无损连接性。

假设关系 R 分解成两个关系 R1 和 R2 后，都有函数依赖 $R1 \cap R2 \rightarrow (R1 - R2)$ 或 $R1 \cap R2 \rightarrow (R2 - R1)$，那么可以判断该分解具有无损连接性。

3.3.4　BCNF

例 3-10　设有关系模式 STC(S,T,C)，其属性含义为：S 表示学生，T 表示教师，C 表示课程。语义假设：每位教师仅教一门课；每门课有若干教师任教；某一学生选定某门课，就对应于一位确定的教师。

解　（1）根据语义，关系模式 STC 的函数依赖为 $(S,T) \rightarrow C$，$T \rightarrow C$。

（2）显然，(S,C) 和 (S,T) 都可以作为候选关键字，STC 中不存在非主属性对关键字的部分依赖和传递依赖，STC 属于第三范式。

（3）考查 STC 的某一关系 r，如表 3-4 所示。

表 3-4　关系 r

S	C	T
S1	C1	T1
S2	C1	T1
S3	C1	T2
S4	C1	T2
S1	C2	T3
S2	C2	T3
S3	C2	T5

在这个关系中仍然存在如前所述的数据冗余、插入异常、删除异常等数据库异常问题，而出现问题的根本原因在于 STC 的函数依赖集，$(S,T) \rightarrow C$，$T \rightarrow C$，也就是 C 部分依赖于 (S,T)。

关系模式 R(U,F) $\in 1NF$，若 $x \rightarrow y$，且 $y \not\subseteq x$，必含有码，则称关系 R 是 BCNF 的，记为

R∈BCNF。

简言之，若 R 中每一非平凡函数依赖的决定因素都包含一个候选码，则

$$R∈BCNF$$

结论 一个满足 BCNF 的关系模式应有如下性质。

（1）所有非主属性对每个码都是完全函数依赖。

（2）所有主属性对每个不包含它的码，也是完全函数依赖。

（3）没有任何属性完全函数依赖于非码的任何一组属性。

例 3-10 中 STC(S,T,C)可以分解为 S1(S,T)和 S2(T,C)来消除数据库设计的异常问题。

一个关系分解成多个关系，要使分解有意义，起码的要求是分解后不丢失原来的信息。纵观上述所有关系异常原因，发现所有的异常来自于同一个关系描述了多个实体或联系。那么关系规范化的过程就是合理分解关系的过程，是概念单一化的过程，是把不适当的属性依赖转化为关系联系的过程。当建立和设计数据库应用系统时，要牢记概念单一化的原则，也就是一个关系反映一个对象（实体或联系），每个关系的所有属性都是对同一个对象的描述。但要注意一个问题，在必要时必须附加一些属性作为外码使用，因为还要保证关系的无损连接性，而这正是通过外码实现的。

数据库规范化的程度越高，越能够减少数据冗余和操作异常，关系也分解得越细越多。但要注意，不是规范化程度越高越好。当进行查询时，若查询内容涉及两个或多个关系模式的属性，系统需要经常做连接运算，而连接运算过多将影响系统运行的效率，也就降低了查询速度，所以对经常需要查询使用的数据，有时可以采用较低的规范化，从而带来较高的查询效率。因此在这种情况下，第三范式、第二范式甚至是第一范式也许是最好的。非 BCNF 的关系模式虽然从理论上分析会存在不同程度的数据冗余和更新异常，但如果在实际应用中对此关系模式只是查询，并不执行更新操作，那么不会产生实际影响。所以对一个具体应用来说，到底规范化进行到什么程度，这要求数据库设计人员充分了解数据库未来应用的情况，权衡利弊，选用较合适的规范化程度。一般而论，规范到第三范式足够了。

例如，学生成绩信息（学号，姓名，高等数学，英语，C 语言，平均成绩）的关系模式中存在函数依赖：学号→高等数学，学号→英语，学号→C 语言，（高等数学，英语，C 语言）→平均成绩，显然有学号→（高等数学，英语，C 语言），该关系模式存在传递函数依赖。虽然平均成绩可以由其他属性推算出来，但如果应用中需要经常查询学生的平均成绩，为提高效率，仍然可保留该冗余数据，对关系模式不再做进一步的分解。

本 章 小 结

关系数据库设计中，一个非常重要的被视为理论问题的内容就是构造合理的关系。这就是关系规范化要研究的问题。通过本章内容的学习，掌握这种规范化的理论和方法，能够设计出合理的关系模式。

关系数据库中由于数据语义问题，设计不好的关系模式，不仅会产生大量的数据冗余，而且会带来更新异常，不能保证数据的完整性。为此需要对关系模式进行分解，即规范化。

关系模式都是要满足一定要求的，满足不同的要求称为不同的范式。其中，满足最低要求的称为第一范式（1NF），满足更进一步要求的称为第二范式（2NF），依次有第三范式（3NF）和 BCNF，它们之间有如下关系：

$$BCNF \subset 3NF \subset 2NF \subset 1NF$$

第一范式是一种关系的最低规范化级别,可确保关系中的每个属性都是不可分割的最小数据单位。

第二范式消除了关系中所有非主属性对候选码的部分函数依赖。若关系中的每个候选码都是单属性,则符合第一范式的关系,自然也达到第二范式。

第三范式消除了关系中所有非主属性对候选码的部分和传递函数依赖。

BCNF 消除了关系中所有属性对候选码的部分和传递函数依赖。若一种关系达到了第三范式,并且它只有单个候选码,或者它的每个候选码都是单属性,则该关系自然达到BCNF。

低一级范式经过分解得到高一级的范式,就是所谓的规范化。这种分解是可逆的,而且还应是无损的和保持函数依赖的,但这两个目标有时不能同时满足。规范过程的每一步都是对前一步的结果进行分解,整个过程如下:

(1) 对原始的第一范式进行分解,消除非主属性对关键字的部分函数依赖,产生一个第二范式集合。

(2) 对第二范式进行分解,消除非主属性对关键字的传递函数依赖,产生一个第三范式集合。

(3) 对第三范式进行分解,消除主属性对关键字的部分和传递函数依赖,产生一个BCNF 集合。

规范化的目的是消除某些数据冗余,避免更新异常,使数据冗余量小,便于插入、删除和更新。规范化的方法是将原关系模式分解成两个或两个以上的关系模式,分解时遵从概念单一化的原则,即一种关系模式描述一个概念、一个实体或实体间的一种联系。所以,规范的实质就是概念单一化。分解后的关系模式还要求与原关系模式等价,即经过自然连接可以恢复原关系而不丢失信息,并保持属性间的联系,也就是说,分解后的关系模式要通过外键还原为原关系模式。

设计一种良好的关系模式,并非规范化程度越高越好,少量数据冗余有时可以方便查询,尤其是对那些更新频率不高、查询频率较高的数据库系统更是如此。因此,关系模式的规范化只能作为数据库中关系模式设计的辅助规则。

思 考 题

1. 为什么要进行关系模式的分解?分解的依据是什么?分解有什么优缺点?
2. 什么是函数依赖?函数依赖的推理规则是什么?
3. 关系规范化一般应遵循的原则是什么?
4. 3NF 与 BCNF 的区别和联系各是什么?
5. 关系规范化的目的是什么?如何进行关系规范化?

第❹章　数据库设计

【学习目的与要求】

本章介绍数据库设计的方法和步骤。通过学习,要求达到下列目的:

(1) 掌握数据库设计的概念。

(2) 掌握需求分析阶段的任务。

(3) 掌握概念结构设计阶段和逻辑结构设计阶段的要求以及它们的实现方法,了解常用数据库工具的使用方法。

(4) 掌握物理结构设计阶段的内容与任务。

(5) 掌握数据库的实现和维护方法。

数据库的应用非常广泛,它是现代各种计算机信息系统的基础和核心,也是信息资源开发、管理和服务的最有效手段,因此数据库的设计显得尤为重要。数据库中存储的信息能否正确地反映现实世界,以及在实际应用中能否及时、准确地为各个应用程序提供所需的数据,达到各种目标和处理要求,关键的问题在于数据库的设计和构造。

4.1　信息系统

信息系统是提供信息、辅助人们对环境进行控制和决策的系统。当今社会有 80% 的软件系统是信息系统,这些信息系统遍布在人们的生产和生活的各个环节,也极大地提高了人们的工作效率和生活节奏。

数据库是信息系统的一部分,它是信息系统的核心和基础。数据库把信息系统中大量的数据按一定的模型组织起来,提供数据存储、数据维护和数据检索等功能,使信息系统可以方便、及时和准确地从数据库中获得所需的信息。数据库是信息系统各个部分能够紧密结合的关键。只有对数据库进行了合理的设计,才能开发出高效而完美的信息系统。因此,数据库设计是信息系统开发和建设的核心技术。数据库及其相关信息处理功能是一个完整的信息系统开发项目的重要部分。

4.2　数据库设计概述

4.2.1　数据库设计的内容

数据库设计是指相对一个给定的应用环境,提供一种确定最优数据模型与处理模式的逻辑设计,以及确定数据库存储结构与存储方法的物理设计。数据库设计的目标是建立起能反映现实世界信息的联系,满足用户数据要求和加工要求,又能被某个数据库管理系统所接受,同时能实现系统目标,并有效存取数据的数据库。

数据库设计包括以下几方面的内容。

1. 静态特性设计

静态特性设计又称为结构特性设计,也就是根据给定的功能环境,设计数据库的数据模型或数据库模式的过程,它包含数据库的概念结构设计和逻辑结构设计两个方面。

2. 动态特性设计

动态特性设计又称为行为特性设计,主要包括数据库查询、事务处理和报表处理等应用程序设计。

3. 物理设计

物理设计的目标是根据动态特性,即应用处理要求,在选定的数据库管理系统环境下,把静态设计得到的数据库模式加以物理实现,即设计数据库的存储模式和存取方法。

显然,从使用方便和改善性能的角度考虑,结构特性必须适应行为特性。目前建立数据模型的方法并没有给行为特性的设计提供有效的工具和技巧,所以结构设计和行为设计不得不分离进行,但是它们又必须相互参照。

4.2.2 数据库设计的特点

数据库设计具有如下特点。

(1)数据库设计是一项综合性技术。"三分技术,七分管理,十二分基础数据"是数据库建设的基本规律。

(2)结构特性设计和行为特性设计相结合。数据库设计应该与应用系统相结合,在整个设计过程中要把结构特性设计和行为特性设计密切结合起来。也就是说,整个设计过程中要把数据库结构特性设计和对数据的行为特性设计密切结合起来,是一种反复探寻、逐步求精的过程。首先从数据模型开始设计,以数据模型为核心展开,将数据库设计和应用设计相结合,建立一个完整、独立、共享、冗余小和安全有效的数据库系统。

(3)设计与应用系统相结合,这就要求设计者不仅要具备计算机专业知识,如具备程序设计、数据库设计技术、软件工程、算法等知识,还要具备相应应用对象的专业知识,如设计图书数据库,需要图书管理方面的知识,设计人事档案数据库,需要人事管理方面的知识。在这里可以要求用户协助,因为用户是数据库应用系统的提出者,也是最终的使用者,所以用户参与数据库设计的全部过程是满足用户要求的关键,设计者和用户合作的程度直接影响数据库设计的质量和进度。

(4)数据库的静态特性设计与动态特性设计是分离进行的。静态特性设计侧重数据库的模式框架设计,而动态特性设计侧重应用程序设计。这就导致数据库应用系统的设计表现出分离设计、相互参照、反复探寻的特点。

(5)要求设计人员还要有战略眼光,要求其设计好的系统应该有生命力。因为事物是在不断发展变化的,设计好的系统不仅应满足用户目前的需求,还应满足近期需求,对远期需求也应有相应的处理方案,即设计人员应充分考虑到系统可能的扩充与改变,这样系统才有生命力。

4.2.3 数据库设计的方法

数据库设计是一项工程技术,应有科学的理论和方法做指导,否则难以保证工程的质量,常常是数据库运行了一段时间后会不同程度地产生各种问题,增加了系统维护的代价。数据库设计有许多方法,主要分为直观设计法、规范设计法、计算机辅助设计法和自动化设计法四类。

直观设计法与设计人员的技巧、经验和水平直接相关,但往往缺乏科学理论和工程原则的支持,很难保证设计质量。

为了改变这种设计人员直观、手工试凑的状况,人们提出了运用软件工程的思想来设计数据库的方法,提出了各种设计准则和规程,这些都属于规范设计法。目前常用的规范设计法大多起源于新奥尔良方法。1978 年 10 月,来自欧美国家的 30 多个数据库专家在美国的新奥尔良市讨论了数据库的设计问题,提出了相应的工作规范,并取名为新奥尔良方法。该方法将数据库设计分为需求分析、概念设计、逻辑设计和物理设计四个阶段。

这些规范设计方法中基于 E-R 模型的数据库设计方法、基于第三范式的数据库设计方法、基于抽象语法规范的设计方法等,是数据库设计的不同阶段所支持的具体技术和方法。从本质上看,规范设计法仍然是手工设计方法,其基本思想是过程迭代,逐步求精。就目前的技术条件看,这种按照一定设计规程、用工程化方法设计数据库是一种很实用的选择。

计算机辅助设计法是指数据库设计的某些过程模拟某一规范设计方法,通过人机交互的方式实现设计中的某些部分的设计方法,这要求设计者有一定的相关知识和经验。

用于帮助设计数据库或数据库应用软件的工具称为自动化设计工具,它可以自动并加速完成设计数据库系统的任务。用自动化设计工具设计数据库的方法称为自动化设计法,如 Oracle Designer、Power Designer 等。

总之,一个好的数据库设计方法应该能在合理的期限内,以合理的工作量产生一个有合理利用价值的数据结构。

4.2.4 数据库设计工具

下面介绍几个著名数据库厂商开发的工具集。

1. Power Designer

Sybase 公司的 Power Designer(最早称为 S-Designer)是一个 CASE(computer aided software engineering)工具集,它提供了一种完整的软件开发解决方案。在数据库系统开发方面,能同时支持 DB 建模和应用开发,其主要功能结构如图 4-1 所示。

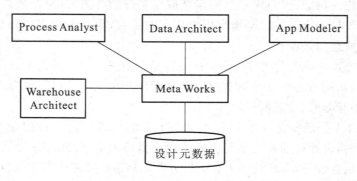

图 4-1 Power Designer 的主要功能模块

图 4-1 所示模块中,Process Analyst 是数据流图(DFD)设计工具,用于需求分析;Data Architect 是数据库概念设计及逻辑设计工具;App Modeler 是客户应用程序设计工具,它可快速生成各种客户端开发工具的应用程序(如 Power Builder、Visual Basic、Delphi 等);Warehouse Architect 是数据仓库设计工具;Meta Works 用于管理设计数据(元数据),元数据可以放在专门文件中,也可以放在关系数据库中,以建立可共享的设计模型。从 Power

Designer 7.0 开始,可以支持标准的面向对象建模语言 UML——统一建模语言。

2. CASE 环境

Oracle 公司是全球最大的数据库专业厂商,其主要产品——Oracle Rdbms、Designer、Developer 一起构成一个完整的 CASE 环境(见图 4-2)。

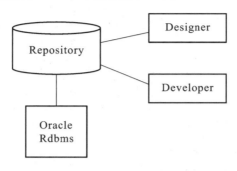

图 4-2　Oracle 的 CASE 环境

图 4-2 所示环境中,Designer 是分析设计工具,能支持数据库设计的各个阶段;Developer 是客户端应用开发工具;所有分析设计结果都存放在一个专门存储元数据的 Repository 中,以共享和支持团队开发,Repository 是一个专门配置的关系数据库,只能在 Oracle Rdbms 支持下运行;数据库设计者运用 Designer 时,必须事先安装 Oracle Rdbms 并配置 Repository,这一点没有 Power Designer 方便。

3. Microsoft 公司的局部工具

Microsoft 公司目前还没有全面支持数据库设计的成套工具集,但有一些局部工具。

(1) Visio。Visio 是一个图形工具集,提供设计 E-R 图的工具。

(2) Database Designer。这是一款嵌入在 SQL Server 和 Access 中的图形工具。它能图示关系数据库中表及表间的联系,所建立的图称为 Database Diagram。这种图不是 E-R 图,它实际上是数据库逻辑模式的图形化。

(3) 其他工具。在 Microsoft 公司的 SQL Server 和 Visual Studio 中,还有一些相关工具,如 Trigger Editor、View Editor 和 Visual Modeler。Visual Modeler 是 Microsoft 公司委托 Rational 公司开发的 UML 建模工具,可用于数据库概念设计。

4.2.5　数据库设计的基本步骤

成功的数据库设计最重要的是能满足基于终端用户的要求。设计者的工作基于与终端用户的交互,但是支配设计结构的技术必须由设计者做出。就像你如果希望设计出成功的汽车,就必须花费大量的时间与该汽车的预期购买者和驾驶者进行交流,但是你不能希望驾驶员来确定活塞的点火顺序或发动机组的最佳铸造方法。

所以在进行数据库设计时,要充分地和企业中的用户进行交流。了解企业现有系统的运行情况,了解当前系统不适用的地方(尤其要了解是否有数据方面的问题),了解企业的数据需求,了解企业的操作方式。在进行具体设计之前,要充分研究企业现状,包括企业现有的工作流程、企业中出现的问题、企业想要利用新的系统实现的目标,了解这些后,才能开始数据库设计工作。

在数据库的设计过程中要把数据库的设计和对数据库中数据处理的设计紧密结合起来,要将这两个方面的需求分析、抽象、设计和实现在各个阶段同时进行,相互参照,相互补充,以完善两个方面的设计。事实上,如果不了解应用环境对数据的处理要求,或者没有考虑如何去实现这些处理要求,是不可能设计出一个良好的数据库结构的。数据库设计的过程就是将现实世界的信息经过人为的选择、加工进入计算机存储处理,又回到现实世界中去的过程。数据库设计可以分为三大阶段,如图 4-3 所示。

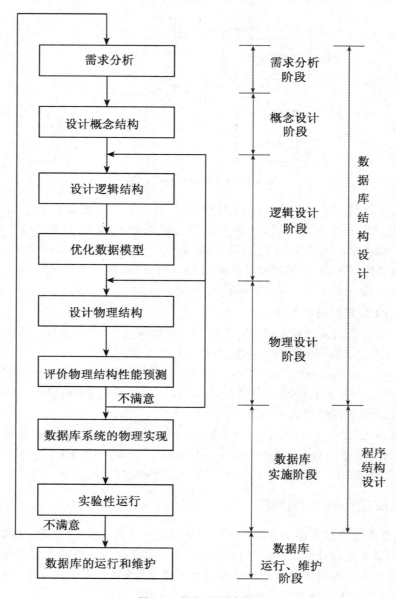

图 4-3　数据库设计步骤

1. 数据库结构设计阶段

(1)需求分析阶段。在设计数据库时,必须先准确了解和分析用户需求(包括数据与处理)。需求分析是否充分和准确会影响整个数据库的设计,所以需求分析是整个设计过程的基础,其设计结果将直接影响后面各个阶段的设计,并影响设计结果的合理性。需求分析做得不好,甚至会导致整个数据库设计返工重做。所以,其是最困难、最耗费时间的一步。

(2)概念设计阶段。概念设计是整个数据库设计的关键,这个阶段要对用户需求进行综合、归纳与抽象,形成一种独立于具体DBMS的概念模型。

（3）逻辑设计阶段。逻辑设计将概念结构转换为某种DBMS所支持的数据模型,并对其进行优化。

（4）物理设计阶段。物理设计为逻辑数据模型选取一种最适合应用环境的物理结构,包括存储结构和存取方法。

2．程序结构设计阶段

程序结构设计阶段就是数据库实施阶段,设计人员运用DBMS提供的数据语言及其宿主语言,根据逻辑设计和物理设计的结果建立数据库,编写与调试应用程序,组织数据入库,并进行试运行。

3．数据库运行、维护阶段

数据库运行、维护阶段包括数据库的使用和维护,并对数据库系统进行评价、调整与修改。数据库应用系统经过试运行后即可投入正式运行。在数据库系统运行的过程中必须不断地对其进行评价、调整与修改。

设计一个完善的数据库应用系统是不可能一蹴而就的,它往往是上述三大阶段的不断反复。

 ## 4.3　需求分析

需求分析是分析用户的要求,其目标是对现实世界要处理的对象进行详细调查,在了解原系统的概况、确定新系统的功能的过程中,收集系统目标的基础数据及其处理方法。这一阶段由计算机人员（系统分析员）和用户双方共同收集数据库所需的信息内容和用户需处理的要求,确定系统必须完成哪些任务,具备哪些功能和性能,在需求分析中主要采用数据流图和数据字典等工具表达分析的结果。

4.3.1　需求分析的任务

需求分析的主要任务是通过详细调查现实世界的处理对象,充分了解原系统（手工系统或计算机系统）的工作概况,明确用户的各种需求,在此基础上确定新系统的边界和功能。新系统必须充分考虑今后可能的扩充和改变,而不仅仅是按当前应用需求来设计数据库。

数据库应用系统和广泛的用户有密切的联系,很多人使用数据库,数据库的设计和建立又对更多人的工作环境产生重要的影响,因此用户的参与是数据库设计不可分割的一部分。在整个需求分析的过程中,必须要强调用户的参与。设计人员和用户的广泛交流,使双方在概念的理解、目标要求等方面达成一致,并对设计工作的最后结果承担共同的职责。

4.3.2　需求分析的基本步骤

需求分析时要调查清楚用户的实际需求,与其达成共识,然后准确分析与表达这些需求。调查用户需求的基本步骤如下。

（1）分析用户活动。了解组织机构情况,调查这个组织机构由哪些部门组成,各部门的职责是什么,为分析信息流程做准备。

（2）确定系统范围。了解各部门的业务活动情况,调查各部门输入和使用什么数据,如何加工处理这些数据,输出到什么部门,输出结果的格式是什么。

（3）分析用户活动所涉及的数据，产生数据流图。采用数据流图（data flow diagram，DFD）来描述系统的功能。数据流图可以形象地描述事务处理与所需数据的关联，以便用结构化系统方法自顶向下，逐层分解，步步细化。数据流图中描述了以下四种元素。

① 数据的源点或终点，常代表数据库的直接或间接用户，用矩形框表示。

② 数据流，被加工的数据及其流向，用箭头表示。箭头代表数据流动方向。

③ 处理过程，是对数据库处理需求的最初描述，输入数据在此进行变换并产生输出数据，该过程用椭圆框表示。

④ 数据存储，是系统中需要长期保存的数据集，是对数据库需求的最初描述。该数据存储通常用于代表一个数据表，用平行线表示，并在其旁注明数据表的名称。

为了真实反映数据处理过程中的数据加工情况，用一个数据流图往往是不够的。复杂的问题会在数据流图中出现几十种加工（加工指数据处理过程中的数据加工）情况，这样的数据流图不够清楚，而层次结构的数据流图很好地解决了该问题。对于任何一层数据流图，我们将处于它上层的数据流图称为父图，在它下一层的数据流图称为子图。画数据流图时按照自外向内、自顶向下、逐层细化的步骤进行。

（4）分析系统数据，产生数据字典。对数据流图中涉及的各类元素进行规范的描述，这就构成了数据字典的基本内容。数据字典在数据库设计中占有重要地位。它是对系统中各类数据描述的集合，是详细的数据收集和数据分析所获得的主要成果。

数据字典包括数据项、数据结构、数据存储和处理过程四部分。数据项是数据的最小组成单位，若干个数据项可以组成一个数据结构。数据字典主要通过数据项和数据结构的定义来描述数据流、数据存储的逻辑内容。在数据库设计过程中，数据字典是不断修改、充实和完善的。

4.3.3 需求分析案例：学院教学管理系统

有一所独立的、只招收本专科生的学院。学院下设一个教务处和若干个系。系里开设若干个专业，每个专业招收的学生进入学校后进行编班，并按照教学计划的内容进行在校的各项课程的学习。教务处负责全院的教学管理工作，主要内容包括以下几个方面。

（1）组织制订各专业培养计划。

（2）制订每学期的教学计划。

（3）编制教师各学期的教学工作内容。

（4）登记学生各门课程的成绩。

现要编制一个教学管理系统，该系统只关心在校学生及其相关信息，处理日常的教学管理工作。这里所说的日常教学工作包括制订专业培养计划，还包括：安排学期教学计划，即根据培养计划、教师情况、教室状况情况来制定学期全院的课表，对每一门课安排主讲教师和教室；登记学生各门课程的成绩；安排和记录毕业班学生的毕业设计（论文）工作。

具体分析如下。

（1）数据流图。在分析一个具体教学管理系统时，首先要确定教学管理系统的边界，找到教学管理系统的数据源点和终点。从以上对系统的说明中不难找出和教学管理系统发生交互的外部实体就是教学管理系统的源点和终点。由系部输入培养计划到教学管理系统，教师输入学生成绩和毕业设计选题到教学管理系统，学生从教学管理系统得到具体的上课的课表、学习后的成绩单及毕业设计的相关信息。由此绘制出学院教学管理系统的顶层数据流图如图4-4所示。

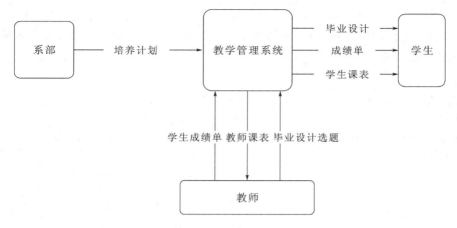

图 4-4　教学管理系统的顶层数据流图

接下来对顶层数据流图进行进一步的分解,通过与用户的沟通和交流,发现整个教学管理工作大致有几个主题:制订专业培养计划、学生信息管理、排课、学生成绩管理、毕业设计管理。所以,教学管理系统这个大的处理功能可分解成几个小的处理功能。由于在这个子处理中需要记录培养计划、每个学期的课表、学生的成绩、毕业设计的信息等,所以在数据流图的分层细化时增加了对应的数据存储。得到系统的一层数据流图如图 4-5 所示。

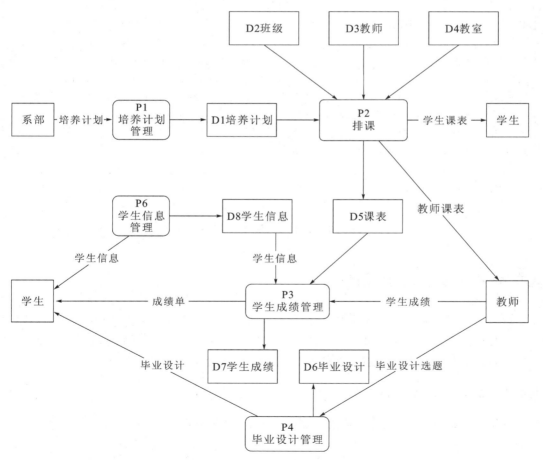

图 4-5　教学管理系统的一层数据流图

（2）数据字典。数据字典是对数据流图中的相关元素的说明。数据字典是整个系统中的核心,数据字典的内容比较全面,要详细描述数据流图的各个成分。图4-6所示的是教学管理系统的各种数据字典。

数据项名:学号
别名:SNO
说明:标识每个学生的身份
数据类型:char
字段宽度:12
取值范围及含义:
第1~4位:入学年份
第5~6位:学院
第7~8位:专业
第9~10位:班级
第11~12位:序号

数据流名:学生信息
别名:无
说明:新生入学时提供的个人信息
来源:学生
去向:加工P6学生信息管理
组成:学号+姓名+性别+出生年月+民族+籍贯+家庭住址+电话号码+（QQ）+入学日期+{本人简历}+（个人爱好）
数据流量:500次/周
高峰流量:16 000次/周

数据结构:本人简历
说明:说明学生在入学之前的个人学习和工作的经历
组成:开始时间+终止时间+单位+证明人

处理过程名:排课
编号:P2
激活条件:收到教学秘书开始排课的要求
输入:培养计划,教师,教室,班级
输出:教师课表,学生课表
加工:根据培养计划中相应学期的课程信息,选择可以上课的教师、可以安排的教室、对应的班级或学生,形成每个学期的教学计划的具体执行课表,存放到数据库中。然后向每个教师发放教师课表,向对应的班级或学生发放学生课表

数据存储:课表
别名:无
说明:每个学期的教学计划安排
组成:课程号+课程名+班级+教师号+教师名+{星期+节次+教室}
组织方式:索引文件,以课程号、教师号为索引
存取方式:随机存取
查询要求:要求能够立即查询

图4-6 教学管理系统的数据字典

4.4 概念模型设计

将需求分析得到的用户需求抽象为信息结构（概念模型）的过程就是概念模型设计,它是整个数据库设计的关键。进行完系统的需求分析后,接下来就要开始概念模型的设计,也就是将需求分析得到的用户需求抽象为信息结构,即概念模型。

4.4.1 概念模型设计的方法

近年来,人们已提出了多种概念模型设计方法,大致有以下4种。

1. 自底向上

自底向上又称为视图集成法（view integration approach）,该方法分成三大步:首先,以

各部门(或用户组、应用)的需求说明为基础,分别设计各自的局部概念模式(又称为用户视图);然后,以这些局部模式为基础,集成为一种全局的概念模式,在模式汇总过程中,可能会发现一些冲突,需对局部模式做适当的修改;最后,从全局模式映射各局部所需的局部模式 $i'(i'=1,2,\cdots,n)$。局部模式 i' 既满足局部模式 i 的要求,又考虑了整个系统的统一性和优化问题,如图 4-7 所示。视图集成法比较适合于大型数据库的设计,可以多组并行进行,可以免除综合需求说明的麻烦。

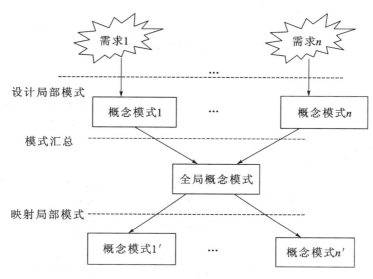

图 4-7　自底向上的设计过程

2. 自顶向下

自顶向下就是先定义全局概念结构的框架,然后逐步细化,如图 4-8 所示。

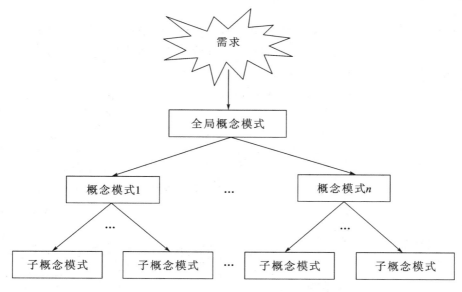

图 4-8　自顶向下的设计过程

3. 逐步扩张

逐步扩张就是先定义最重要的核心概念结构,然后向外扩充,以滚雪球的方式逐步生成其他概念结构,直至全局概念结构,如图4-9所示。

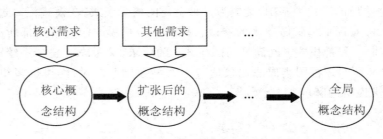

图 4-9　逐步扩张的设计方法

4. 混合策略

混合策略就是将自顶向下和自底向上的方法相结合,用自顶向下策略设计一个全局概念结构的框架,以它为骨架集成由自底向上策略中设计的各局部概念结构。

4.4.2　数据抽象

概念模型是对现实世界的一种抽象。而抽象是对实际的人、物和概念进行人为处理,抽取所关心的共同特性,忽略非本质的细节,并把这些特性用各种概念加以精确描述的过程。

抽象是形成概念的必要手段。在数据库概念设计中,人们常用如下3种数据抽象。

1. 分类

分类(classification)定义某一概念作为现实世界中一组对象的类型(type),这些对象具有某些共同的特性。分类抽象了对象(实例)与对象型之间的"is-a"的语义。在E-R模型中,实体型就是从同类实体中通过分类抽象而得出的。例如,在学校环境中,张强"is-a"学生,李利"is-a"学生……张强等人具有相同的属性。通过分类,我们得到了"学生"这个实体型(见图 4-10(a))。

进一步扩展分类的概念,可以认为两个实体型之间的联系型,也是从多个具有某些共同特性的联系实例中通过分类抽象而得到的。例如,导师"指导"研究生,就是从多个具体的"指导"个案中,通过分类而得到的(见图4-10(b))。

分类是单向语义,其对应的相反语义是例示(instantiation)。

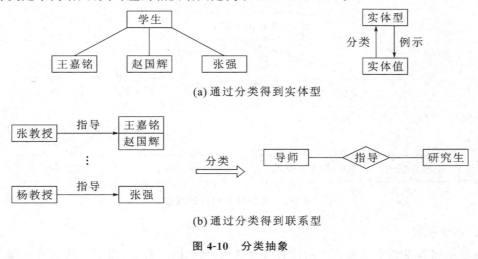

(a) 通过分类得到实体型

(b) 通过分类得到联系型

图 4-10　分类抽象

2. 一般化

一般化(generalization)定义从特殊实体型到一般实体型的一种抽象,后者是更抽象或更一般化的概念。例如,本科生、研究生是两种较具体的实体型,将它们进行一般化抽象,可以得到学生实体型(见图 4-11)。

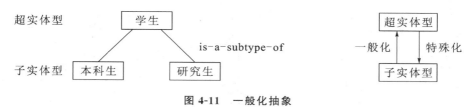

图 4-11　一般化抽象

这里,学生称为超实体型(super entity type)或超类(superclass),本科生或研究生称为(学生的)子实体型(sub entity type)或子类(subclass)。一般化抽象了从子实体型到超实体型之间的"is-a-subtype-of"或"is-a-kind-of"的语义。

一般化也是单向语义,其对应的相反语义是特殊化(specialization)。特殊化有一个很重要的性质:继承性(inheritance),即子实体型继承超实体型上定义的所有抽象。这样,本科生、研究生继承了学生的所有属性。子实体型也可增加自己的某些特殊属性,例如,研究生可以有"导师"属性。此外,此种抽象可以定义多层的结构,例如,研究生又是博士生、硕士生的一般化。

一般化与分类有点相似,但语义是完全不同的。例如,我们不能说研究生"is-a"学生,只能说研究生"is-a-kind-of"学生。分类是值和型之间的抽象,而一般化是型和型之间的一种特殊关联。

3. 聚集

聚集(aggregation)又称为组装(composition),主要定义某一类型的组成成分。它抽象了对象内部类型和属性之间的语义。其原则是,把一个复杂的概念看成若干简单概念的聚集体,而将复杂概念描述清楚,或简化对复杂概念的描述。

运用聚集抽象就是要区分概念的整体和它的组成成分,形成一个整体-部分结构。在E-R模型中,实体型和它们的属性形成了一个整体-部分结构,属性的聚集形成了实体型,如图 4-12(a)所示。

聚集抽象了部分到整体的"is-a-part-of"语义。与聚集对应的相反方向抽象是分解(decomposition),其语义是"has-a"。

更复杂的聚集是将一些实体型作为部分结构,形成更复杂的实体。在图 4-12(b)中,我们将"选课"抽象成了一个实体型,而之前是抽象成一种联系,这也说明实体和联系的概念是相对的,它们之间可以相互转换。

4.4.3　概念模型设计的步骤

概念模型设计阶段,一般使用语义数据模型描述概念模型。通常采用 E-R 模型作为概念模型设计的描述工具进行设计。

1. 设计局部 E-R 模型

概念模型设计的第一步,是先对应用环境中的数据进行分类、组织,确定实体、实体的属

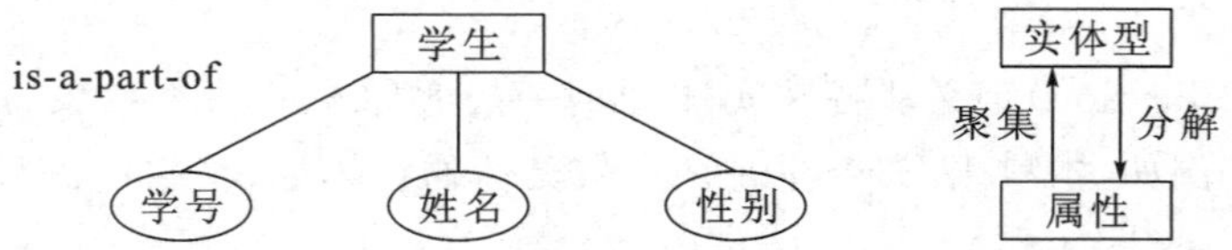

is-a-part-of

(a) 聚集

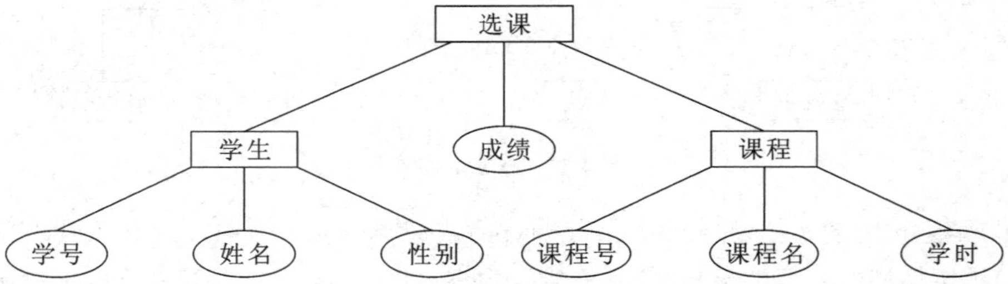

(b) 较复杂的聚集

图 4-12　聚集抽象

性、实体的标识,以及实体之间的联系类型,得到各个局部 E-R 模型,即利用数据抽象机制对需求分析阶段收集到的数据进行分类、组织(聚集),形成实体、实体的属性、标识实体的码、确定实体之间的联系类型(1∶1、1∶n、n∶m),设计局部 E-R 图。

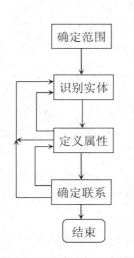

图 4-13　设计局部概念模式的典型过程

需求分析阶段,已用多层数据流图和数据字典描述了整个系统。设计局部 E-R 图首先要根据系统的具体情况,在多层数据流图中选择一个适当层次的数据流图(通常是中层数据流图),然后以这一层次的数据流图为源点,以数据字典说明为出发点定义 E-R 图。数据字典中的"数据结构""数据流"和"数据存储"等已是若干属性的有意义的聚合。

设计局部概念模式的过程包含 4 个基本活动:确定范围、识别实体、定义属性及确定联系。将 4 个基本活动按一定顺序组织起来就形成了设计过程。典型的设计过程如图 4-13 所示。随着认识的不断加深,过程将会有反复。例如,在确定联系时,发现漏掉了实体,应该回到第二步。

1) 确定范围

范围就是待设计的局部概念模式要反映的问题域。可以从如下几个方面考虑如何确定范围。

(1) 范围划分自然,易于管理。通常可以按部门、业务范围或业务主题来自然划分。

(2) 与其他范围界限清晰,相互影响小。

(3) 范围大小适度。一般而言,范围内的实体型以不超过 10 个为宜。

2) 识别实体

这一步的任务,是在确定的范围内寻找和识别实体,并确定实体的码。识别实体需要对问题域有深入的了解,并能熟练运用前述的 3 种数据抽象。

如果之前已有系统的数据流图和数据字典,则重点考察数据存储,这是识别实体的基本出发点,因为我们只关心需要在数据库中长期保存的数据对象。

下面是识别实体时的一些启发式规则。

（1）人员:大多数系统的问题域都涉及各种各样的人员,如学生、教师、教学秘书等。

（2）组织:在系统中发挥一定作用的组织机构,如院系、学生班集体等。

（3）物品:需要由系统管理的各种物品。要注意那些无形的事物,如一门课程、教学计划等。

（4）事件:那些需要在数据库中记录的事件,如学生选修一门课、教师主讲某一门课、登记成绩等。

（5）地点:与问题域相关的物理地点,如教室、学生宿舍等。

（6）表格:这里"表格"的概念是广义的,如专业培养计划表、课程表、成绩单、学期成绩分类统计报表、课程主讲资格证书等。要特别注意的是:某些表格是某些事物经过多次映射后的组合产物,要避免简单地、不加分析地将表格抽象成一个实体。实践中,许多人工表格包含了若干实体的信息;而有些表格记录的不是原始数据,它们可能是冗余信息。

3）定义属性

属性是描述实体静态特征的一个数据项。属性也是对实体分类的一个根本依据——一个实体集中的所有实体,应该具有相同的属性,即属性的个数、名称、数据类型相同。

针对每一个实体型,提出并回答以下问题,来启发自己从各种角度发现实体的属性。

（1）按一般常识,这个实体型应该有哪些属性?实体的属性往往是很直观的,按照一般常识,可以知道应该由哪些属性来描述实体。例如,学生的姓名、性别、出生日期等。

（2）在当前问题域中,这个对象应该有哪些属性?例如,学生的"身高"与教学系统有关吗?可能不需要这个属性。

（3）实体有哪些需要区别的状态,是否需要增加一个属性来区别这些状态?例如,是否需要增加一个属性来标识学生是否已休学?

（4）主属性(包含在码中的属性)有哪些?是否需要人为地定义主码?例如,学号、课程代码都是人工主码。

（5）这个属性是导出属性吗?例如,学生"年龄"可以从"出生日期"导出,年龄不应作为学生的属性;学生当前所处的"年级"(取值为大一,大二,…)也不适合作为属性。

（6）属性的位置合适吗?低层实体(子实体)中的共有属性应在高层实体(超实体)中定义。

（7）属性是原子的吗?属性应该是不可再细分的数据项。

4）确定联系

对于识别出的所有实体型,可以进行两两组合,判断任意两个实体型之间是否存在联系。对于存在的联系,还要进一步考虑它们是否是依赖性联系或继承联系。对于 $m:n$ 联系,若其自身有属性,则将该联系转换成一个关联实体。

两个实体型之间可能存在多种联系,例如,"教师"与"课程"之间存在两种不同的联系:一个教师能讲多门课,这反映的是教师的能力或任教资格;一个教师讲过或正在讲多门课,这反映的是教师的教学工作或教学经历。

实体和属性并没有非常严格的界限,实体与属性是相对而言的。同一事物,在一种应用环境中作为"属性",在另一种应用环境中就必须作为"实体"。例如,学校中的系,在某种应用环境中,它只是作为"学生"实体的一个属性,表明一个学生属于哪个系;而在另一种环境中,由于需要考虑一个系的系主任、教师人数、学生人数、办公地点等,这时它就需要作为实体了。

需要注意的是,如果一个实体型中出现了多值属性(某个实体在属性上取多个值)或符合多值属性,通常将这个属性转换为一种关系模式。

例如,实体型课程具有编号、名称和预备课程三个属性,如图 4-14(a)所示。一门课程可能有也可能没有预备课程,可能有一门也可能有多门预备课程,所以,预备课程是一个多值属性。由于预备课程也是实体型课程的实体,因此,可以把预备课程更改为一个联系型,如图 4-14(b)所示。

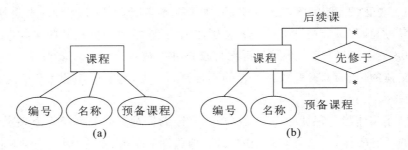

图 4-14　多值属性和联系型

例如,一个学生实体有一项奖励属性,由于学生在学校里可能会有多项奖励,每项奖励由奖励日期和奖励名称组成,所以该属性是多值属性。当 E-R 图转成关系模式时,把该属性处理成一个联系型,名称为拥有,如图 4-15 所示。

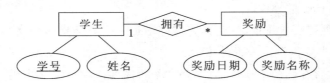

图 4-15　多值复合属性和联系型

具体实践中一般有如下两条准则。

(1) 作为属性,不能再有需要描述的性质,即属性必须是不可分的数据项,不能包含其他属性。

(2) 属性不能与其他实体有联系。E-R 图中所表示的联系只发生在实体之间。

例如,"学生"由学号、姓名等属性做进一步描述,根据准则(1),"学生"只能作为实体,不能作为属性。

例如,在医院中,一个病人只能住在一个病房,病房号可以作为病人实体的一个属性;但如果病房还要与医生实体发生联系,即一个医生负责几个病房的病人的医疗工作,则病房根据准则(2)应作为一个实体。E-R 图如图 4-16 所示。

2. 设计全局 E-R 模型

全局 E-R 模型设计中,要先对比各个子系统的局部 E-R 模型,再综合成一个系统的全局 E-R 模型。设计过程如图 4-17 所示。

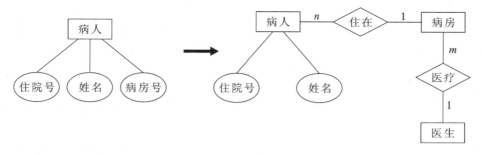

图 4-16　病人住院局部 E-R 图

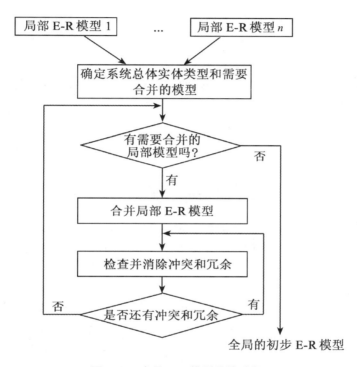

图 4-17　全局 E-R 模型设计过程

设计全局 E-R 模型包括以下 3 步。

第一步:视图集成(综合成全局概念模式)确定公共实体类型。视图集成要尽可能合并对应的部分,保留特殊的部分,删除冗余的部分,必要时要对模型进行适当的修改,构造新实体类型。视图集成后,要对整体概念结构进行验证,整体概念结构必须具备一致性,不存在矛盾。整体概念结构要反映单个视图的结构,包括实体及实体之间的联系,整体概念结构还必须满足需求分析阶段确定的所有要求。

第二步:局部 E-R 模型的合并。

第三步:消除各种冲突。

在局部 E-R 模型的合并过程中,会产生下列 3 种冲突。

(1) 属性冲突:分为属性域(如属性值的类型、取值范围、取值集合)的冲突和属性值单位(如人的身高有的用米做单位,有的用厘米做单位)的冲突。例如,有的部门把学号定义为整数,有的部门把学号定义为字符型。不同的部门对学号的编码也不同。又如年龄,某些部门以出生日期形式表示学生的年龄,而有些部门用整数表示职工的年龄。

(2) 命名冲突:分为同名异义冲突和异名同义冲突等两类。同名异义即不同意义对象在不同的局部应用中具有相同的名字。异名同义即同一意义的对象在不同的局部应用中具有不同的名字。例如,本科生和研究生都可以用"学生"实体名,这两个"学生"实体名的含义是不同的,即它们的描述属性各不相同,分别表示不同的实体类型,这是同名异义。又如,学生的"出生日期"与学生的"出生年月",它们都表示学生的出生时间,用了不同的属性名,这是异名同义。

(3) 结构冲突:同一对象在不同应用中具有不同的抽象。例如,教师在有的应用中是属性,在有的应用中则为实体。同一对象在不同的 E-R 图中所包含的属性个数和属性排列的顺序不同。相同的实体或联系,在不同的视图中可能有不同的约束条件。例如,对于"选课"联系,本科生和研究生对选课的最少门数和最多门数要求就不一样。

3. 全局 E-R 模型的优化

全局 E-R 模型的优化是得到一个满足应用要求的较优的概念设计模型的过程,它主要包括以下 3 个方面的内容。

(1) 实体类型的合并。

(2) 冗余联系的消除。

(3) 冗余属性的消除。

4.4.4 概念模型设计案例:学院教学管理数据库

前面讲的需求分析中,虽然通过数据分析可得到一些数据的描述,如数据流图,但它们是无结构的,必须在此基础上转换为有结构的、易于理解的精确表述,这部分工作便是概念设计。概念设计主要是概念模型的设计,是数据库系统设计阶段很关键的一步,它独立于数据库的逻辑结构,也独立于具体的 DBMS。

前面已经对学院教学管理系统进行了功能分析及数据字典的描述。根据前面的需求分析,我们可以抽取出相关的信息。学院里有若干个系,每个系有若干个教师,开设若干个专业。每个专业每年招收的学生被编成若干个班集体,通常每个班都有一名教师做班主任。整个教学管理工作包括:组织制订各专业培养计划,编制教师各学期的教学工作内容,登记学生各门课程的成绩。

由于该系统只关心在校学生及其相关信息,所以毕业生的信息将移至另外的数据库。整个教学管理系统是一个客户/服务器系统,我们要设计的数据库将驻留在教务处的一个 SQL 服务器上。

根据需求分析的结果进行业务主题的抽象,大致可将系统分成两个范围:制订专业培养计划和日常教学工作。

1. 制订专业培养计划

制订专业培养计划工作由教务处组织各系的主任及教授完成。一份专业培养计划规定了该专业学生应学习的各门课程。对于本科生和本科教学而言,这是一份四年计划,是指导日常教学工作的重要文件。表 4-1 所示是一份较典型的专业培养计划的实例。

表 4-1 "计算机科学与技术"专业培养计划

编号:J2007-05

编制单位:计算机科学与技术系　　　　　　负责人:王伟　　　　　日期:2017-3-1

学分类别	修读方式	课程性质	课程编号	课 程 名 称	学分	总学时	学时类别		开课学期	备注
							理论	实践		
核心学分	必修课	基础课程		大学英语	16	288	144	144	1～2	
				高等数学	10	180	180		1～2	
				线性代数	2	36	36		2	
				⋮	⋮	⋮	⋮	⋮	⋮	⋮
		专业基础课程		程序设计语言	4	72	36	36	1	
				数据结构	4	72	54	18	2	
				操作系统原理	3	54	54		3	
				⋮	⋮	⋮	⋮	⋮	⋮	⋮
				数据库系统原理	4	72	36	36	4	
				软件工程	3	72	60	12	6	
				计算机网络原理	3	54	40	14	5	
				⋮	⋮	⋮	⋮	⋮	⋮	⋮
		专业实践		毕业实习	4			4	8	
				毕业设计	10			10	8	
非核心学分	任选课程			Java 语言课程设计	1	18	17	1	4	
				单片机应用技术	3	54	44	10	6	
				微机原理与接口技术	3	54	44	10	5	
				Oracle 的应用与开发	3	54	36	18	5	
				⋮	⋮	⋮	⋮	⋮	⋮	⋮
	自修课程			电子商务与电子政务	1				3	
				专业英语	1				5	
				⋮	⋮	⋮	⋮	⋮	⋮	⋮

　　根据前面的说明,我们可以抽取相关的实体系、专业、班级、学生。在一个系里,有多个专业,每个专业有多个班级,班级里有多个学生。每个专业都有自己的培养计划。同一个专业的教学计划也在不断修订,以反映学科的进步和市场的需要,所以同一专业、不同年级的培养计划可能是不同的。

　　表 4-1 所示是实践中常见的复杂表格。通过对该表格的分析,可知"培养计划"是一个明显的实体。表格中的每一行(一门课)也是一个实体。培养计划中有多门课程,所以要考虑哪些教师能讲哪些课,因此"教师"实体也是所关心的。教师属于一个系,教师讲授不同的课程,以进一步确定实体属性和实体间的联系,由此可得此范围的局部 E-R 模型(chen 模型),如图 4-18 所示。

　　在概念模型中,还有一种表达方式就是 Crow 的 foot 模型,此模型中对实体的表达更为

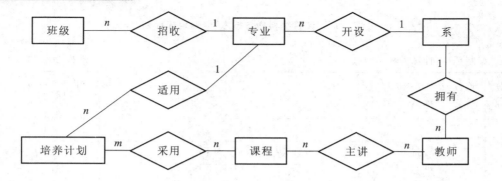

图 4-18　制订专业培养计划(chen 模型)

细致,每一个实体的属性及实体与实体之间的关系描述与实际应用系统更加贴近。

在概念模型设计中,如果出现实体中的属性有一对多的关系,如培养计划表中有多行的课程信息,则应单独抽出一个实体培养计划项来表达每一行代表的课程。由于培养计划项是必须依托于培养计划而存在的,所以它们之间是一种依赖关系。同时,每一门单独的课程则被培养计划项所采用。同样,对于每一门课程,有理论课和实践课的区别,它们继承课程的数据,但是又有自己独有的数据属性。由此得到另外一种使用 Power Designer 软件画出的 Crow 的 foot 模型图,如图 4-19 所示。

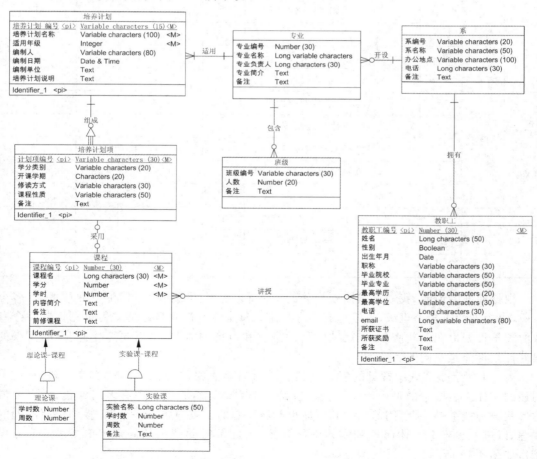

图 4-19　制订专业培养计划(foot 模型)

2．日常教学工作

需求分析中已经详细说明了日常的教学活动，在此基础上做进一步分析，可发现每个学期的教学计划来源于培养计划，同时要参考教师、课程和学生的相关信息，从中我们可以抽取学生实体、教师实体和课程实体。由于教学工作还要根据教学计划安排去登记学生各门课程的成绩，所以学生学习课程后还要有相应的成绩。

毕业设计（论文）是一门特殊的课程，每个学生应有一名指导教师、一个题目，最后要进行论文答辩。

同一届、同一个专业的学生被编成一个或多个学生班（集体），原则上每个班指定了一名教师做班主任。

通过以上活动所需数据的分析，我们可以在抽取学生实体、教师实体和课程实体的基础上增加毕业设计实体。这些实体之间存在对应的关系，如学生学习课程，教师讲授课程；学生选做毕业设计，教师指导毕业设计；由于每一门课都在教室里上，所以增加了抽取教室实体。通过反复的设计与调整，可得到反映日常教学活动的 E-R 图，如图 4-20 所示。

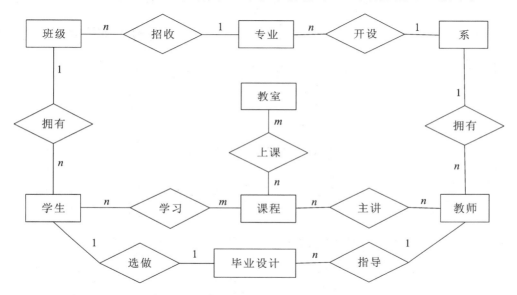

图 4-20　日常教学工作 E-R 图（chen 模型）

在日常的教学工作中，学校存在各种形式的课程表：教室门口张贴的课程表、任课教师手中的课程表、班集体的课程表……各种课程表的形式和内容不同，而数据库设计的一个重要特点就是将应用系统中不同用户对数据的不同视图进行抽象，所以，对于课程表，其本质是要描述"课程"与"教室"、"教师"及听课的学生"班集体"之间的联系。教务处的人员要根据教师给学生上课来进行课程表的编制，课程表中有对应的课程信息，以及上课的教室、时间等信息，所以应抽取教室实体和课程表实体。建立日常教学管理的 foot 模型如图 4-21 所示。

3．概念模式汇总

模式汇总就是要将多个局部概念模式合并成一个统一的全局概念模式。模式汇总是一个手工的过程，它要求设计人员对应用领域的业务规划和应用需求有全面的理解，能识别和消除局部模式之间存在的冲突和不一致性。模式汇总过程中的核心工作是冲突消除。图4-22所示为模式汇总后的全局概念模式。

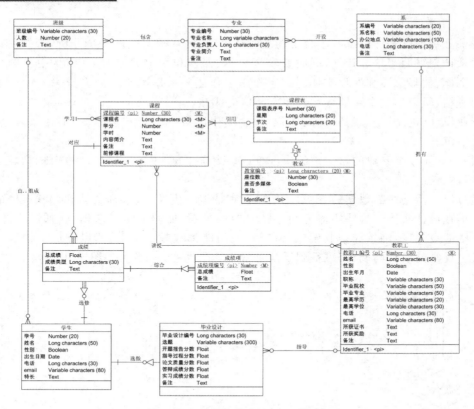

图 4-21　日常教学工作（foot 模型）

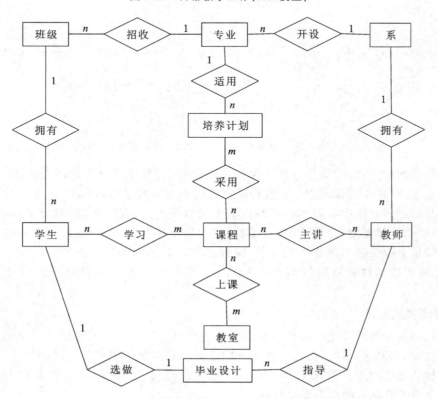

图 4-22　模式汇总后的全局概念模式（chen 模型）

对图 4-22 所示的全局模型再次进行分析,由于教务处在具体排课过程中除了给出课程、教师、学生、班级、教室之间的信息外,还要考虑到不同课程的学时数和前后课程的衔接等关系,所以应增加一个排课实体。排课实体引用课程表,课程表中记录每一门课程在每一周的上课时间、节次等信息。

教职工除了指导学生的毕业设计、上课外,部分教职工还可能要做班主任、系主任,应在汇总图中增加对应的联系和属性。同时每个班上还有班长,班长也是一名普通学生,应在学生实体增加是否班长属性。

对应的 foot 模型如图 4-23 所示,读者可对照图 4-19 及图 4-21,仔细比较它们之间的差别。

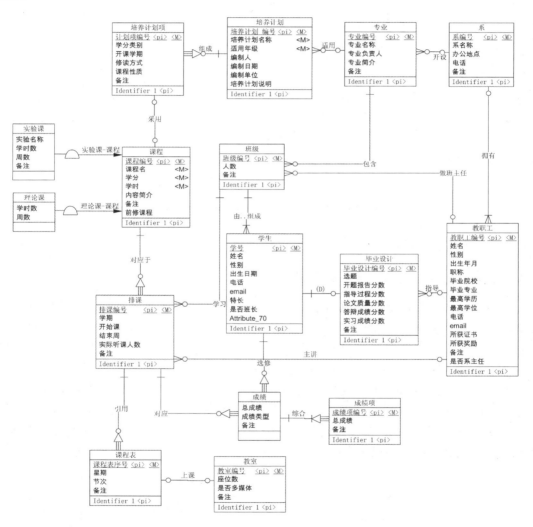

图 4-23 模式汇总后的全局概念模式

4.5 逻辑结构设计

概念结构设计独立于任何一种数据模型,所以也不为任何一种 DBMS 所支持。为了用于所要求的数据库,必须将概念结构转换为某种 DBMS 支持的数据模型,这便是逻辑结构设计的任务,就是把概念设计阶段的基本 E-R 图转换成与选用计算机上 DBMS 所支持的数据模型相符合的逻辑结构(包括数据库模式和外模式)。

一般的逻辑结构设计分为以下三步,用图形描述如图 4-24 所示。

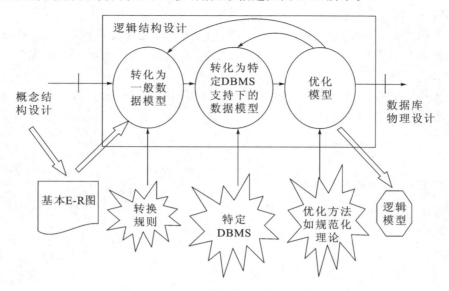

图 4-24 逻辑结构设计三步骤

(1) 将概念结构转化为一般的关系模型、网状模型、层次模型。
(2) 将转化来的关系模型、网状模型、层次模型转换成特定 DBMS 支持下的数据模型。
(3) 对数据模型进行优化。

4.5.1 概念模型向关系模型的转换

概念模型向关系模型的转化,即把现实世界的事务及其联系转化为计算机世界的数据及其联系。E-R 模型是概念模型最流行也是用得最广的一种,所以逻辑结构设计的任务就是把概念结构设计阶段的 E-R 图转换成与选用 DBMS 所支持的数据模型相符合的逻辑结构。本节主要介绍基于关系模型的数据库逻辑设计。

绝大部分关系型 DBMS 都支持标准 SQL 语言,有的还进行了扩展。在 SQL 中,可以定义表(table)、列(column)、视图(view)、主码(primary key)、外码(foreign key)、约束(constraint)等数据库对象,用于描述关系数据库的逻辑结构。表 4-2 列出了从 E-R 图到关系数据库结构转换的主要规律。

表 4-2 概念/关系结构转换对照表

E-R 图	关系数据库结构
实体	表
属性	列
标识符或主码	主码,实体完整性约束
联系	主码、外码,参照完整性约束
局部概念模式	表,视图

实体、属性及主码的转换都是比较直接的。表和列的命名与相应的实体和属性相同。虽然 RDBMS 大都支持汉字命名,但建议表名及列名最好不要用汉字。

E-R 模型向关系模型转换一般应遵循如下原则。

(1)每个实体转换为一种关系模式,实体的属性就是关系的属性,实体的码就是关系的码。

(2)1:1 联系可以转换为两种关系模式,新的关系模式除了原有的码与属性外,还增加了对方的码作为外来码。1:1 联系也可以转换为一种独立的关系模式,与该联系相连的各实体的码及联系本身的属性均转换为关系的属性,每个实体的码均为该关系的候选码。

(3)1:n 联系可以转换为两种关系模式,单方维持原关系模式不变,多方关系模式在现有属性的基础上增加对方的码作为它的外来码。1:n 联系也可以转换为一种独立的关系模式,与该联系相连的各实体的码及联系本身的属性均转换为关系的属性。

(4)m:n 联系可以转换为三种关系模式,原有的两种关系模式不变,新增加一种关系模式,与该联系相连的各实体的码及联系本身的属性转换为关系的属性,而关系的码为各实体码的组合。

(5)三个或三个以上实体间的一种多元联系可以转换为一种关系模式。与该多元联系相连的各实体的码及联系本身的属性均转换为关系的属性,各实体的码组成关系的码或关系码的一部分。例如,现有一个 E-R 模型,模型中教师和课程间有讲授的关系,讲授课程要使用对应的书籍,所以"讲授"联系是一种三元联系。课程实体的主码为课程号,教师实体的主码为职工号,书籍的主码为书号,所以可以将该三元联系转换为如下关系模式:

讲授(课程号,职工号,书号)

其中:课程号、职工号和书号为关系的组合键。

(6)同一实体集的实体间的联系,即自联系,也可按上述 1:1、1:n 和 m:n 三种情况分别处理。例如,教师实体集内部存在领导与被领导的 1:n 自联系,可将该联系与教师实体合并,这时主键职工号将多次出现,但作用不同,可用不同的属性名加以区分,即

教师:{职工号,姓名,性别,职称,系主任}

(7)具有相同码的关系模式可合并。例如,现有两种关系模式如下。

性别关系模式:性别(学号,性别)

学生关系模式:学生(学号,姓名,出生日期,所在系,年级,班级号,平均成绩)

两种关系模式都以学号为键,可以将它们合并为一种关系模式,即

学生(学号,姓名,性别,出生日期,所在系,年级,班级号,平均成绩)

(8)弱实体的处理。所谓弱实体是依赖于实体的存在而存在的实体。例如,职工家属是弱实体,依赖于职工的存在而存在,若职工离职或身故,则职工家属这个弱实体也随之消失。因为弱实体不能独立存在,必须依附于所有者实体,所以当转换为关系模式时,弱实体所对应的关系模式中必须包含所有者实体的主码。转换过程如图 4-25 所示。

4.5.2 关系模式的优化

关系数据库模式由一组关系模式组成。为了更好地支持应用,需要对关系模式进行优化。优化的目标包括以下几个方面。

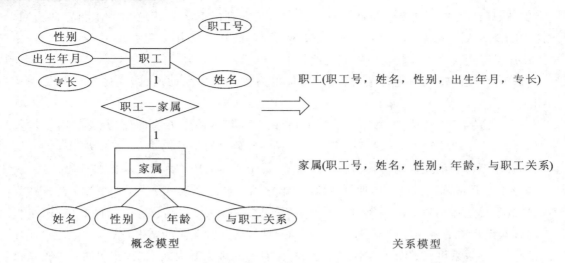

职工(职工号，姓名，性别，出生年月，专长)

家属(职工号，姓名，性别，年龄，与职工关系)

概念模型   关系模型

图 4-25 弱实体转换为关系模式

（1）消除各种数据库操作异常。

（2）查询更快和更方便。

（3）节省存储空间。

（4）方便数据库的管理。

常见的优化手段包括规范化、逆规范化、水平分割和垂直分割等。其中，规范化可以有效地消除各种操纵异常，其方法已在第 3 章介绍。下面介绍后 3 种手段。

1. 逆规范化

规范化通过模式分解而将一个低范式转化成两个或多个高范式。而逆规范化的过程相反，它将两个或多个高范式通过自然连接，重新组合成一个较低的范式。

规范化和逆规范化是一对矛盾。何时进行（逆）规范化？进行到何种程度？需要设计者仔细分析和平衡。

2. 水平分割

水平分割是指按一定原则，将一个表从横向分割成两个或多个表的方法，如图 4-26 所示。

若 R1∩R2＝∅（空），则这个分割称为正交（orthogonal）分割。

表的大小对查询的速度影响颇大。有时为了提高查询速度，可将一个大表水平分割成多个小表。下面举例说明。

在一个图书馆系统中，为便于管理，常按一定主题将书进行分类。不同类的图书存储在不同的书库中，并单独提供对外服务。假设所有图书分为社会科学和自然科学两大类，分别由两个部门保管和对外提供服务。此时，对于社会科学部的管理人员而言，他们只关心社会科学类图书。为此我们可考虑将"图书目录"表水平分割成两部分，一个表为"社会科学图书目录"，另一个表为"自然科学图书目录"，这将方便各部门对信息（自己所管理的图书）的处理。

水平分割后，将给一些全局性应用带来不便，这里同样需要设计者仔细权衡。

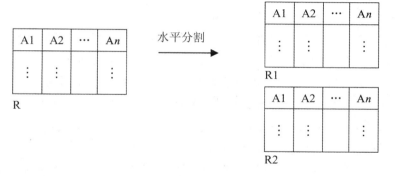

图 4-26　水平分割

1）满足"80/20 原则"的应用

80/20 原则：一个大关系中，经常使用的数据只是关系的一部分，把约 20% 经常使用的数据分解出来，形成一个子关系，可以减少查询的数据量。

2）并发事务经常存取不相交的数据

如果关系 R 上有 n 个事务，而且多数事务存取的数据不相交，则 R 可分解为不大于 n 个子关系，使每个事务存取的数据对应一个关系。

3. 垂直分割

垂直分割就是通过模式分解，将一个表纵向分割成两个或多个表的方法。进行垂直分割有两个原因。第一个原因是为了进行关系模式规范化，将低范式分解成高范式（如 BCNF）。第二个原因是在有些场合，一个关系模式已达到很高范式，仍要对其进行垂直分割，此时的目的已不是规范化，下面以一个例子进行说明。

职工（职工号，姓名，性别，电话，⋯）∈ BCNF

↓垂直分割

职工（职工号，姓名，性别，⋯）∈ BCNF

职工电话簿（职工号，姓名，电话）∈ BCNF

从职工中分割出职工电话簿，目的是支持公众的应用，以使"查询电话号"这项应用效率更高，同时又不涉及原职工表中的保密属性。此例中，职工电话簿既可单独建表，也可以在原职工表上建立视图。两种方式各有利弊，读者可自行分析。

需要注意的是，并不是规范化程度越高的关系就越优，较高的规范化会加重查询的负担，导致查询速度慢。因此，对于一个具体应用，具体规范到哪种范式，需要权衡响应时间和潜在问题的利弊再做决定。

4.5.3　设计用户子模式

定义数据库模式主要是从系统的时间效率、空间效率、易维护等角度出发的。用户子模式也就是用户模式或外模式。外模式来自逻辑模式，并且往往与逻辑模式是同一数据模型。定义用户外模式时更应该注重考虑用户的习惯与方便。

在关系数据库管理系统中，一般提供视图功能来虚拟定义用户所希望看到的表。那么，一部分与用户相关的基表,加上按需定义的视图,就构成了一个用户的外模式。

在设计用户子模式时,要注意以下三个方面。

(1) 使用更符合用户习惯的别名。合并各局部 E-R 图时做了消除命名冲突的工作,使数据库系统中同一关系和属性具有唯一的名字。这在设计数据库整体结构时是非常必要的。但对于某些局部应用,改用了不符合用户习惯的属性名,可能会使他们感到不方便,因此在设计用户的子模式时可以重新定义某些属性名,以使其与用户习惯一致。当然,为了应用的规范化,也不应该一味地遵从用户的习惯。例如,负责学籍管理的用户习惯于称教师模式的职工号为教师编号。因此可以定义视图,在视图中将职工号重定义为教师编号。

(2) 针对不同级别的用户定义不同的外模式,以满足系统对安全性的要求。例如,教师实体中包括职工号、姓名、性别、出生日期、婚姻状况、学历、学位、政治面貌、职称、职务、工资、工龄、教学效果等属性。

如果在一个系统中有以下几项功能:

① 学籍管理应用只能查询教师的职工号、姓名、性别、职称;

② 课程管理应用只能查询教师的职工号、姓名、性别、学历、学位、职称、教学效果;

③ 教师管理应用可以查询教师的全部数据。

那么对于不同的系统功能,要设计不同的用户子模式来保证数据的安全性。综合起来,两种外模式的定义如下:

教师_学籍管理(职工号,姓名,性别,职称)

教师_课程管理(工号,姓名,性别,学历,学位,职称,教学效果)

同时授权学籍管理应用只能访问教师_学籍管理视图,授权课程管理应用只能访问教师_课程管理视图,授权教师管理应用能访问教师表,这样就可以防止用户非法访问本来不允许其查询的数据,保证了系统的安全性。

例如,现有一种关系模式产品(产品号,产品名,规格,单价,生产车间,生产负责人,产品成本,产品合格率,质量等级),根据系统中顾客、销售员、领导对产品数据的不同要求,可以在产品关系上建立两个视图:为一般顾客建立视图,即产品 1(产品号,产品名,规格,单价),顾客视图中只包含允许顾客查询的属性;为产品销售部门建立视图,即产品 2(产品号,产品名,规格,单价,车间,生产负责人),销售部门视图中只包含允许销售部门查询的属性。

同时授权顾客只能查询顾客视图,销售员只能查询销售部门视图,生产领导部门则可以查询全部产品数据,这样就可以防止用户非法访问不允许其查询的数据,保证了系统的安全性。

(3) 简化用户对系统的使用。如果某些局部应用中经常要使用某些很复杂的查询,为了方便用户,可以将这些复杂查询定义为视图。

4.5.4 逻辑结构设计案例:学院教学管理数据库

在 4.4.4 节已分析教学管理数据库的概念模型基础上,利用本章前面介绍的设计方法,得到使用 Power Designer 软件转化并进行适当手工修改而来的教学管理逻辑模型,如图4-27所示。

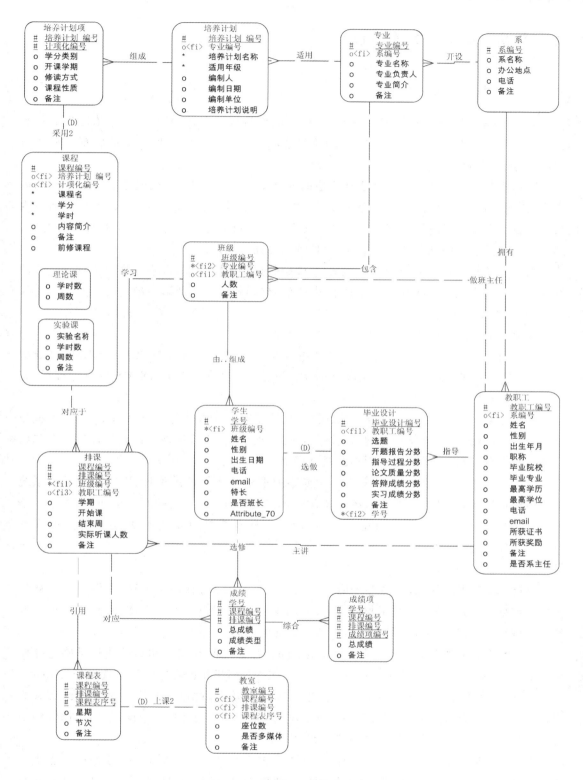

图 4-27   教学管理逻辑模型

4.6 数据库的物理设计

4.6.1 物理设计的内容

数据库在物理设备上的存储结构与存取方法称为数据库的物理结构,它依赖选定的数据库管理系统。为一个给定的逻辑数据模型选取一个最合适的应用环境的物理结构的过程,就是数据库的物理设计。

数据库的物理设计的任务是选择合适的存储结构和存取路径,也就是设计数据库的内模式(物理模式)。一般的用户和程序员不一样,他们不需要了解内模式的设计细节,所以内模式的设计可以不考虑用户理解的方便。其主要设计目标有二:一是提高数据库的性能,特别是满足主要应用的性能要求;二是有效地利用存储空间。

数据库的物理设计可分为两步:第一步确定数据库的物理模式,第二步评价物理模式的性能。评价的重点是时间和空间的效率,若不满足,则就重新回到第一步。

1) 物理设计分析

在物理设计之前应了解、分析如下问题。

(1) DBMS 特点。用户通过 DBMS 使用数据库,数据库物理设计只能在 DBMS 性能范围内,根据需求和实际条件适当地进行选择。设计者必须仔细阅读 DBMS 的有关资料,充分利用其提供的各种手段,并了解其限制条件。

(2) 应用环境。要了解各用户的数据视图、使用需求和频率等。应该指出,对于大型数据库而言,其数据及处理特征会随应用环境的变化而变化,所以物理设计只能提供一个初始设计,今后可在数据库运行过程中不断进行调整。

(3) 计算机系统的特征。数据库的性能不但取决于数据库的设计,而且与计算机系统的运行环境有关。例如,计算机系统是单用户的还是多用户的,负荷的轻重如何,数据库是分布在多个磁盘组上还是集中在单个磁盘组上,磁盘是数据库专用的还是与其他服务(Web、事务等)共享的。

2) 物理设计的内容

不同的 DBMS 所提供的物理环境、存取方法和存储结构有很大区别,能供设计人员使用的设计变量、参数范围也很不相同,因此没有通用的物理设计方法可遵循,只能给出一般的设计内容和原则。物理设计包括以下四个方面的内容。

(1) 确定数据的存储结构。数据的存取时间、存储空间利用率和维护代价是确定存储结构的主要因素,面对这些因素,设计人员要从 DBMS 所提供的存储结构中选择最合适的。

例如,引入数据冗余来减少 I/O 次数以提高检索效率,这可能并不完全符合约束和原则,但在某种情况下是最好的选择,是一种典型的空间换时间的例子;相反,节约存储空间则会增加检索的代价,是用时间换取空间的方法。

(2) 选择和调整存取路径。数据库必须支持多个存取入口,即对同一数据存储提供多条存取路径。如要对哪些数据项或数据项组合建立索引,索引可以明显缩短访问时间,同时也会增加辅助存储的开销和索引维护量,所以要对如何建立索引、建多少索引做出权衡。

(3) 确定数据存放位置。要按应用的情况将数据进行划分,将稳定的、易变的数据分开,将常存取的、不常存取的数据分开,根据存取时间的要求和存取频率的不同分别存放在高速、低速存取器上。

① 数据库数据备份、日志文件备份等由于只在故障恢复时才使用,而且数据量很大,所以可以考虑存放在磁带上。

② 如果计算机有多个磁盘或磁盘阵列,则可以考虑将表和索引分别存放在不同的磁盘上,查询时,由于磁盘驱动器为并行工作,所以可以提高物理读/写的效率。

③ 可以将比较大的表分别存放在两个磁盘上,以加快存取速度,这在多用户环境下特别有效。

④ 可以将日志文件与数据库对象(表、索引等)存放在不同的磁盘上,以改进系统的性能。

(4) 确定存储分配。DBMS 会提供一些存储分配的参数供设计人员在物理设计优化时使用,例如,溢出空间的大小和分布参数、块长度、块因子的大小、装填因子、缓冲区的大小和个数等。这些参数的大小影响存取时间和存储分配,需要在物理设计中确定。例如,在创建数据库之前必须定义数据块的大小,一个块是一次独立的物理读/写操作所涉及的字节大小。虽然其大小不影响数据库设计,但对性能有较大的影响。块越大意味着一次读/写操作所完成的数据越多,从这种意义上讲,较大的块比较小的块要好,但块大意味着操作要占用更多的 I/O 资源,这又涉及权衡的问题。

物理设计时对系统配置变量的调整只是初步的,系统运行时还要根据系统实际运行情况做进一步的调整,以期切实改进系统性能。

对于关系数据库,其物理设计的内容主要包括索引设计和聚簇设计,下面分别介绍。

4.6.2 索引设计

在关系数据库中,数据都组织在基本表中。如果表中未建立任何存取路径,则系统只能通过顺序扫描来查找特定元组。此时若表中元组数多,则存取速度很慢。

索引(index)是与基本表相关联的一种数据结构,它提供了另外的存取路径,可以加快对表中元组的检索速度,进而提高表之间的连接速度,提高对表中数据的修改和删除速度。大多数情况下,使用索引比全表顺序扫描合算,因为大多数 SQL 语句只是要抽取表中某些特定的行而不是所有行。

索引设计的任务是决定在哪些表上建立索引,在表的哪些列上建立索引,何时建立索引。这是关系数据库物理设计的基本问题,对数据库性能影响很大。

可以在表中的一个属性上建立索引,也可以在一组属性上建立索引(称为组合索引)。一个表上可建立多个索引,甚至可在每列上建立索引。但是索引并非越多越好,原因有二:其一,随着表中数据的变化,需要维护表上的所有索引,过多的索引将导致维护开销太大,甚至使系统存取速度下降;其二,索引本身是有存储开销的。

1. 何时建立索引

凡符合下列条件之一,可以考虑在有关属性上建立索引,下面所指的查询都是常用的或重要的查询。

(1) 主码和外码上一般都应建立索引,这有利于实施实体完整性和参照完整性检查。在检索参照完整性约束,删、改主码时,需要检查有无引用此主码的外码;在增、改外码时,要检查是否有对应的主码。在主码和外码上都建立索引,显然可以方便这种检查。

(2) 对于以读为主或只读的表,只要存储空间允许,就可以多建立索引,因为很少或不需对表进行操纵,所以很少或不需维护索引,此时索引再多也不会引起副作用。

(3) 对于等值查询(查询条件以等号为比较符),如果满足条件的元组是少量的,例如小于 5%,则可以考虑在有关属性上建立索引。

(4) 如果一个(或一组)属性经常在查询条件中出现,则可考虑在这个(或这组)属性上建立索引。

(5) 如果一个(或一组)属性经常在连接操作的条件中出现,则可考虑在这个(或这组)属性上建立索引。

(6) 有些查询可以从索引直接得到结果,不必访问数据块。对于这种查询,在有关属性上建立索引是有益的。这些查询包括:某属性的 MAX、MIN、AVG、SUM、COUNT 等聚集函数值(无 Group By 子句),可沿该属性的索引的顺序集扫描直接求得结果;某属性值 EXISTS 或 NOT EXISTS,只要通过该属性的索引就可获得结果,不必访问数据块。

2. 何时不宜建立索引

凡是满足下列条件之一的属性或表,可能不宜建立索引。

(1) 不出现或很少出现在查询条件中的属性。

(2) 属性值很少的属性。例如,属性"性别"只有两个值,若在其上建立索引,则每个属性值只对应一半的元组,这时用索引检查还不如用顺序扫描。

(3) 经常更新的属性或表,因为更新时需要维护索引。

(4) 过长的属性,如超过 30 个字节的属性。在过长的属性上建立索引,索引所占的存储空间较大,而且索引级数也随之增加。

(5) 太小的表,因为此时顺序扫描很快。

4.6.3 聚簇设计

为了提高某个属性(或属性组)的查询速度,可把这个(这些)属性(称为聚簇码)上具有相同值的元组集中存放在一个物理块或连续的物理块内,这种技术手段称为聚簇(cluster)。

典型的关系数据库管理系统(如 Oracle)一般允许按某一聚簇码(cluster key)集中存放元组,具有同一聚簇码值的元组尽量放在同一物理块中。如果放不下,可以向邻近的区域发展,或链接多个物理块,如图 4-28 所示。聚簇后的元组像葡萄一样按串"聚簇"存放起来。

图 4-28　元组的聚簇

1. 聚簇的用途

(1) 聚簇可以大大提高按聚簇码进行查询的效率。假设学生关系按所在系建有索引,现在要查询信息系的所有学生名单。若信息系的 500 名学生分布在 500 个不同的物理块上,则至少要执行 500 次 I/O 操作。如果将同一个系的学生元组集中存放,每读一个物理块可得到多个满足查询条件的元组,从而显著减少了访问磁盘的次数。若一个物理块能存放 250 个学生元组,则信息系的学生元组只要存放在相邻的 2 个物理块内,此时访问数据块只需 2 次 I/O 操作,这样速度会快得多。

(2)聚簇还可节省存储空间,因为聚簇码只需在一个物理块中存放一次,而不必在每个元组中都存放。上例中,"信息系"只需存放 2 次。而在非聚簇情形下,需存放 500 次。

值得一提的是,一旦聚簇被建立并被装入数据,则其存在对于用户来讲都是透明的,用户可以像引用非聚簇数据一样来引用聚簇数据。

2. 聚簇的适用范围

聚簇设计,即需要确定建立多少个聚簇,每个聚簇中包含多少个表及聚簇码。一个数据库中可能建立多个聚簇,一个表只能加入一个聚簇。当满足下列条件时,一般可考虑建立聚簇。

(1)聚簇功能不但适用于单个关系,也适用于经常进行连接操作的多个关系。

设 student 和 dept 分别为"学生"表和"系"表,两个表通过 dno(dept 的主码和 student 的外码)来连接。若将 dno 取值相同的 student 元组和 dept 元组聚簇存放,就相当于把两个表按"预连接"的形式存放,从而大大提高了连接操作的效率。

(2)通过聚簇码进行访问或连接是该表的主要应用,与聚簇码无关的其他访问很少,或是次要的。尤其是 SQL 语句中包含与聚簇码有关的 ORDER BY、GROUP BY、UNION、DISTINCT 等语法成分时,聚簇格外有利,可以省去对结果的排序。

(3)对应每个聚簇码的平均元组数既不能太少,也不能太多。太少则聚簇的效益不明显,甚至浪费块的空间;太多就要采用多个链接块,同样对提高性能不利。

(4)聚簇码的值应相对稳定,以减少修改聚簇码所引起的维护开销。

3. 优化聚簇设计

(1)从聚簇中删除经常进行全表扫描的关系。

(2)从聚簇中删除更新操作远多于连接操作的关系。

(3)不同的聚簇中可能包含相同的关系,一个关系可以在某个聚簇中,但不能同时加入多个聚簇。从多个聚簇方案(包括不建立聚簇)中选择一个较优的,即在这个聚簇上运行各种事务的总代价最小。

聚簇只能提高某些应用的性能,而且建立与维护的开销是相当大的。各主流数据库管理系统支持聚簇的方法不尽相同。数据库设计者应在充分了解数据库管理系统功能的前提下,根据应用的特点来合理运用聚簇。

4.6.4　物理设计案例:学院教学管理数据库

在 4.5.4 节已分析的教学管理数据库的逻辑模型基础上,利用前面介绍的设计方法,得到使用 Power Designer 软件转化并进行适当手工修改而来的教学管理物理模型,如图 4-29 所示。

针对物理模型中的每个实体,可以查看其在具体选择的数据库(本例选择的是 SQL Server 数据库)中的创建代码。例如,学生的创建代码如图 4-30 所示。

如果想要生成所有数据库及数据库中相关对象的代码,可以利用 Power Designer 软件中的正向工程来完成代码的导出工作。

培养计划项
培养计划 编号	varchar(15) <pk,fk>
计项化编号	varchar(30) <pk>
学分类别	varchar(20)
开课学期	char(20)
修读方式	varchar(30)
课程性质	varchar(50)
备注	text

培养计划
培养计划 编号	varchar(15) <pk>
专业编号	numeric(30) <fk>
培养计划名称	varchar(100)
适用年级	int
编制人	varchar(80)
编制日期	datetime
编制单位	text
培养计划说明	text

专业
专业编号	numeric(30) <pk>
系编号	varchar(20) <fk>
专业名称	varchar(1)
专业负责人	varchar(30)
专业简介	text
备注	text

系
系编号	varchar(20) <pk>
系名称	varchar(50)
办公地点	varchar(100)
电话	varchar(30)
备注	text

实验课
课程编号	numeric(30) <pk>
培养计划 编号	varchar(15) <fk>
计项化编号	varchar(30) <fk>
课程名	varchar(30)
学分	numeric
学时	numeric
内容简介	text
课程_备注	text
前修课程	text
实验名称	varchar(50)
学时数	numeric
周数	numeric
备注	text

理论课
课程编号	numeric(30) <pk>
培养计划 编号	varchar(15) <fk>
计项化编号	varchar(30) <fk>
课程名	varchar(30)
学分	numeric
学时	numeric
内容简介	text
备注	text
前修课程	text
学时数	numeric
周数	numeric

班级
班级编号	varchar(30) <pk>
专业编号	numeric(30) <fk2>
教职工编号	numeric(30) <fk1>
人数	numeric(20)
备注	text

学生
学号	numeric(20) <pk>
班级编号	varchar(30) <fk>
姓名	varchar(50)
性别	bit
出生日期	datetime
电话	varchar(30)
email	varchar(80)
特长	text
是否班长	bit
备注	text

毕业设计
毕业设计编号	varchar(30) <pk>
教职工编号	numeric(30) <fk>
选题	varchar(300)
开题报告分数	float
指导过程分数	float
论文质量分数	float
答辩成绩分数	float
实习成绩分数	float
备注	text
学号	numeric(20)

教职工
教职工编号	numeric(30) <pk>
系编号	varchar(20) <fk>
姓名	varchar(50)
性别	bit
出生年月	datetime
职称	varchar(30)
毕业院校	varchar(50)
毕业专业	varchar(50)
最高学历	varchar(20)
最高学位	varchar(30)
电话	varchar(30)
email	varchar(80)
所获证书	text
所获奖励	text
备注	text
是否系主任	bit

排课
课程编号	numeric(30) <pk,fk2,fk3>
排课编号	numeric(30) <pk>
班级编号	varchar(30) <fk1>
教职工编号	numeric(30) <fk4>
学期	varchar(40)
开始周	numeric
结束周	numeric
实际听课人数	numeric
备注	text

成绩
学号	numeric(20) <pk,fk2>
课程编号	numeric(30) <pk,fk1>
排课编号	numeric(30) <pk,fk1>
总成绩	float
成绩类型	varchar(30)
备注	text

成绩项
学号	numeric(20) <pk,fk>
课程编号	numeric(30) <fk1>
排课编号	numeric(30) <fk1>
成绩项编号	numeric <pk>
总成绩	float
备注	text

课程表
课程编号	numeric(30) <pk,fk>
排课编号	numeric(30) <pk,fk>
课程表序号	numeric(30) <pk>
星期	varchar(20)
节次	varchar(20)
备注	text

教室
教室编号	varchar(20) <pk>
课程编号	numeric(30) <fk>
排课编号	numeric(30) <fk>
课程表序号	numeric(30) <fk>
座位数	numeric(30)
是否多媒体	bit
备注	text

图 4-29 教学管理物理模型

图 4-30 学生的创建代码

4.7 数据库的实施与维护

在完成数据库物理设计之后,要在选定的软硬件平台上建立可运行的数据库,这个过程称为数据库实施。至此,数据库设计工作就完成了。在数据库投入运行之后,还要对其进行不断的维护。

4.7.1 数据库实施

数据库实施包含一系列活动,其中必不可少的活动包括创建数据库、数据载入和测试。

1. 创建数据库

这一步就是在指定的计算机平台上,通过执行一系列 CREATE 语句,实际建立数据库及数据库的各种对象。

可以在 Rdbms 提供的用户友好界面(UFI)支持下,交互式地建立各种数据库对象;也可将各 DDL 语句组织成 SQL 程序脚本,运行该脚本即可成批地创建各种数据库对象。在 Oracle 环境下,可以编写和执行 PL-SQL 脚本程序;类似地,在 SQL Server 和 Sybase 环境下,可以编写和执行 T-SQL 脚本程序。

表(table)是组成关系数据库的主要对象。因为实际数据都是存放在表中的,故表的创建是必不可少的。其他数据库对象,如视图、索引、各种完整性约束等,既可在创建数据库时与表一并创建,也可以随时创建。

2. 数据载入

上一步创建的数据库只是一个"框架",只有实际装入数据后,才算真正建成了数据库。

首次在新建立的数据库(框架)中批量装入实际数据的过程,称为数据载入(load)。如果之前的数据已经"数字化",即已经存在于某些文件或另外形式的数据库中,那么此时载入工作主要是转换(transformation)工作,即将数据重新进行组织或组合,并转换成满足新数据库要求的格式。RDBMS 一般都提供专门的实用程序或工具,以帮助实现上述工作。例如,Oracle 提供了 SQL * Load 实用程序,SQL Server 提供了 DTS(Data Transformation Service)等。

如果原始数据并未数字化,则需要将其通过人工批量录入到数据库中。一般数据库系统中,数据量都很大,而且数据来源于部门中各个不同的单位,数据的组织形式、结构和格式都与新设计的数据库系统有相当大的差距。此时要先将原始数据收集并整理好,然后借助专门开发的应用程序,将数据批量录入。

3. 测试

测试(testing)是软件工程中的重要阶段。数据库作为一种软件系统,其在投入运行之前一定要经过严格的测试。数据库测试一般要和数据库应用程序的测试结合起来,通过试运行,查找错误(或不足),并进行联合调试。

这一阶段要运行数据库应用程序,执行对数据库的各种操作,测试应用程序的功能是否满足设计需要。如果不满足,则要对应用程序进行修改、调整,直到达到设计要求为止。

对数据库本身的测试,重点放在两个方面:其一,经过操纵性操作(插入、删除、修改)后,数据库能否保持一致性?这里实际上要检查在数据库中定义的各种完整性约束是否有效实施;其二,要测试系统的性能指标。在对数据库进行物理设计时已初步确定了系统的物理参数值,但设计时的考虑在许多方面只是近似的估计,和实际系统运行总有一定的差距,因此必须在试运行阶段实际测量和评价系统性能指标。事实上,有些参数的最佳值往往是经过运行调试后找到的。如果测试的结果与设计目标不合,则要返回物理设计阶段,重新调整物理结构,修改系统参数,某些情况下甚至要返回逻辑设计阶段,修改逻辑结构。

实践中一般分期分批地载入数据。先输入小批量数据进行测试,待试运行合格后,再大批量输入数据。

4.7.2 数据库运行维护

经过测试和试运行后,数据库开发工作就已完成,可投入正式运行了。数据库的生命周期也进入了运行和维护阶段。

数据库是企业的重要信息资源,要支持多种应用系统共享数据。为了让数据库高效、平稳地运行,也为了适应应用环境及物理存储的不断变化,需要对数据库进行长期的维护。这也是设计工作的继续和质量的提高。

对数据库的维护工作主要由 DBA 完成,主要工作包括以下几个方面。

1. 数据库的备份与恢复

这是系统最重要和最经常性的维护工作。备份(backup)就是定期或不定期地将数据库的全部或部分转储。通常将转储的副本保存在另外的计算机系统中,或将副本存储在磁带等介质上脱机保存。这样,一旦数据库系统发生大的故障,可根据备份的副本进行系统恢复(recovery),以尽可能地减小损失。DBA 应根据系统的特点,制订合适的备份恢复计划。

2. 数据库性能监控

在数据库运行过程中,监控系统运行,对监测数据进行分析,找出改进系统性能的方法是 DBA 的重要任务。目前 Rdbms 都提供了监测系统参数的工具,DBA 可以利用这些工具方便地得到系统运行过程中一系列性能参数的值。DBA 应仔细分析这些数据,判断当前系统运行状况是否为最佳,应当做哪些改进。常见的改进手段包括调整系统物理参数、重组或重构数据库等。

3. 数据库的重组与重构

数据库运行一段时间后,由于不断插入、删除、修改记录,会使数据库的物理存储情况变坏,降低了数据的存取效率,数据库性能下降了,这时 DBA 就要对数据库进行重组(reorganization)。在重组过程中,按原设计要求重新安排存储位置、回收垃圾、减少指针链等,提高系统性能。重组要付出代价,但重组又可提高性能,这是一对矛盾。为避免矛盾,最好利用计算机空闲时间进行重组。

数据库的重组并不修改原设计的逻辑结构和物理结构,而数据库重构(reconstruction)则不同,它是指部分修改数据库的逻辑结构和物理结构。

数据库的逻辑模式应是相对稳定的,但应用环境变化、新应用的出现及老应用内容的更新,有时要求对数据库逻辑模式做必要的变动,这时就要重构数据库。重构不是一切推倒重来,主要是在原有的基础上进行修改和扩充。但是重构比重组要复杂得多,因此必须在DBA 的统一规划下进行。

RDBMS 一般都提供动态模式修改功能(如 SQL 中的 ALTER),但重构是一个可能产生错误和有待验证的过程,边重构、边运行一般是不现实的。一般在原数据库运行的同时,另建立一个新的数据库,在此基础上去完成重构工作。待新的数据库建立并通过验证后,再将应用程序转移到新数据库上,最后撤销原数据库。

重组对用户和应用是透明的,而重构一般不是。因此,应让用户知道重构后的模式,并对应用做出相应的修改,以适应重构后的数据库模式。

本 章 小 结

数据库设计中涉及的知识面广,研制的周期长,是一项综合性的技术,需要数据库的基本知识及程序设计技巧、软件工程的原理和方法、应用领域的知识等。

对于一个给定的应用环境,数据库设计是指构造最优的数据库模式,建立数据库及其应用系统,使之能有效地存储数据,满足用户的信息要求和处理要求。

数据库设计中的第一步,也是最重要的一个环节就是需求分析。开发者要对所开发的系统有充分的了解和认识,要弄清楚所有用户的数据表示、数据处理要求及对操作界面的要求。

在概念设计和逻辑设计中要始终贯彻关系规范化的思想,但又要结合实际需要,使每个关系达到一定的规范化要求。

学习本章内容,既要掌握书中介绍的基本方法,又要能在实际工作中运用这些思想,设计符合应用需求的数据库应用系统。

思 考 题

1. 什么是数据库设计？它的内容和特点是什么？
2. 什么是概念模型设计,它包括哪些内容？
3. 什么叫数据抽象？试举例说明。
4. 规范化程度是否越高越好？
5. 数据库设计的一般步骤是什么？
6. 概念设计的具体步骤是什么？
7. 如何设计 E-R 模型,如何将局部 E-R 模型转化为全局 E-R 模型？
8. 数据库设计的需求分析阶段是如何实现的？目标是什么？
9. 逻辑结构设计包括哪些内容？
10. 试述索引选择的原则。
11. 如何对数据库进行维护和更新？
12. 试设计一个“学生数据库”,给出 E-R 图和关系模式。要记录如下主要信息：
学生基本情况:姓名,性别……;
家庭基本情况:父母,电话,通信地址;
奖惩记录:何时受何种奖励、处分;
宿舍:房间号,床位号,电话,学生姓名;
学生社团:名称,办公室,负责人,成员姓名。
13. 试设计一个“图书馆数据库”,给出 E-R 图和关系模式。要记录如下主要信息：
图书目录:图书号,ISBN,中图分类号,书名,作者,价格,出版日期,进馆日期,出版社,
　　　　　复本数……;
读者:图书证号,姓名……;
借还登记:……。
注:图书号唯一标识一本书,ISBN 或中图码唯一标识一种书,同一种书可能包含多本。

第5章 关系数据库标准语言SQL

【学习目的与要求】

本章介绍关系数据库通用的标准语言 SQL,它提供一切关系数据库操作的基础。通过学习,要求达到以下目的:

(1) 掌握 SQL 的功能、特点、体系。

(2) 掌握利用 SQL 对数据进行定义、修改、删除的方法等。

(3) 熟练掌握利用 SQL 中的 SELECT 语句完成数据的查询。

(4) 理解视图和数据控制的概念。

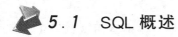

5.1 SQL 概述

SQL 是 structured query language 的缩写,意为结构化查询语言。SQL 最早由 Boyce 和 Chamberlin 于 1974 年提出。1975—1979 年,IBM 公司的 San Jose Research Lab 研制了关系数据库管理系统原型 System R 并实施了这种语言。SQL 不仅功能丰富、使用方式灵活,而且语言本身接近英语的自然语言,简单易学,备受计算机业界的欢迎,被众多计算机公司和软件公司所采用。经各公司的不断修改、扩充和完善,SQL 发展成为关系数据库的标准语言,对关系模型的发展和商用 DBMS 的研制起着重要作用。

1986 年 10 月,美国国家标准局(American National Standard Institute,ANSI)颁布了美国标准的 SQL,1987 年,被国际标准化组织(ISO)纳为国际标准。这两个标准合称为 SQL-86。1989 年 4 月,国际标准化组织颁布了增强完整性特征的 SQL-89 标准。此后,国际标准化组织对标准进行了大量的修改和扩充,于 1992 年推出了新的标准 SQL2(或称为 SQL-92)。SQL 的标准化工作还在继续,新的标准已被命名为 SQL3。SQL 得到国际标准化组织的认可,已经成为关系数据库语言的国际标准。现在 SQL 几乎被所有 DBMS 所采用,各系统对它都有所修改和扩充,但核心仍然是 SQL。本章将详细介绍 SQL。

5.1.1 SQL 的特点

SQL 集数据定义、数据操纵和数据控制功能于一体,所以说它是一门综合性的、功能极强的,同时又简单易学的语言,其主要特点有:综合统一、高度非过程化、面向集合的操作方式、灵活的使用方式、语言简洁。

1. 综合统一

非关系模型的数据语言分为模式定义语言和数据操纵语言。其缺点是,当要修改模式时,必须停止现有数据库的运行,转储数据,修改模式编译后再重装数据。而 SQL 集数据定义、数据操纵和数据控制功能于一体,语言风格统一,可独立完成数据库生命周期的所有活动。

2. 高度非过程化

非关系数据模型的数据操纵语言是面向过程的,为完成某项请求,必须指定存储路径,并且以"一次一记录"的方式操作。而 SQL 则是非过程化的、集合式的数据操纵语言,只要指出"做什么",无须指出"怎么做",因此无须了解存储路径。存储路径的选择及 SQL 语句的操作过程由系统自动完成,这不但大大减轻了用户负担,而且有利于提高数据独立性。

3. 面向集合的操作方式

非关系数据模型采用的是面向记录的操作方式,操作对象是一条记录。例如,查找所有的女同学,用户必须一条一条地把满足条件的学生记录找出来,还需说明具体处理过程,即选择路径和循环方式等。而 SQL 采用面向集合的操作方式,其操作对象、查找结果可以是元组的集合。

4. 灵活的使用方式

SQL 既可以是自含式语言,又可以是嵌入式语言。作为自含式语言,它能够独立地用于联机交互的使用方式,用户可以在终端键盘上直接键入 SQL 语句并对数据库进行操作;作为嵌入式语言,它能够嵌入高级语言(如 C 语言、Java 语言等)程序中,供程序员设计程序时使用。在两种不同的使用方式下,SQL 的语法结构基本上是一致的。这种以统一的语法结构提供两种不同的使用方式的做法,为用户提供了极大的灵活性与方便性。

5. 语言简洁

SQL 吸取了关系代数语言、关系演算语言两者的特点和长处,故功能极强。但语言十分简洁,完成数据定义、数据操纵和数据控制等核心功能只用了 9 个动词,即 CREATE、DROP、ALTER、SELECT、INSERT、UPDATE、DELETE、GRANT 和 REVOKE。SQL 的语法结构接近英语口语,因此容易学习和使用。现在所有的 RDBMS 都支持 SQL,而其他模型的 DBMS 也都有相应的 SQL 接口,所以用 SQL 编写的程序是可移植的,它已成为所有数据库的公共语言。

5.1.2 SQL 应注意的问题

SQL 支持关系数据库三级模式结构。其中,外模式对应于视图(view)和部分基本表(base table),模式对应于基本表,内模式对应于存储文件。

基本表是本身独立存在的表,在 SQL 中一个关系对应一个表。一个基本表对应一个存储文件,一个表可以带若干索引,索引也存放在存储文件中。

存储文件的逻辑结构组成了关系数据库的内模式,存储文件的物理文件结构是任意的。

视图是从基本表或其他视图中导出的表,它本身不独立存储在数据库中,也就是说,数据库中只存放视图的定义而不存放视图对应的数据,这些数据仍存放在导出视图的基本表中,因此视图是一个虚表。用户可以用 SQL 对视图和基本表进行查询。在用户眼中,视图和基本表都是关系,而存储文件对用户是透明的。

作为数据库语言,SQL 有它自己的语法结构,并有其专用的语句符号,不同的系统略有差别,主要符号都是相同的。下面给出主要的语句符号,供大家学习语句时参考。

(1)圆括号(()):圆括号中的内容为必选参数,其中有多个可选项,各选项之间通过不同的符号分隔,用户可根据需要选择其中的一项。

(2)方括号([]):方括号中的内容为可选项,用户可根据需要选用。

(3)尖括号(< >):表示必选项。

(4)竖线(|):表示参数之间是或的关系,两者只选其一。

(5)省略号(…):表示重复前面的语法单元。

(6)/* */:中间可以有多行注释语句。

5.1.3 SQL的数据类型

在介绍SQL的语句之前,先看一下SQL的数据类型,不同的数据库系统支持的数据类型不同。常用的数据类型如下。

1. 数值型

INT:整数类型(也可以写成INTEGER)。

SMALLINT:短整数类型。

REAL:浮点数类型。

DOUBLE PRECISION:双精度浮点数类型。

FLOAT(n):浮点数类型,精度至少为n位数字。

NUMERIC(m,n):定点数类型,由m位数字组成(不包括符号、小数点),小数点后有n位数字。

2. 字符串型

CHAR(n):长度为n的定长字符串类型。

VARCHAR(n):最大长度为n的变长字符串类型。

3. 位串型

BIT(n):长度为n的二进制位串类型。

BIT VARYING(n):最大长度为n的变长二进制位串类型。

4. 时间型

DATE:日期类型,包含年、月、日,形如YYYY-MM-DD。

TIME:时间类型,包含时、分、秒,形如HH:MM:SS。

TIMESTAMP:时间戳类型,DATE加TIME。

5. 布尔型

BOOLEAN:值可以为TRUE(真)、FALSE(假)、UNKNOWN(未知)。

许多SQL产品还扩充了其他数据类型,如TEXT(文本)、MONEY(货币)、GRAPHIC(图形)、IMAGE(图像)、GENERAL(通用)、MEMO(备注)等。

下面将逐一介绍各SQL语句的功能和格式。

5.2 数据定义

关系数据库系统支持三级模式结构,它的模式、外模式和内模式中的基本对象有表、视图和索引。因此,SQL的数据定义功能包括定义表、定义视图和定义索引,如表5-1所示。

表5-1 SQL的数据定义语句

操作对象	操作方式		
	创 建	删 除	修 改
表	CREATE TABLE	DROP TABLE	ALTER TABLE
视图	CREATE VIEW	DROP VIEW	
索引	CREATE INDEX	DROP INDEX	

5.2.1 定义、删除与修改基本表

1. 定义基本表

定义基本表是建立数据库最重要的一步。

1) 语句格式

CREATE TABLE <表名>

(<列名> <数据类型>[<列级完整性约束条件>]

[,<列名> <数据类型>[<列级完整性约束条件>]] …

[,<表级完整性约束条件>])

2) 语句功能

该语句的功能是在当前或给定的数据库中定义一种表结构,即关系模式。

3) 语句说明

<表名>:用于定义基本表的名字。

<列名>:组成该表的各个属性(列)。

<列级完整性约束条件>:涉及相应属性列的完整性约束条件。

<表级完整性约束条件>:涉及一个或多个属性列的完整性约束条件。

下面说明语句格式。句首的大写英文单词为语句关键字,由它可以大体了解语句的功能。用尖括号标记的内容是需要用户给定的标识符,标识符是由汉字、数字等组成的一串字符。在语句关键字、用户标识符和字符串常量(用一对单引号引起来的一串字符)中使用英文字母时,默认为大小写等效,即系统不区别它们。每条 SQL 语句都可以单独作为命令来使用,所以又称为 SQL 命令。

SQL 语句格式中使用中括号、大括号、竖线、省略号等语法标记符的含义,同一般计算机语言中规定的相同。中括号中的语法成分可以选用,也可以省略不用。括号中用一条或若干条竖线分开的每个语法成分,有且只能有一个被选用。省略号表示其前一语法成分可以重复出现若干次。

上述语句格式说明在当前数据库中建立一个表,<表名>是用户给所定义的表取的名字。<列名>可以在一个表定义中出现一次或多次,每个列名即属性名,其后是该列的数据类型和对该列的完整性约束。在最后给出表级完整性约束条件。

(1) 每列后面的完整性约束就是列级完整性约束,它会给出该列数据的完整性约束条件。表中任意行在该列上的值若在改变时破坏了规定的条件,则系统将拒绝这种操作。列级完整性约束有以下 6 种。

① DEFAULT <常量表达式>,默认值约束。若有该约束,当不给元组中的该列分量输入值时,则采用<常量表达式>所提供的值。

② NULL/NOT NULL,空值/非空值约束。它约束该列值是否允许为空。对于非主属性,若未注明此项,则隐含空值约束,即允许在任何行上的该列值为空。

③ PRIMARY KEY,主码约束。注明该列为关系的主码。一种关系只能注明一个主码,也可以不注明主码。在一种关系被注明主码前,其所有元组将按主码值的升序排列。

④ UNIQUE,唯一值约束。注明该列上的所有取值必须互不相同。唯一性约束要求表中列的值为非空的值且都是唯一的,只能有一个空值。

⑤ REFERENCES <父表名>(<主码>),外码约束。注明该列为外码,并给出对应的父表及父表中被参照的主码。另外,在一些实际的数据库管理系统中,不仅允许主码被参

照,而且允许候选码或单值约束的属性被参照。

⑥ CHECK<逻辑表达式>,检查约束。注明该列的取值条件。该约束中常常含有列名,如"sex='男'或 sex='女'"这个性别检查的字段规定性别这个字段只能输入"男"或"女"。如果输入其他值,则会提示错误。

(2) 表级完整性约束条件在所有列定义后给出,包括以下 4 种。

① PRIMARY KEY(<列名>…),主码约束。注明一列或同时多列为主码。因为有的表的关键字是组合属性,所以主码不止一个。如 PRIMARY KEY(学号,课程号)就定义了相应关系中的主码为学号和课程号这两个属性的组合。

② UNIQUE(<列名>…),唯一值约束。注明一列或同时若干列为单值。

③ FOREIGN KEY(<列名>…)REFERENCES <父表名>(<主码>…),外码约束。注明一列或同时多列为外码,并给出对应的父表及父表中被参照的主码中的所有列。注意:外码必须与被参照关系中对应的主码或候选码具有完全相同的数据类型。

④ CHECK<逻辑表达式>,检查约束。注明每行中一列或若干列在取值上必须满足的条件。如 CHECK(出生日期<工作日期)就定义了出生日期和工作日期这两列之间的检查约束。

上述列级完整性约束和表级完整性约束有些地方是相似的,如 UNIQUE、PRIMARY KEY 和 CHECK。对于这些约束,若只涉及一列,则既可以作为列级完整性约束,又可以作为表级完整性约束,但只能取其一。若涉及多列,则只能作为表级完整性约束来定义。因此,后者的书写与前者的书写是有区别的。

例 5-1 建立一个学生表 student,它由学号 sno、姓名 sname、性别 sex、年龄 age、所在系 department、籍贯 bplace 等属性组成。其中学号不能为空,值是唯一的,并且姓名取值也是唯一的。

解

```
CREATE TABLE student
    (sno            CHAR(10),
    sname           CHAR(10) UNIQUE,
    sex             AR(2),
    age             NUMERIC(3),
    department      CHAR(8),
    bplace          CHAR(10),
    PRIMARY KEY(sno)
```

2. 修改基本表

随着应用环境和应用需求的变化,有时需要修改已建立好的基本表。

1) 语句格式

ALTER TABLE <表名>[ADD<新列名> <数据类型>[完整性约束条件]]
[DROP COLUMN <完整性约束名>][ALTER COLUMN <列名> <数据类型>]

2) 语句功能

在建立好的表中添加列或完整性约束,或者从已定义过的表中删除列或完整性约束,或者对现有的列进行修改。

3) 语句说明

<表名>:用于修改基本表的表名。

ADD 子句:用于增加新列和新的完整性约束条件。

DROP 子句:用于删除指定的完整性约束条件。

ALTER 子句:用于修改列名和数据类型。

注意:向表中增加的一个新列在不带默认值约束的情况下不能规定为空,因为在执行时需要给每行上的该列添加空值;在删除一列之前,必须先删除与该列有关的所有约束,否则系统将拒绝对该列的删除;在表上定义的所有约束都对应有唯一的约束名,该名称可以在定义约束时由用户命名,若用户未命名,则由系统自动命名。通过该语句的删除功能能够删除该约束名所对应的约束。该约束可以是列级约束,也可以是表级约束。

例 5-2 对例 5-1 建好的学生表 student 增加一个电话号码 stel 列(字段)。

解

```
ALTER TABLE student ADD stel CHAR(12)
```

例 5-3 删除例 5-2 增加的电话号码 stel 这个列(字段)。

解

```
ALTER TABLE student DROP COLUMN stel
```

例 5-4 将例 5-1 建好的学生表 student 中系 department 的宽度调整为 10。

解

```
ALTER TABLE student ALTER COLUMN department CHAR(10)
```

3. 删除基本表

这里用到表完整性约束的主码句子 PRIMARY KEY(<列名>)。被定义为主码的列强制满足非空和唯一性条件。凡带有 NOT NULL 的列,表示不允许出现空值;反之,不带 NOT NULL 的列,可以出现空值。首次使用 CREATE TABLE 定义一个新表,只是建立了一个空表。

当不再需要该表时,可以删除基本表。

1) 语句格式

DROP TABLE<表名>[CASCADE|RESTRICT]

2) 语句功能

删除指定的表,包括表结构与表记录。

3) 语句说明

当选用任选项 CASCADE 删除表时,该表中的数据、表结构及在该表上所建的索引和视图将全部随之删除;当选用任选项 RESTRICT 时,只有在先删除了表中的全部数据,以及该表上所建立的索引和视图后,才能删除一个空表;否则拒绝删除该表。

例 5-5 删除例 5-1 建立的学生表 student,如下:

```
DROP TABLE student CASCADE
```

一旦删除该表,表中的数据和此表上所建立的索引和视图都将被自动删除。

同理,后续例题当中用到的学生数据库中的 course 表可以定义如下:

```
CREATE TABLE course
    (cno CHAR(10),
    cname CHAR(20) NOT NULL,
    PRIMARY KEY (cno))
```

第 5 章 关系数据库标准语言 SQL

对于学生数据库中的 enroll 表,可定义如下:

```
CREATE TABLE enroll
    (sno CHAR(10),
    cno CHAR(10),
    grade NUMERIC(3),
    PRIMARY KEY (sno,cno))
```

5.2.2 建立与删除索引

在 SQL 中,索引的建立和删除是数据操纵语句(DDL)的一部分,建立索引是加快查询速度的有效手段。一个建好的表,可以根据应用环境的需要建立若干索引,以提供多种存取路径。但严格来讲,索引是物理存取路径,不应属于逻辑数据模式。因此,索引通常是由 DBA 或表的属主(建表的人)根据需要建立和删除的。

1. 索引的建立

1)语句格式

CREATE [UNIQUE][CLUSTER] INDEX <索引名>ON <表名>(<列名>[<次序>][,<列名>[<次序>]]…)

2)语句功能

对指定表中的列建立索引。

3)语句说明

<表名>:指定要建立索引的基本表名字。

<列名>:可以建立在该表的一列或多列上,各列名之间用逗号分隔。

<次序>:指定索引值的排列次序,升序用 ASC 表示,降序用 DESC 表示,默认时表示升序。

UNIQUE:表示此索引的每一个索引值只对应唯一的数据记录,所以,若选择此项,则相应的列一定是主关键字。

CLUSTER:表示要建立的索引是聚簇索引,意为索引项的顺序是与表中记录的物理顺序一致的索引组织。用户可以在最常查询的列上建立聚簇索引,以提高查询效率。

对于唯一值索引,已含重复值的属性列不能建立 UNIQUE 索引,在对某列建立 UNIQUE 索引后,插入新记录时 DBMS 会自动检查新记录在该列上是否取了重复值。这相当于增加了一个 UNIQUE 约束。

建立聚簇索引后,基本表中的数据也要按指定的聚簇属性值的升序或降序存放,即聚簇索引的索引项顺序与表中记录的物理顺序一致。在一个基本表上最多只能建立一个聚簇索引。聚簇索引主要用于某些类型的查询,以提高查询效率。如果很少对基本表进行增删操作,很少对其中的变长列进行修改操作,那么这时可以建立聚簇索引。

 例 5-6 将例 5-1 建好的学生表 student 中的年龄 age 按升序建立索引,对该表的学号按降序建立唯一索引。

解

```
CREATE UNIQUE INDEX SNO_INDEX ON student(sno DESC)
CREATE INDEX S_INDEX ON student(age)
```

2. 索引的删除

建立索引后,由系统使用和维护它,不需用户干预。建立索引是为了减少查询操作的时间,但如果数据插入、删除、修改频繁,那么系统会花许多时间来维护索引。此时,可以删除一些不必要的索引。

1) 语句格式

DROP INDEX ＜索引名＞

2) 语句功能

将建立好的索引删除掉。

3) 语句说明

删除索引时,系统会从数据字典中删除有关该索引的描述。

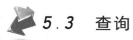

将例 5-6 建好的索引 S_INDEX 删除。

```
DROP INDEX student S_INDEX
```

5.3 查询

数据库查询是数据库的核心操作,也是其他数据库操作的基础。SQL 提供了 SELECT 语句进行数据库的查询操作。

5.3.1 SELECT 语句的一般格式

1. 语句格式

SELECT[ALL|DISTINCT] ＜目标列表达式＞[,＜目标列表达式＞]…

FROM ＜表名或视图名＞[,＜表名或视图名＞]…

[WHERE ＜条件表达式＞]

[GROUP BY ＜列名 1＞[HAVING ＜条件表达式＞]]

[ORDER BY ＜列名 2＞[ASC|DESC]]…

SELECT 子句中的输出可以是列名、表达式、集函数(AVG,COUNT,MAX,MIN,SUM);DISTINCT 选项可以保证查询结果集中不存在重复元组;FROM 子句中出现多个基本表或视图时,系统首先执行笛卡儿积操作。

2. 语句功能

根据给定的表,按 WHERE 给出的条件对 FROM 子句指定的表或视图进行查询,产生一个新表,即查询结果,该查询结果直接显示出来或被保存起来。

3. 语句说明

SELECT 子句:指定要显示的属性列,并且由 DISTINCT 选项决定是否允许在查询结果中出现重复行(内容完全相同的记录)。

FROM 子句:指定查询对象(基本表或视图),可以跟多个表名或视图名,它们之间用逗号隔开。

WHERE 子句:指定查询条件,只有满足条件的记录(行)才被显示出来。

GROUP BY 子句:对查询结果按指定列的值进行分组,属性列值相等的元组为一个组。通常会在每组中选择集函数。

HAVING 子句:筛选出只满足指定条件的组。注意:该子句只能同 GROUP BY 子句配合使用,筛选出符合条件的分组信息。

ORDER BY 子句:对查询结果表按指定列值的升序或降序进行排序。

注意：本节所讲述的查询例子都是在 SQL Server 2016 中运行的。

5.3.2 单表查询

所谓单表查询是指仅针对一个表的查询。

1. 选择表中的列(字段)

大多数情况下,用户只对表中的部分属性列感兴趣,可以通过 SELECT 子句的<目标列表达式>中指定的列来实现,对应关系代数中的投影运算。

例 5-8 分别选择 students 数据库中 student、course、enroll 表的所有列进行查询,并写出相关语句。

解

①SELECT * FROM student
②SELECT * FROM course
③SELECT * FROM enroll

语句中的"＊"号表示显示该表中的所有字段。

查询结果如图 5-1 至图 5-3 所示。

	sno	sname	sex	age	department	bplace
1	95001	胡峰	男	23	机电系	湖南
2	95012	程军	男	22	计算机	山东
3	95020	张春明	男	22	计算机	河北
4	95022	丁晓春	男	20	计算机	湖南
5	95023	刘文	女	24	机电系	辽宁
6	95101	王丽	女	21	工程控制	广东
7	95110	何正声	男	23	工程控制	黑龙江

图 5-1　例 5-8 图 1

	sno	cno	grade
1	95001	c1	90
2	95001	c2	82
3	95001	c3	95
4	95001	c4	88
5	95012	c2	93
6	95012	c3	88
7	95020	c2	83
8	95020	c3	NULL
9	95020	c4	88
10	95022	c2	77
11	95022	c3	71
12	95023	c2	85
13	95101	c2	84

	cno	cname
1	c1	数据库
2	c2	操作系统
3	c3	数据结构
4	c4	软件工程

图 5-2　例 5-8 图 2

图 5-3　例 5-8 图 3

例 5-9 选择 student 表中的 sno、sname、department 列进行查询,并写出相关语句。

解

```
SELECT sno,sname,department FROM student
```

查询结果如图 5-4 所示。

SELECT 语句后面直接跟需要显示的字段,题目要求选择 student 表中的 sno、sname、department 这几个字段,所以 sno、sname、department 紧跟 SELECT 之后,并且字段之间用逗号隔开。

例 5-10 查询 student 表中所有系的名字,去掉重复行,写出相关语句。

解

	sno	sname	department
1	95001	胡峰	机电系
2	95012	程军	计算机
3	95020	张春明	计算机
4	95022	丁晓春	计算机
5	95023	刘文	机电系
6	95101	王丽	工程控制
7	95110	何正声	工程控制

图 5-4 例 5-9 图

```
SELECT DISTINCT department FROM student
```

结果如图 5-5 所示。

DISTINCT 在此表示进行列选择之后去掉重复行,若无 DISTINCT,则例 5-10 显示结果如图 5-6 所示。

	department
1	工程控制
2	机电系
3	计算机

图 5-5 例 5-10 图 1

	department
1	机电系
2	计算机
3	计算机
4	计算机
5	机电系
6	工程控制
7	工程控制

图 5-6 例 5-10 图 2

SELECT department FROM student 语句等价于 SELECT all department FROM student。

例 5-11 查询全体学生的姓名、性别及其出生年份,写出相关语句。

解

```
SELECT sname,sex,2013-age FROM student
```

结果如图 5-7 所示。从图 5-7 中可以看出,最后一列显示无列名,可以用 AS 重命名这一列,AS 可以省略不写,其语句为

```
SELECT sname,sex,2013-age AS 出生年份 FROM student
```

结果如图 5-8 所示。AS 除了可以对属性进行重命名外,也可以对表进行重命名,方法同属性重命名。

	sname	sex	(无列名)
1	胡峰	男	1990
2	程军	男	1991
3	张春明	男	1991
4	丁晓春	男	1993
5	刘文	女	1989
6	王丽	女	1992
7	何正声	男	1990

图 5-7 例 5-11 图 1

	sname	sex	出生年份
1	胡峰	男	1990
2	程军	男	1991
3	张春明	男	1991
4	丁晓春	男	1993
5	刘文	女	1989
6	王丽	女	1992
7	何正声	男	1990

图 5-8 例 5-11 图 2

除了上面使用 AS 表示出生年份外,也可以直接使用"出生年份"表示,其语句为

```
SELECT sname,sex,'出生年份',2013-age FROM student
```

结果如图 5-9 所示。

	sname	sex	(无列名)	(无列名)
1	胡峰	男	出生年份	1990
2	程军	男	出生年份	1991
3	张春明	男	出生年份	1991
4	丁晓春	男	出生年份	1993
5	刘文	女	出生年份	1989
6	王丽	女	出生年份	1992
7	何正声	男	出生年份	1990

图 5-9 例 5-11 图 3

2. 选择表中的行(记录)

查询满足指定条件的元组可以通过 WHERE 子句实现,它对应关系代数中的选择运算。WHERE 子句允许用户确定一个谓词。带有 WHERE 子句的 SELECT 语句,执行结果只给出使谓词为真的那些记录值。WHERE 之后的谓词就是查询条件。WHERE 子句常用的查询条件如表 5-2 所示。

表 5-2 常用的查询条件

运 算 符		含 义	运 算 符		含 义
集合成员运算符	IN NOT IN	在集合中 不在集合中	算术运算符	> ≥ < ≤ = ≠	大于 不小于 小于 不大于 等于 不等于
确定范围运算符	BETWEEN…AND NOT BETWEEN…AND	在范围中 不在范围中			
字符串匹配运算符	LIKE	与_和%分别进行单个和多个字符匹配	逻辑运算符	AND OR NOT	与 或 非
			空值	IS NULL IS NOT NULL	为空 不为空

说明:集合成员运算符用于检查一个属性值是否属于集合中的值。确定范围运算符中的 BETWEEN 后是下限,AND 后是上限。字符串匹配运算符用于构造条件表达式中的字符匹配,LIKE 前的列名必须是字符串类型。算术运算符用于字符串比较时,字符串从左向右进行。逻辑运算符用于构造复合表达式。

1)算术运算符和逻辑运算符

 例 5-12 现有 student 表,查询所有计算机系的学生,写出相关语句。

解

```
SELECT * FROM student WHERE department='计算机'
```

结果如图 5-10 所示。

	sno	sname	sex	age	department	bplace
1	95012	程军	男	22	计算机	山东
2	95020	张春明	男	22	计算机	河北
3	95022	丁晓春	男	20	计算机	湖南

图 5-10 例 5-12 图 1

例 5-12 显示了所有满足条件的行记录,列出了所有计算机系的学生,逻辑运算符可以和算术运算符同时使用。例如,查找山东籍的计算机系学生,查询语句如下:

SELECT * FROM student WHERE department='计算机' AND bplace='山东'

结果如图 5-11 所示。

	sno	sname	sex	age	department	bplace
1	95012	程军	男	22	计算机	山东

图 5-11 例 5-12 图 2

例 5-13 查询年龄在 22 岁以上学生的姓名、性别和年龄,写出相关语句。

解

SELECT sname,sex,age FROM student WHERE age>22

结果如图 5-12 所示。

上述语句也可以写为 SELECT sname,sex,age FROM student WHERE NOT age<=22。

2) 范围条件用 BETWEEN…AND…表示

BETWEEN…AND…用于判断一个表达式的值是否落在某一个指定的范围内,选取落在范围内的数据行。

	sname	sex	age
1	胡峰	男	23
2	刘文	女	24
3	何正声	男	23

图 5-12 例 5-13 图

格式为:<列名>[NOT] BETWEEN <下限> AND <上限>

此格式中的<下限>小于<上限>。当由<列名>所指定的列的当前值在(或不在,用 NOT)所指定的下限和上限之间(包括两个端点的值在内)时,则此表达式为真;否则为假。该表达式与下面的逻辑表达式等效:

不选 NOT,<列名> >=<下限> AND <=<上限>

选 NOT,<列名> <<下限> OR ><上限>

例 5-14 在 student 表中,查询年龄在 20～22 岁之间的学生的姓名和年龄,写出相关语句。

解

	sname	age
1	程军	22
2	张春明	22
3	丁晓春	20
4	王丽	21

图 5-13 例 5-14 图

SELECT sname,age FROM student WHERE age BETWEEN 20 AND 22

结果如图 5-13 所示。

上述语句中的 BETWEEN…AND…可以用算术运算符和逻辑运算符替换为

SELECT sname,age FROM student WHERE age>=20 AND age<=22

若查询年龄不在 20～22 岁之间的学生的姓名和年龄,查询语句为

SELECT sname,age FROM student WHERE age NOT BETWEEN 20 AND 22

请读者思考该语句如何用算术运算符和逻辑运算符替换。

3）组属条件用 IN 表示

IN 用于判断表达式的值是否落在指定的组内,选取属于这一组内的数据行。

格式如下:

＜列名＞[NOT] IN {(＜常量表＞)|(＜子查询＞)}

＜常量表＞表示用逗号分开的若干个常量。当＜列名＞所指定列的当前值包含在由＜常量表＞所给定的值之内时,则此判断式为真;否则为假。若在 IN 关键字后面不是使用＜常量表＞,而是使用＜子查询＞,则当由＜列名＞所指定列的当前值包含在子查询结果之中时,其判断式为真;否则为假。若在此判断式中选用 NOT 关键字,则判断结果正好相反。

例 5-15 在 student 表中,查询家在湖南和山东的学生的学号、姓名、性别和籍贯,写出相关语句。

解

```
SELECT sno,sname,sex,bplace FROM student WHERE bplace IN('湖南','山东')
```

	sno	sname	sex	bplace
1	95001	胡峰	男	湖南
2	95012	程军	男	山东
3	95022	丁晓春	男	湖南

图 5-14 例 5-15 图

结果如图 5-14 所示。

上述语句中的 IN 可以用算术运算符和逻辑运算符替换为

```
SELECT sno,sname,sex,bplace FROM student WHERE
bplace='湖南' or bplace='山东'
```

若查询籍贯不在湖南和山东的学生,则查询语句如下:

```
SELECT sno,sname,sex,bplace FROM student WHERE bplace NOT IN('湖南','山东')
```

请读者思考该语句如何用算术运算符和逻辑运算符替换。

例 5-16 在 student 表和 enroll 表中,查询成绩在 80 分以上的学生的学号和姓名,写出相关语句。

解

```
SELECT sno,sname FROM student WHERE
sno IN(SELECT sno FROM enroll WHERE grade>80)
```

结果如图 5-15 所示。

若例 5-16 改为查询成绩在 80 分以下的学生的学号和姓名,则查询语句为

```
SELECT sno,sname FROM student WHERE
sno NOT IN(SELECT sno FROM enrolls WHERE grade>80 )
```

	sno	sname
1	95001	胡峰
2	95012	程军
3	95020	张春明
4	95023	刘文
5	95101	王丽

图 5-15 例 5-16 图

4）模式匹配条件用 LIKE 表示

LIKE 用于判断一个包含字符串的数据列的值是否匹配某一指定的模式,选取与模式相匹配的数据行。格式如下:

＜字符串列名＞ NOT LIKE ＜字符表达式＞

当＜字符串列名＞的当前值与＜字符表达式＞的值相匹配时,此判断式为真,否则为假。当选用 NOT 关键字时,判断结果相反。通常来说,＜字符表达式＞为字符常量,若在其中使用下画线(_),则表示能和任何一个字符匹配。若使用百分号(%),则表示能和任意多个(含零个)字符匹配。

例 5-17 在 student 表中,查询所有姓"张"的学生,写出相关语句。

解

```
SELECT * FROM student WHERE sname LIKE '张%'
```

结果如图 5-16 所示。

	sno	sname	sex	age	department	bplace
1	95020	张春明	男	22	计算机	河北

图 5-16 例 5-17 图

例 5-18 查询名字中第二个字为"春"字的学生的姓名和性别,写出相关语句。

解

```
SELECT sname,sex FROM student WHERE sname LIKE '_春%'
```

结果如图 5-17 所示。

例 5-19 查询姓名中有"春"字的学生的姓名和性别,写出相关语句。

解

```
SELECT sname,sex FROM student WHERE sname LIKE '%春%'
```

结果如图 5-18 所示。

如果要查询的字符串本身就含有"%"或"_",这时就要用 ESCAPE 换码字符对通配符进行转义。

例 5-20 查询课程名以"操_"开头且倒数第二个汉字是"系"的课程情况,写出相关语句。

解

```
SELECT * FROM course WHERE cname like '操\_%系_'ESCAPE'\'
```

结果如图 5-19 所示。

	sname	sex
1	张春明	男

图 5-17 例 5-18 图

	sname	sex
1	张春明	男
2	丁晓春	男

图 5-18 例 5-19 图

	cno	cname

图 5-19 例 5-20 图

因为表中无"操_"开头的课程,所以结果为空。

ESCAPE '\'中的"\"表示为换码字符,匹配串'操_%系_'中的第一个"_"前有换码字符\,故它被转义为普通字符下画线"_",而"%"及"系"字后的"_"均无换码字符"\",故它们仍为通配符。换码字符是可变化的,一般取不常用的符号。例 5-20 中,若匹配符中本身含"\",则换码字符可取"?"。

例 5-21 查询王丽同学的详细情况,写出相关语句。

解

```
SELECT * FROM student WHERE sname LIKE '王丽'
```

该语句等价于

```
SELECT * FROM student WHERE sname='王丽'
```

结果如图 5-20 所示。

	sno	sname	sex	age	department	bplace
1	95101	王丽	女	21	工程控制	广东

图 5-20 例 5-21 图

如果 LIKE 后面的匹配符中不含通配符,则可以用等于(＝)运算符取代 LIKE 谓词,用不等于(！＝或＜＞)取代 NOT LIKE 谓词。若 LIKE 后面的匹配符含通配符,则不可以用"＝"取代。

5)涉及空值的查询

例 5-22 某些学生选课后没有参加考试,所以他只有选课记录,没有考试成绩。查询没有考试成绩的学生的详细情况,写出相关语句。

解

```
SELECT * FROM enroll WHERE grade IS NULL
```

	sno	cno	grade
1	95020	c3	NULL

图 5-21　例 5-22 图

结果如图 5-21 所示。

注意这里的"IS"不能用"＝"代替。

同理,查询所有有成绩的学生信息的语句为

```
SELECT * FROM enroll WHERE grade IS NOT NULL
```

3. 查询中集函数的使用

为了增强检索功能,SQL 提供了表 5-3 所示的常用集函数及其功能介绍。

表 5-3　常用集函数及其功能

集 函 数 名	功　　　能
COUNT（〔DISTINCT｜ALL〕＊）	统计元组个数
COUNT（〔DISTINCT｜ALL〕＜列名＞）	统计一列中值的个数
SUM（〔DISTINCT｜ALL＜列名＞〕）	计算一列(该列应为数值型)值的总和
AVG（〔DISTINCT｜ALL＜列名＞〕）	计算一列(该列应为数值型)值的平均值
MAX（〔DISTINCT｜ALL〕＜列名＞）	求一列值的最大值
MIN（〔DISTINCT｜ALL〕＜列名＞）	求一列值的最小值

其中,函数 SUM 和 AVG 所涉及的属性必须是数值型的,特殊函数 COUNT（＊）用于统计元组数。

如果指定 DISTINCT 选项,则表示在计算时要取消指定列中的重复值。如果不指定 DISTINCT 选项或指定 ALL 选项(ALL 为默认值),则表示不取消重复值。聚集函数计算时一般均忽略空值,即不统计空值。

例 5-23 查询在 student 表中学生的总人数,写出相关语句。

解

```
SELECT COUNT(*) AS 总人数 FROM student
```

结果如图 5-22 所示。

例 5-24 计算 student 表中学生的平均年龄,写出相关语句。

解

```
SELECT AVG(age) as 平均年龄 FROM student
```

结果如图 5-23 所示。

例 5-25 查询选修了课程的学生人数,写出相关语句。

解

```
SELECT COUNT(DISTINCT sno) FROM enroll
```

结果如图5-24所示。

	总人数
1	7

	平均年龄
1	22.142857

	(无列名)
1	6

图5-22　例5-23图　　　　图5-23　例5-24图　　　　图5-24　例5-25图

学生每选修一门课程,在enroll表中都有一条相应的记录。一个学生要选修多门课程,为避免重复计算学生人数,必须在COUNT函数中使用DISTINCT选项。

例5-26　查询选修c1号课程的学生最高分数,写出相关语句。

解

SELECT MAX(grade) 最高分 FROM enroll WHERE cno='c1'

结果如图5-25所示。

4.查询结果的分组

GROUP BY子句将查询结果表按指定列的值进行分组,值相等的分为一组。分组的目的是将集函数的作用对象细化,且分组后集函数将作用在每个组上,也就是说,每个组都有一个函数值。把FROM子句中的关系按分组属性分为若干组,同一组内所有的元组在分组属性上具有相同值。分组属性可以是单个属性,也可以是多个属性的组合。

例5-27　求各个课程号及相应的选课人数,写出相关语句。

解

SELECT cno,COUNT(sno) 选课人数 FROM enroll GROUP BY cno

结果如图5-26所示。

该语句按cno的值对查询结果进行分组,所有具有相同cno值的元组分为一组,然后对每一组作用集函数COUNT进行计算,以求得每门课的选课人数。

例5-28　查询student表中每个系在3个以上的学生的所在系,写出相关语句。

解

SELECT department FROM student GROUP BY department HAVING COUNT(*)>=3

结果如图5-27所示。

	最高分
1	90

	cno	选课人数
1	c1	1
2	c2	6
3	c3	4
4	c4	2

	department
1	计算机

图5-25　例5-26图　　　　图5-26　例5-27图　　　　图5-27　例5-28图

本例中用GROUP BY子句将department进行分组,再用集函数COUNT对每一组进行计数。HAVING子句用于指定选择组的条件。执行此语句后,只有满足条件(department相同的记录有3条以上)的组才会被选出来。

注意WHERE与HAVING的区别,在这两个子句后都跟条件,但它们的作用对象不同。WHERE子句作用于基本表或视图,从中选择满足条件的记录;HAVING作用于分组,从中选择满足条件的组,所以该子句只能同GROUP BY子句配合使用,筛选符合条件的分组信息。

5. 查询结果的排序

ORDER BY 子句按其后所跟的列名对查询结果进行排序。查询结果将首先按<列名 1>的值进行排序,若该列的值相同,则再按<列名 2>的值进行排序,依此类推。若其后带 ASC,则表示按值的升序排列查询结果;若其自带 DESC,则表示按值的降序排列查询结果;若不指定排序方式,则默认按升序排列查询结果。

例 5-29 在 student 表中按年龄的升序查询出所有学生的记录,写出相关语句。

解

SELECT * FROM student ORDER BY age ASC

结果如图 5-28 所示。

	sno	sname	sex	age	department	bplace
1	95022	丁晓春	男	20	计算机	湖南
2	95101	王丽	女	21	工程控制	广东
3	95012	程军	男	22	计算机	山东
4	95020	张春明	男	22	计算机	河北
5	95110	何正声	男	23	工程控制	黑龙江
6	95001	胡峰	男	23	机电系	湖南
7	95023	刘文	女	24	机电系	辽宁

图 5-28 例 5-29 图

例 5-30 查询选修了 c3 号课程的学生的信息,查询结果按分数降序进行排列,写出相关语句。

解

SELECT sno,grade FROM enroll WHERE cno='c3' ORDER BY grade DESC

结果如图 5-29 所示。

例 5-31 查询全体学生情况,查询结果按所在系的系号升序进行排列,同一系中的学生按年龄降序进行排列,写出相关语句。

解

SELECT * FROM student ORDER BY department,age DESC

结果如图 5-30 所示。

	sno	grade
1	95001	95
2	95012	88
3	95022	71
4	95020	NULL

图 5-29 例 5-30 图

	sno	sname	sex	age	department	bplace
1	95110	何正声	男	23	工程控制	黑龙江
2	95101	王丽	女	21	工程控制	广东
3	95023	刘文	女	24	机电系	辽宁
4	95001	胡峰	男	23	机电系	湖南
5	95012	程军	男	22	计算机	山东
6	95020	张春明	男	22	计算机	河北
7	95022	丁晓春	男	20	计算机	湖南

图 5-30 例 5-31 图

5.3.3 连接查询

在实际应用中,查询所涉及的数据经常存在于多个表中,这时就涉及两个或两个以上表的查询。当一个查询同时涉及连接两个以上的表时,称为连接查询。它是关系数据库中最主要的查询。连接查询在 FROM 子句中要写出所有有关的表名,在 SELECT 和 WHERE 子句中可引用任意有关表的属性名。当不同的表有相同的列名时,为了区分,要在列名前加注表名(表名.属性名)。主要的连接查询有等值连接和非等值连接、自然连接、自身连接(同一个表的连接)、多元复合条件连接、外连接和内连接。

1. 等值连接与非等值连接

连接查询中用于连接两个表的条件称为连接条件或连接谓词。其一般格式为

[<表 1>.]<列名 1> <比较运算符>[<表 2>.]<列名 2>

连接条件中进行连接运算的两个列名必须是同类型的,它的名称可以不同,但必须是可比较的数据类型。当连接条件中比较的两个列名相同时,必须在其列名前加上所属表的名字和一个圆点(.)以示区别。表的连接除了可以用=外,还可以用比较运算符<>、>、>=、<、<=,以及 BETWEEN、LIKE、IN 等谓词。当比较运算符为=时,称为等值连接,其他的称为非等值连接。

从概念上讲,数据库管理系统执行连接操作的过程是:首先在表 1 中找到第一个元组,然后从头开始扫描表 2,逐一查找满足连接条件的元组,找到后就将表 1 中的第一个元组与该元组拼接起来,形成结果表中的一个元组。表 2 全部查找完后,再查找表 1 中的第二个元组,然后再从头开始扫描表 2,逐一查找满足连接条件的元组,找到后就将表 1 中的第二个元组与该元组拼接起来,形成结果表中的一个元组。重复上述操作,直到表 1 中的全部元组都处理完毕为止。在对表进行连接时,最常用的连接条件是等值连接,也就是使两个表中对应列相等所进行的连接。通常一个列是所在表的主码(关键字),另一列是所在表的主码或外码(外关键字)。只有这样的等值连接才有实际意义。

例 5-32 查询所有学生所选的课程信息,写出相关语句。

解

```
SELECT student.*,enroll.*
FROM student,enroll
WHERE student.sno=enroll.sno /*将 enroll 和 student 表中同一学生的元组连接起来*/
```

结果如图 5-31 所示。

	sno	sname	sex	age	department	bplace	sno	cno	grade
1	95001	胡峰	男	23	机电系	湖南	95001	c1	90
2	95001	胡峰	男	23	机电系	湖南	95001	c2	82
3	95001	胡峰	男	23	机电系	湖南	95001	c3	95
4	95001	胡峰	男	23	机电系	湖南	95001	c4	88
5	95012	程军	男	22	计算机	山东	95012	c2	93
6	95012	程军	男	22	计算机	山东	95012	c3	88
7	95020	张春明	男	22	计算机	河北	95020	c2	83
8	95020	张春明	男	22	计算机	河北	95020	c3	NULL
9	95020	张春明	男	22	计算机	河北	95020	c4	88
10	95022	丁晓春	男	20	计算机	湖南	95022	c2	77
11	95022	丁晓春	男	20	计算机	湖南	95022	c3	71
12	95023	刘文	女	24	机电系	辽宁	95023	c2	85
13	95101	王丽	女	21	工程控制	广东	95101	c2	84

图 5-31 例 5-32 图

学生信息在 student 表中,学生选课信息在 enroll 表中,这两个表之间的联系通过公共属性 sno 来实现。

在例 5-32 中,SELECT 子句和 WHERE 子句中的属性名前都加上了表名前缀,因为在这两个表中都有 sno 这个属性,这是为了避免混淆。如果属性名在参加连接的各表中是唯一的,则可以省略表名前缀。

例 5-32 是一个非常典型的等值连接,所有的属性均被列出,包括重复的属性。如果在等值连接中去掉目标列中的重复列,则为自然连接。将例 5-32 改用自然连接完成,语句如下:

```
SELECT student.sno,sname,sex,age,department,bplace,cno,grade
    FROM student,enroll
    WHERE student.sno=enroll.sno
```

这里,由于 sname、sex、age、department、bplace、cno、grade 在这两个表中是唯一的,所以引用时可以去掉表名前缀。而 sno 在这两个表中都出现了,因此引用时必须加上表名前缀。

在例 5-32 中,如果不带连接谓词,则所做的操作就是两个表的笛卡儿积,即两个表中元组的交叉乘积,其连接结果是一些没有意义的元组,所以这种运算实际很少使用。

等值连接时要注明该属性所在的表,即用"表名.属性名"表示。在用等值连接的条件外,还可根据需要加一些筛选条件,它可以从连接后生成的中间表中选择出所需的行。筛选条件可以是由比较运算符连接两个数值、字符或日期表达式的比较式,也可以是由这些比较式通过逻辑运算符连接的逻辑表达式,这样的连接方式称为复合条件连接。这种方式不是完全孤立使用的,它常常与其他连接配合使用。

例 5-33 找出成绩在 90 分以上的学生,并列出学号、姓名和成绩,写出相关语句。

解

```
SELECT student.sno,sname,grade
    FROM student,enroll WHERE student.sno=enroll.sno AND grade>=90
```

结果如图 5-32 所示。

	sno	sname	grade
1	95001	胡峰	90
2	95001	胡峰	95
3	95012	程军	93

图 5-32 例 5-33 图

例 5-34 查询所有学生所选课程的成绩,并列出课程名、学生学号和姓名,写出相关语句。

解

```
SELECT student.sno,sname,cname,grade
    FROM student,course,enroll
        WHERE student.sno=enroll.sno
            AND enroll.cno=course.cno
```

结果如图 5-33 所示。

在例 5-33 和例 5-34 中,WHERE 子句中有多个连接条件,这样的查询称为复合条件连接。每条语句并不是完全孤立的,复合条件连接可以用于所有的连接查询语句中。

	sno	sname	cname	grade
1	95001	胡峰	数据库	90
2	95001	胡峰	操作系统	82
3	95001	胡峰	数据结构	95
4	95001	胡峰	软件工程	88
5	95012	程军	操作系统	93
6	95012	程军	数据结构	88
7	95020	张春明	操作系统	83
8	95020	张春明	数据结构	NULL
9	95020	张春明	软件工程	88
10	95022	丁晓春	操作系统	77
11	95022	丁晓春	数据结构	71
12	95023	刘文	操作系统	85
13	95101	王丽	操作系统	84

图 5-33　例 5-34 图

2. 自身连接

连接操作不仅可以在多个表之间进行,也可以是一个表与其自己进行连接,称为表的自身连接。语句书写时可用 AS 给表进行重命名。AS 用于 FROM 子句中,可用于给表重命名。

 例 5-35 查询与胡峰在同一个系学习的学生,写出相关语句。

解

```
SELECT s1.sno,s1.sname,s1.department
    FROM student s1,student s2
        WHERE s1.department=s2.department AND s2. sname='胡峰'
```

结果如图 5-34 所示。

	sno	sname	department
1	95001	胡峰	机电系
2	95023	刘文	机电系

图 5-34　例 5-35 图

我们看到显示结果中仍然有胡峰同学的名字,若不要显示他的名字,则可将查询语句改为

```
SELECT s1.sno,s1.sname,s1.department
    FROM student s1,student s2
        WHERE s1.department=s2.department AND s2.sname='胡峰'
            AND s1.sname<>'胡峰'
```

3. 外连接

在通常的连接操作中,只有满足连接条件的元组才能作为结果输出,而外连接在正常的连接操作中应将在正常连接时舍弃的元组也显示出来,并在新增加的属性上添加空值NULL。外连接操作以指定表为连接主体,将主体表中不满足连接条件的元组一并输出。

外连接可以避免连接时数据的丢失,还可以加快查询速度。外连接有全外连接(FULL OUTER JOIN)、左外连接(LEFT OUTER JOIN)和右外连接(RIGHT OUTER JOIN)。

全外连接在结果表中保留左、右两关系的所有元组。左外连接在结果表中保留左关系

的所有元组。右外连接在结果表中保留右关系的所有元组。

例 5-36 查询 90 分以上的学生信息,未满 90 分的学生信息也要列出,写出相关语句。

解

```
SELECT student.sno,sname,grade FROM student
    LEFT OUTER JOIN enroll ON
    student.sno=enroll.sno AND grade>90
```

结果如图 5-35 所示。

例 5-36 中,不管 student 表与 enroll 表中的 sno 列是否匹配,LEFT OUTER JOIN 均会在结果列中包含 student 表中的所有元组,即将这个结果中显示 90 分以上的学生信息一并列出,不满 90 分的学生列出学生的基本信息,在成绩栏显示空值 NULL。

如果只想看到 90 分以下的具体分数,而不想看到具体是哪个学生的分数,可以用右外连接,用下列语句实现。

```
SELECT student.sno,sname,grade FROM student
    RIGHT OUTER JOIN enroll ON
    student.sno=enroll.sno and grade>90
```

结果如图 5-36 所示。

	sno	sname	grade
1	95001	胡峰	95
2	95012	程军	93
3	95020	张春明	NULL
4	95022	丁晓春	NULL
5	95023	刘文	NULL
6	95101	王丽	NULL
7	95110	何正声	NULL

图 5-35 例 5-36 图 1

	sno	sname	grade
1	NULL	NULL	90
2	NULL	NULL	82
3	95001	胡峰	95
4	NULL	NULL	88
5	95012	程军	93
6	NULL	NULL	88
7	NULL	NULL	83
8	NULL	NULL	NULL
9	NULL	NULL	88
10	NULL	NULL	77
11	NULL	NULL	71
12	NULL	NULL	85
13	NULL	NULL	84

图 5-36 例 5-36 图 2

4. 内连接

内连接也称为连接,是最早的一种连接。内连接只返回结果集中所有相匹配的数据,而舍弃不匹配的数据,也就是说,在这种查询中,DBMS 只返回来自源表中的相关的行,即查询的结果表包含的两源表行必须满足 ON 子句中的搜索条件。作为对照,如果在源表中的行在另一表中没有对应(相关)的行,则该行就被过滤掉,不会包括在结果表中。因为内连接是从结果表中删除其他被连接表中没有匹配行的所有行,所以内连接可能会丢失信息。这与 WHERE 子句的连接方式是相同的。

内连接的语句格式如下:

SELECT <目标列表达式>

　　FROM <表名或查询结果>[INNER] JOIN <表名或查询结果> ON <连接条件>

　　　　WHERE <限定条件>

例 5-37　选择籍贯为山东学生的全部成绩,用内连接完成,写出相关语句。

解

```
SELECT s.*,e.sno,e.cno,e.grade
    FROM student AS s INNER JOIN enroll AS e
    ON s.sno=e.sno WHERE s.bplace='山东
```

结果如图 5-37 所示。

	sno	sname	sex	age	department	bplace	sno	cno	grade
1	95012	程军	男	22	计算机	山东	95012	c2	93
2	95012	程军	男	22	计算机	山东	95012	c3	88

图 5-37　例 5-37 图

也可以用之前介绍的连接方式完成,语句如下:

```
SELECT s.*,e.sno,e.cno,e.grade
    FROM student AS s,enroll AS e
        WHERE s.sno=e.sno AND s.bplace='山东'
```

例 5-38　从 student 表中查询计算机系所有学生的学号、姓名和考试总成绩,并按照考试总成绩降序进行排序,写出相关语句。

解

```
SELECT sname,b.zcj
    FROM student a INNER JOIN
        (SELECT sno,sum(grade) zcj FROM enroll GROUP BY sno)
            AS b on b.sno=a.sno WHERE department='计算机' ORDER BY zcj DESC
```

结果如图 5-38 所示。

	sname	zcj
1	程军	181
2	张春明	171
3	丁晓春	148

图 5-38　例 5-38 图

也可以用之前介绍的 WHERE 子句的方式完成,语句如下:

```
SELECT sname,b.zcj
    FROM student a,
    (SELECT sno,sum(grade) zcj FROM enroll GROUP BY sno) AS b WHERE b.sno=a.sno
AND department='计算机' ORDER BY zcj DESC
```

当然,使用 INNER JOIN 也可以实现多表的内连接,但是 INNER JOIN 一次只能连接两个表,要连接多个表,必须进行多次连接。

例 5-39　查询所有学生所选课程的成绩,列出课程名、学生学号和姓名,写出相关语句。

解

```
SELECT student.sno,sname,cname,grade
    FROM student INNER JOIN enroll ON student.sno=enroll.sno
        INNER JOIN course ON enroll.cno=course.cno
```

例 5-39 与例 5-34 完全相同,只是在例 5-34 中采用 WHERE 子句的方式实现,这里采用 INNER JOIN 的方式实现。

可以看到,ANSI SQL 内连接语法是通过 INNER JOIN 关联两个表,使用 ON 子句来定义等值条件的,并通过 WHERE 子句来定义查询条件,这种方式也是目前 T-SQL 普遍使用的方式。

5.3.4 嵌套查询

在 SQL 中,一个 SELECT…FROM…WHERE 语句称为一个查询块。将一个查询块嵌套在另一个查询块的 WHERE 条件中的查询称为嵌套查询。处于内层的查询称为子查询。执行嵌套查询语句时,每个子查询在上一级查询处理之前求解,也就是从里向外查询,先由子查询得到一组值的集合,外查询再从这个集合中得到新的查询条件的结果集。嵌套查询的语句格式为:

```
SELECT sname              /*外层查询/父查询*/
    FROM student
        WHERE sno IN
            (SELECT sno            /*内层查询/子查询*/
                FROM enroll
                WHERE cno='c2')
```

SQL 允许多层嵌套查询,即一个子查询中还可以嵌套其他子查询。需要注意的是,子查询的 SELECT 语句中不能使用 ORDER BY 子句,ORDER BY 子句只能对最终查询结果进行排序。嵌套查询分为相关子查询和不相关子查询。相关子查询是指子查询的查询条件依赖于父查询,其操作过程为:先取外层查询中表的第一个元组,再根据它与内层查询相关的属性值处理内层查询,若 WHERE 子句返回值为真,则取此元组放入结果表,然后再取外层查询中表的下一个元组。重复这一过程,直至外层表全部检查完为止。不相关子查询是指子查询的查询条件不依赖于父查询,其操作过程为:由里向外逐层处理,即每个子查询在上一级查询处理之前求解,子查询的结果用于建立其父查询的查找条件。

1. 带有 IN 谓词的子查询

这种子查询属于不相关子查询。子查询的结果作为外查询的条件,它是嵌套查询中用得最多的谓词。

例 5-40 查询与"胡峰"在同一个系学习的学生,使用 IN 谓词写出相关语句。

解

```
SELECT sno,sname,department
    FROM student
        WHERE department IN
            (SELECT department FROM student WHERE sname='胡峰')
```

例 5-41 查询成绩在 80 分以下的学生名单,写出相关语句。

解

```
SELECT * FROM student WHERE sno
    IN(SELECT sno FROM enroll WHERE grade<80)
```

结果如图 5-39 所示。

	sno	sname	sex	age	department	bplace
1	95022	丁晓春	男	20	计算机	湖南

图 5-39 例 5-41 图

例 5-42 查询选修了课程名为"数据库"的学生的学号和姓名,写出相关语句。

解

```
SELECT sno,sname      /*最后根据学生学号在 student 表中找出对应的学号和姓名*/
    FROM student
        WHERE sno IN
        (SELECT sno      /*然后在 enroll 表中找出 c1 号课程所对应的学生学号*/
        FROM enroll
        WHERE cno IN
        (SELECT cno      /*首先在 course 表中找出"数据库"所对应的课程号 c1*/
        FROM course
        WHERE cname='数据库'))
```

结果如图 5-40 所示。

以上用 IN 谓词连接的嵌套查询,也可以用连接查询代替。但是要注意的是,有些嵌套查询可以用连接查询代替,有些是不能代替的。在进行查询时,究竟何时用连接查询,何时用嵌套查询,并不是绝对的,可以根据需要确定。

图 5-40　例 5-42 图

2. 带有比较运算符的子查询($<$,$>$,$=$…)

当能确切知道内层查询返回单值时,可用比较运算符($>$、$<$、$=$、$>=$、$<=$、!$=$或$<>$)连接父查询和子查询,并且可以与 ANY 或 ALL 谓词配合使用。

 例 5-43 查询与"胡峰"在同一个系学习的学生,用比较运算符写出相关语句。

解 假设一个学生只可能在一个系学习,并且必须属于一个系,则可以用"$=$"代替 IN。

```
SELECT sno,sname,department
    FROM student
        WHERE department=
            (SELECT department
            FROM student
                WHERE sname='胡峰')
```

需要注意的是,子查询必须跟在比较运算符之后。

例 5-44 找出每个学生超过他选修课程平均成绩的课程号,写出相关语句。

解

```
SELECT sno,cno
    FROM enroll x
        WHERE grade>=(SELECT AVG(grade)
            FROM enroll y
                WHERE y.sno=x.sno)
```

结果如图 5-41 所示。

该例可能的执行过程如下:

(1)从外层查询中取出 enroll 的一个元组 x,将元组 x 的 sno 值(95001)传送给内层查询,语句如下:

```
SELECT AVG(grade)
    FROM enroll y
        WHERE y.sno='95001'
```

123

（2）执行内层查询,得到值88.8(近似值),用该值代替内层查询,得到外层查询,语句如下:

```
SELECTsno,cno
    FROM enroll x
    WHERE grade>=88.8
```

（3）执行这个查询,得到图5-42所示的结果。

	sno	cno
1	95001	c1
2	95001	c3
3	95012	c2
4	95020	c4
5	95022	c2
6	95023	c2
7	95101	c2

	sno	cno
1	95001	c1
2	95001	c3
3	95012	c2

图 5-41　例 5-44 图 1　　　　图 5-42　例 5-44 图 2

（4）外层查询取出下一个元组重复上述（1）至（3）步,直到外层的 enroll 元组全部处理完毕。

3. 带有 ANY(SOME)或 ALL 谓词的子查询

ANY(SOME)或 ALL 谓词必须和比较运算符配合使用。其一般格式为

$$<标量表达式>\ <比较运算符>\ ANY｜ALL<子查询>$$

其中,ANY 表示任意值,ALL 表示所有值。所以:

➤ ANY 大于子查询结果中的某个值;

➤ ALL 大于子查询结果中的所有值。

此外,"= ANY"等价于 IN,而"< >ANY"等价于 NOT IN。早期的 SQL 版本中无 SOME,而是 ANY。

例 5-45　查询其他系中比计算机系某一学生年龄小的学生姓名和年龄,并按照年龄降序进行排列,写出相关语句。

解

```
SELECT sname,age
    FROM student
        WHERE age <ANY
            (SELECT age
            FROM student
                WHERE department='计算机')
                AND department <>'计算机'
                    ORDER BY age DESC
```

	sname	age
1	王丽	21

图 5-43　例 5-45 图

结果如图 5-43 所示。

此语句执行过程如下:

（1）RDBMS 执行此查询时,先处理子查询,再找出计算机系中所有学生的年龄,构成一个集合(20,22)。

（2）处理父查询,找出所有不是计算机系且年龄小于20岁或22岁的学生。

例 5-45 也可以用集合函数实现,实现语句如下:

```
SELECT sname,age
FROM student
WHERE age <
            (SELECT MAX(age)
            FROM student
            WHERE department='计算机')
            AND department < >'计算机'
            ORDER BY age DESC
```

4. 带有 EXISTS 谓词的子查询

EXISTS 谓词表示存在量词(∃)。带有 EXISTS 谓词的子查询不返回任何数据,只产生逻辑真值"true"或逻辑假值"false"。若内层查询结果为非空,则外层的 WHERE 子句返回真值;若内层查询结果为空,则外层的 WHERE 子句返回假值。当内层查询返回真值时,取外层查询的该元组值作为结果值;反之,该元组值不可以作为结果值;由 EXISTS 谓词引出的子查询,其目标列表达式通常用 ∗ ,因为带 EXISTS 谓词的子查询只返回真值或假值,给出列名无实际意义。

带有 NOT EXISTS 谓词的子查询,若内层查询结果为非空,则外层的 WHERE 子句返回假值;若内层查询结果为空,则外层的 WHERE 子句返回真值。

例 5-46 查询所有选修了 c1 号课程的学生姓名,写出相关语句。

解

```
SELECT sname
  FROM student
    WHERE EXISTS
      (SELECT *
        FROM enroll
          WHERE sno=student.sno AND cno='c1')
```

结果如图 5-44 所示。

本查询涉及 student 和 enroll 的关系,在 student 中依次取每个元组的 sno 值,用此值检查 enroll 关系,若 enroll 中存在这样的元组,其 sno 值等于此 student.sno 值,并且其 cno= 'c1',则取此 student.sname 送入结果关系。

	sname
1	胡峰

图 5-44　例 5-46 图

若查询没有选修 c1 号课程的学生姓名,则可以用 NOT EXISTS 表示,查询语句如下:

```
SELECT sname
  FROM student
    WHERE NOT EXISTS
      (SELECT *
        FROM enroll
          WHERE sno=student.sno AND cno='c1')
```

SQL 中没有全称量词,可以把带有全称量词的谓词转换为等价的带有存在量词的谓词。

例 5-47 查询选修了全部课程的学生姓名,写出相关语句。

```
    SELECT sname                        /*该生一定选修了所有的课程*/
      FROM student
        WHERE NOT EXISTS                /*不存在该生没有选的课程*/
          (SELECT *                     /*所有的课程该生都没有选*/
            FROM course
              WHERE NOT EXISTS          /*不存在某学生选某课*/
                (SELECT *               /*某学生选某课*/
                  FROM enroll
                    WHERE sno=student.sno AND
                      cno= course.cno))
```

结果如图 5-45 所示。

	sname
1	胡峰

图 5-45　例 5-47 图

因为 SQL 中没有全称量词,所以该题通过找这样的学生,没有一门课程是他不选的,来找到这个学生选修了所有的课程。

需要注意的是,一些带 EXISTS 或 NOT EXISTS 谓词的子查询不能被其他形式的子查询等价替换。而所有带 IN 谓词、比较运算符、ANY 和 ALL 谓词的子查询,都能用带 EXISTS 谓词的子查询等价替换。

5.3.5　集合查询

集合查询包含并、交、差操作,它与第 2 章中传统的集合运算并、交、差操作相对应。

集合操作的种类包括并操作 UNION、交操作 INTERSECT、差操作 EXCEPT 三种。

UNION:将多种查询结果合并起来时,系统自动去掉重复元组。

UNION ALL:将多种查询结果合并起来时,保留重复元组。

参加集合操作的各查询结果的列数必须相同,对应项的数据类型也必须相同。

例 5-48　查询计算机系的学生及年龄不大于 19 岁的学生的并集,写出相关语句。

解

```
    SELECT *
      FROM student
      WHERE department='计算机'
      UNION
      SELECT *
      FROM student
      WHERE age<=19
```

结果如图 5-46 所示。

	sno	sname	sex	age	department	bplace
1	95012	程军	男	22	计算机	山东
2	95020	张春明	男	22	计算机	河北
3	95022	丁晓春	男	20	计算机	湖南

图 5-46　例 5-48 图

例 5-49　查询选修课程 c1 的学生集合与选修课程 c2 的学生集合的交集,写出相关语句。

```
SELECT sno FROM enroll WHERE cno='c1' INTERSECT
SELECT sno FROM enroll WHERE cno='c2'
```

结果如图 5-47 所示。

INTERSECT 返回 INTERSECT 操作数左、右两边的两个查询都返回的重复值。

	sno
1	95001

图 5-47 例 5-49 图

例 5-50 查询计算机系的学生与年龄不大于 19 岁的学生的差集,写出相关语句。

```
SELECT * FROM student WHERE department='计算机' EXCEPT
SELECT * FROM student WHERE age<=19
```

结果如图 5-48 所示。

	sno	sname	sex	age	department	bplace
1	95012	程军	男	22	计算机	山东
2	95020	张春明	男	22	计算机	河北
3	95022	丁晓春	男	20	计算机	湖南

图 5-48 例 5-50 图

EXCEPT 从左查询中返回右查询中没有找到的所有非重复值。

5.4 数据更新

数据更新操作有向表中添加若干行数据、修改表中的数据和删除表中若干行数据三种。在 SQL 中有相应的三条语句,分别是 INSERT、UPDATE、DELETE。

5.4.1 插入数据

向一个表中插入记录有两种语句格式,一种是单行插入,另一种是多行插入。

1. 单行插入语句格式

INSERT INTO ＜表名＞(＜属性列 1＞[,＜属性列 2 ＞…])
　　VALUES (＜常量 1＞[,＜常量 2＞] …)

该语句的功能是将新元组插入到指定表中。其中,新元组属性列 1 的值为常量 1,属性列 2 的值为常量 2……如果某些属性列在 INTO 子句中没有出现,则新元组在这些列上将取空值。

由 INTO 子句指定要插入数据的表名及属性列,属性列的顺序可与表定义中的顺序不一致。没有指定属性列,表示要插入的是一个完整的元组,且属性列与表定义中的顺序一致,此时新插入的记录必须在每个属性列上均有值。指定部分属性列,插入的新元组在其余属性列上取空值。在这里,属性列的顺序可以与建表时的顺序不同。VALUES 子句对新元组的各属性赋值,提供的值必须与 INTO 子句提供的属性列相匹配,包括值的个数和值的类型。

注意：在 SQL Server 2016 中插入数据时，表名后若未跟随字段名，则 VALUES 子句中必须将所有列值写出，否则会出现"插入错误：列名或所提供值的数目与表定义不匹配"的错误。

例 5-51 给例 5-1 建好的 student 表插入学生王强的信息，写出相关语句。

解

```
INSERT INTO student(sno,sname,sex,age,department)
    VALUES ('95012','王强','男',18,'计算机')
```

在这个例子中，没有给出 bplace 这个字段的值，它会自动附上空值。

例 5-52 将学生马丽的信息插入 student 表中，写出相关语句。

解

```
INSERT INTO student
    VALUES ('95062','马丽','女',19,'国贸','河南')
```

注意例 5-51 与例 5-52 的区别，例 5-52 中只指出了表名，没有指出属性名，这表示新元组要在表的所有列上都指定值，列的次序同 CREATE TABLE 中的次序。VALUES 子句对各元组的每个属性赋值，一定要注意与列一一对应，否则会出错。

2. 多行插入语句格式

INSERT INTO ＜表名＞(＜属性列 1＞[,＜属性列 2＞…)]
　　＜SELECT 子句＞

对于多行插入语句，用 SELECT 子句完成。SELECT 子句是一条完整的查询语句，在此作为插入语句来使用，执行它时将从表中按条件得到一行或多行数据，插入语句就把查询子句的执行结果插入到给定表中。SELECT 子句目标列必须与 INTO 子句匹配，包括值的个数和值的类型。

例 5-53 对 enroll 表，每个学生都要选修编译原理 c5 这门课，将选课信息加入表 enroll 中，写出相关语句。

解

```
INSERT INTO enroll (sno,cno)
    SELECT sno,'c5' FROM student
```

例 5-53 操作的结果是给 enroll 表添加了多行数据，给该表中的所有同学都添加了编译原理这门课。子查询 SELECT 子句的目标列必须与 INTO 子句相匹配。DBMS 在执行插入语句时会检查所插元组是否破坏了表上已定义的完整性规则，对有 NOT NULL 约束的属性列是否提供了非空值，对有 UNIQUE 约束的属性列是否提供了非重复值，对有值域约束的属性列所提供的属性值是否在值域范围内。添加时需注意，没有列出来的选项，enroll 表中的 grade 属性列应该可以允许为空。

5.4.2 修改数据

修改数据的一般语句格式为

UPDATE ＜表名＞
　　SET ＜列名＞=＜表达式＞[,＜列名＞=＜表达式＞]…

　　［WHERE ＜条件＞］

其功能为:修改指定表中满足 WHERE 子句条件的元组。UPDATE 给出要修改的表名。SET 关键字后给出表中一些要修改的列及相应的表达式,每个表达式的值就是对应列被修改的新值。注意表达式的数据类型要与等号左边的列的数据类型相匹配。WHERE 子句中的逻辑表达式给出修改记录的条件,若省略该子句,则应修改表中所有的记录。

1. 用 WHERE 子句修改元组的值

例 5-54 给例 5-1 的 student 表中的所有学生的年龄加一岁,写出相关语句。

解

```
UPDATE student
    SET age=age+1
```

该语句省略了 WHERE 子句,就可将该表中所有学生的年龄都加一岁。

若只修改 student 表中某一学生"张春明"的年龄,则语句更改为:

```
UPDATE student
    SET age=age+1
        WHERE sname='张春明'
```

若修改 student 表中所有男生的年龄,则语句为:

```
UPDATE student
    SET age=age+1
        WHERE sex='男'
```

从以上例子可以看出,修改的范围都是由 WHERE 子句确定的。

2. 用子查询修改数据

例 5-55 将 enroll 这个表中选修了数据库这门课的学生的成绩修改为 60 分,写出相关语句。

解

```
UPDATE enroll
    SET grade=60
        WHERE cno IN
            (SELECT cno FROM course
                WHERE cname='数据库')
```

例 5-56 学生"张春明"在 c1 号课程的考试中作弊,将其成绩修改为零分,写出相关语句。

解

```
UPDATE enroll
    SET grade=0
        WHERE cno='c1' AND sno=
            (SELECT sno FROM student WHERE sname='张春明')
```

关系数据库管理系统在执行修改语句时会检查修改操作是否破坏表上已定义的完整性规则,包括实体完整性、主码不允许修改、用户定义的完整性(NOT NULL 约束、UNIQUE 约束、值域约束)。

5.4.3 删除数据

删除数据的一般语句格式为：

DELETE
   FROM ＜表名＞
      ［WHERE ＜条件＞］

其功能为删除指定表中满足 WHERE 子句条件的元组。若无 WHERE 子句,则表示删除指定表中的所有元组,但不删除表结构,表结构仍在数据字典中。

1. 用 WHERE 子句删除元组的值

 例 5-57 删除例 5-1 的 student 表中年龄在 20 岁以上的同学,写出相关语句。

解

```
DELETE
    FROM student
        WHERE age>20
```

若该语句改为

```
DELETE
    FROM student
```

此语句省略 WHERE 子句,则表明删除该表中的所有元组,使 student 表成为一个空表,但是表结构仍然在数据字典中。可以利用 WHERE 子句确定删除元组的范围。

2. 子查询删除数据

可以用子查询确定删除的范围。

 例 5-58 删除计算机系所有学生的选课记录,写出相关语句。

解

```
DELETE
    FROM enroll
        WHERE EXISTS
            (SELECT sno
                FROM student
                    WHERE sno=enroll.sno AND department='计算机');
```

一般的关系数据库系统都能实现一定的数据一致性检查,以保持数据的完整性,如在 IBM 的数据库系统 DB2 中可以通过"事务"的概念来进行处理。但并非所有的数据一致性都能得以保证,因此,对数据库中的数据进行更新操作时,从用户的角度来说也要注意保持数据的一致性。

 ## 5.5 视图

视图既是表,但又不同于表。它是关系数据库系统提供给用户以多种角度观察数据库中数据的重要机制。视图与表的最大区别:表包含实际的数据,并消耗物理存储;视图不包含真正存储的数据,除了需要存储提供视图定义的查询语句外,不需要其他存储。因此,视图也称为虚表,而真正物理存在的表称为基本表或实表。

视图是建立在基本表之上的表,它的结构(所有列的定义)和内容(所有数据行)都来自基本表,它依据基本表的存在而存在。一个视图可以对应一个基本表,也可以对应多个基本表,也就是说,每个视图的列可以来自同一个基本表,也可以来自多个不同的基本表。基本表是实际存在于数据库中的。视图由用户定义,并为用户所使用,视图一经定义,它的操作就如同基本表一样,用户可在基本表上进行操作,也可在视图上进行操作,在视图上进行的操作将由 DBMS 转化为相应基本表的操作。注意,视图的建立和删除只影响视图本身,不影响对应的基本表,而视图的更新(插入、删除和修改)直接影响基本表,即直接更新对应基本表中的数据。当视图来自多个基本表时,通常只允许对视图进行适当的修改(如对非主属性的修改),不允许进行插入和删除数据的操作。实际上,视图做得最多的是查询,它与基本表的查询操作相同。

对于用户而言,视图就像一个用于查看数据的窗口,任何对基本表中所映射的数据更新,通过该窗口在视图可见的范围内都可以实时地和自动地看见。同样,任何对视图的更新也将自动地和实时地在相应基本表中所映射的数据上进行。

1. 定义视图

定义视图的一般语句格式为

CREATE VIEW

　　＜视图名＞(＜列名＞[,＜列名＞]…)]

　　AS ＜SELECT 子句＞

　　[WITH CHECK OPTION]

其功能为在当前数据库中根据 SELECT 子句的查询结果建立一个视图,包括视图的结构和内容。

＜视图名＞是用户定义的一个标识符,用于表示一个视图。中括号内包含属于该视图的一个或多个由用户定义的列名,每个列名依次与 SELECT 子句中所投影的每个列相对应,即与对应列的定义和值相同,但列名可以相同也可以不同。

WITH CHECK OPTION 是为了防止用户通过视图对数据进行更新时,对不属于视图范围内的基本表数据进行误操作。加上该子句后,当对视图上的数据进行更新时,DBMS 会检查视图中定义的条件,若不满足,则拒绝执行。

关系数据库管理系统执行 CREATE VIEW 语句时,只是把视图定义存入数据字典,并不执行其中的 SELECT 语句。当查询视图时,按视图的定义从基本表中查出数据。

1) 基于基本表的视图

 例 5-59　建立计算机系学生信息的视图,视图包含学号、姓名、性别和系名,写出相关语句。

■ **解**

```
CREATE VIEW IS_Student
    AS
        SELECT sno,sname,sex,department
            FROM student
                WHERE department='计算机'
```

这里的视图 IS_Student 是由其后子查询建立的。如果以后修改了基本表 student 的结构,则 student 与 IS_Student 视图的映像关系被破坏,因而视图 IS_Student 就不能正常工作了。为了避免出现这类问题，最好在修改基本表之后删除由该基本表导出的视图，然后重建视图。

例 5-60 建立计算机系学生视图，并要求进行修改和插入操作时仍需保证该视图中只有计算机系的学生，写出相关的语句。

```
CREATE VIEW IS_Student1
    AS
        SELECT sno,sname,age
            FROM student
                WHERE department='计算机'
                    WITH CHECK OPTION
```

该语句末尾的 WITH CHECK OPTION 表示对 IS_Student 视图进行更新操作时，修改操作自动加上 department='计算机'的条件；删除操作自动加上 department='计算机'的条件；插入操作自动检查 department 属性值是否为"计算机"。如果不是，则拒绝该插入操作；如果没有提供 department 属性值，则自动定义 department 为"计算机"。

如果视图是从单个基本表导出的，并且只是去掉了基本表的某些行和某些列，但保留了主码，这样的视图称为行列子集视图。例 5-59 和例 5-60 产生的视图都是行列子集视图。

2）基于多个表的视图

视图不仅可以建立在一个表上，还可以建立在多个表上。

例 5-61 建立计算机系选修了 c1 号课程的学生视图，写出相关的语句。

解

```
CREATE VIEW IS_S1(sno,sname,grade)
    AS
        SELECT student.sno,sname,grade
            FROM student,enroll
                WHERE department='计算机' AND
                    student.sno=enroll.sno AND cno='c1'
```

3）基于视图的视图

视图不仅可以建立在一个或多个表上，还可以建立在一个或多个已经建立好的视图上。

例 5-62 建立计算机系选修了 c1 号课程且成绩在 90 分以上的学生视图，写出相关的语句。

解

```
CREATE VIEW IS_S2
    AS
        SELECT sno,sname,grade
            FROM IS_S1
                WHERE grade>=90
```

4）基于表达式的视图

定义基本表时，为了减少数据库中的数据冗余，表中只存放基本数据。由基本数据经过各种计算派生出的数据，一般是不存储的。由于并不实际存储视图中的数据，所以定义视图时可以根据应用的需要，设置一些派生属性列。这些派生属性列由于在基本表中并不实际存在，把它们称为虚拟列。带虚拟列的视图称为带表达式的视图。

例 5-63 定义一个反映学生出生年份的视图，写出相关语句。

解

```
CREATE VIEW BT_S(sno,sname,birth)
    AS
            SELECT sno,sname,2013-age
                FROM student
```

视图中的出生年份是通过计算得到的，其中 birth 是基本表并不存在的派生列。

5）基于分组的视图

用带有集函数和 GROUP BY 子句的查询定义的视图称为分组视图。

例 5-64 将学生的学号及其平均成绩定义为一个视图，写出相关语句。

解 假设 enroll 表中"成绩"列 Grade 为数字型，则有

```
CREAT VIEW S_G(sno,gavg)
    AS
            SELECT sno,AVG(grade)
                FROM enroll
                    GROUP BY sno
```

2. 删除视图

创建好视图后，若导出此视图的基本表被删除了，则该视图将失效，但视图定义不会被自动删除，除非指定了基本表的级联（CASCADE）删除，故要用删除语句将该视图删除。删除视图语句的一般格式为

DROP VIEW ＜视图名＞ ｛ CASCADE｜RESTRICT ｝

其功能是删除当前数据库中的一个视图。该语句从数据字典中删除指定的视图定义，如果该视图上还导出了其他视图，则使用 CASCADE 级联删除语句，把该视图和由它导出的所有视图一起删除。删除基本表时，由该基本表导出的所有视图定义都必须显式地使用 DROP VIEW 语句删除。使用 RESTRICT 应确保只有无相关对象，即无其他视图、约束等定义涉及的视图才能被撤销。

例 5-65 删除视图 IS_S1，写出相关语句。

解

```
DROP VIEW IS_S1
```

执行此语句后，IS_S1 将从数据字典中删除。由 IS_S1 视图导出的 IS_S2 视图定义虽然仍然在数据字典中，但是该视图已经无法使用了，因此该视图应该同时删除。可以用 CASCADE 短语一次删除，语句如下：

```
DROP VIEW IS_S1 CASCADE
```

3. 查询视图

在定义视图后，就可以像对基本表一样对视图进行查询了，即前面介绍的对表的各种查询操作都可以作用于视图。

数据库管理系统执行对视图的查询时，首先应进行有效性检查，检查查询所涉及的表、视图等是否在数据库中存在，如果存在，则从数据字典中取出查询涉及的视图的定义，将定义中的子查询和用户对视图的查询结合起来，转换成对基本表的查询；然后再执行这个经过修正的查询。这种将对视图的查询转换为对基本表的查询的过程称为视图消解（view resolution）。

例 5-66　查询在计算机系学生的视图中的男同学,写出相关语句。

解

```
SELECT sno,sname,sex,department
    FROM IS_Student
        WHERE sex='男'
```

例 5-66 利用视图消解转换后的查询语句为

```
SELECT sno,sname,sex,department
    FROM student
        WHERE department='计算机' AND sex='男'
```

当对一个基本表进行复杂的查询时,可以先对基本表建立一个视图,然后只需对此视图进行查询,这样就不必再写出复杂的查询语句,而将一个复杂的查询转换成一个简单的查询,从而简化了查询操作。

例 5-67　查询选修了 c1 号课程的计算机系学生,写出相关语句。

解

```
SELECT IS_Student.sno,sname
    FROM IS_Student,enroll
        WHERE IS_Student.sno=enroll.sno AND enroll.cno='c1'
```

读者可自行写出例 5-67 利用视图消解法转换后的查询语句。

视图消解法对视图的查询也是有限制的,例如,在有些情况下,视图消解法不能生成正确查询。

例 5-68　在 S_AVG 视图中查询平均成绩在 80 分以上的学生学号和平均成绩,写出相关语句。

解

```
SELECT *
    FROM S_AVG
        WHERE gavg>=80
```

S_G 视图的定义为

```
CREATE VIEW S_AVG (sno,gavg)
    AS
        SELECT sno,AVG(grade)
            FROM enroll
                GROUP BY sno
```

利用视图消解法转换后的查询语句如下:

```
SELECT sno,AVG(grade)
    FROM enroll
        WHERE AVG(grade)>=80
            GROUP BY sno
```

我们知道,WHERE 子句中是不能用集函数作为条件表达式的,因此修正后的查询语句出现了语法错误,正确的查询语句应该是:

```
SELECT sno,AVG(grade)
    FROM enroll
        GROUP BY sno
            HAVING AVG(grade)>=80
```

目前,大多数关系数据库管理系统对行列子集视图的查询均能进行正确转换。但对非行列子集视图(如例 5-61)就不能够进行正确转换了,因此应该直接对基本表进行这类查询。

4. 更新视图

目前,大部分数据库产品能够正确地对视图进行数据查询的操作,但还不能对视图进行任意的更新操作,因此视图的更新操作还不能实现逻辑上的数据独立性。

更新视图是指通过视图插入(INSERT)、删除(DELETE)和修改(UPDATE)数据。由于视图是虚表,因此对视图的更新最终是通过转换为对基本表的更新进行的。

为了防止用户通过视图对数据进行插入、删除、修改操作,无意或故意操作不属于视图范围内的表的数据,可在定义视图时加上 WITH CHECK OPTION 子句,这样在对视图进行更新操作时,数据库管理系统会进一步检查视图定义中的条件,若不满足条件,则拒绝执行该操作。注意,需要对视图进行修改时,修改由基本表中非主属性所对应的列,若要修改主属性所对应的列,最好到各自的基本表中去修改,以便更好地满足关系规范化和完整性的要求。

 例 5-69 为计算机系增加一个新生,其中学号为 95024,姓名为赵伟,性别为女,写出相关语句。

解

```
INSERT INTO IS_student
    VALUES('95024','赵伟','女','计算机')
```

系统在执行此语句时,首先从数据字典中找到 IS_student 的定义;然后把此定义和插入操作结合起来,转换成等价的对基本表 student 的插入,该语句相当于执行以下操作:

```
INSERT INTO student(sno,sname,sex,department)
    VALUES('95024','赵伟','女','计算机')
```

 例 5-70 删除赵伟的信息,她的学号是 95024,写出相关语句。

解

```
DELETE FROM IS_student
    WHERE sno='95024'
```

该语句转换为基本表的操作如下:

```
DELETE FROM student
    WHERE department='计算机' AND sno='95024'
```

例 5-71 将丁晓春的所在系改为电子系,写出相关语句。

解

```
UPDATE IS_student
    SET department='电子'
        WHERE sname='丁晓春'
```

同样,该语句转换成对基本表的操作为

```
UPDATE student
    SET department='电子'
        WHERE department='计算机' AND sname='丁晓春'
```

在关系数据库中,并不是所有的视图都是可更新的,因为有些视图的更新不能唯一地有意义地转换成对相应基本表的更新。

例如,前面定义的视图 S_AVG 是由学号和平均成绩两个属性列组成的,其中平均成绩一项是由 enroll 表中对元组分组后计算平均值得来的。若想把视图中某学生(如丁晓春)的平均成绩改为 80 分,其更新语句如下:

```
UPDATES_AVG
    SET AVG(grade)=80
        WHERE sname='丁晓春'
```

这个视图的更新是无法转换成对基本表 enroll 的更新的,因为系统无法修改各科成绩使它的平均成绩为 80 分,所以 S_AVG 视图是不可更新的。

由于对视图的更新最终将转化为对基本表的更新,因此对视图的更新通常要加以限制。对视图更新时,不同的系统其限制程度是不一样的,但一般有如下的限制:

(1) 若视图是由两个以上的表导出的,则此视图不允许更新。

(2) 若视图的列来自表达式或常数,则不允许对此视图执行 INSERT 或 UPDATE 操作,但允许执行 DELETE 操作。

(3) 若视图定义中用到 GROUP BY 子句或聚集函数的视图,则不允许更新。

(4) 若视图定义中含有 DISTINCT,则此视图不允许更新。

(5) 若视图定义中有嵌套查询,并且内层查询的 FROM 子句涉及的表也是导出该视图的基本表,则此视图不允许更新。

(6) 建立一个不允许更新的视图上的视图不允许更新。

5. 视图的作用

视图是定义在表之上的,对视图的一切操作最终也要转换为对表的操作,而且对视图进行更新时还有可能会出现问题。既然如此,为什么还要定义视图呢?这是因为一个规范化的关系数据库由许多个表组成,而每个表只适合于一类特定的人和事务,通常这些规范化的表需要重新连接起来以便为特定情形创建有意义的信息。视图通过 SQL 创建必要的连接,查询所需的表的列信息及建立行选择条件来满足特殊情形对数据库的使用要求。通过视图可以定制表的结果集来满足不同用户的特殊需求。而且视图的定义是存储在数据库中的,是标准化的,所有用户对视图的访问都是一样的,使用视图也是很简单的,所以对用户或应用程序来说,用视图比让自己来完成复杂的查询要方便得多。

使用视图的优点如下。

(1) 视图能简化用户的操作。

视图可使用户将注意力集中放在所关心的数据上。如果这些数据不是直接来自表,则可以通过定义视图,使数据库看起来结构简单、清晰,并且可以简化用户的数据查询操作。例如,视图可以将需要的若干基本表连接起来,这样用户只要对视图(虚表)进行简单查询即可,而这个虚表是怎样得来的,用户可以不必了解。

(2) 视图能使用户以多种角度看待同一数据。

视图支持多用户,同时以不同的方式对相同的数据进行查询。同一个数据库中,不同的用户所关心的数据是不同的,用户可以通过视图来查看自己所需的数据并对其进行相应的操作,大家可以同时与同一个数据库进行交互。这种灵活性对用户来讲是非常重要的。

(3) 视图对隐藏的数据自动提供安全保障。

由于视图是基本表导出的,它用于从一个表或多个表的连接结果中选择特殊用户所需的数据,而不需要考虑视图之外的数据。因此,基本表中的某些数据对视图来说可能就是不可见的。所谓"隐藏的数据"是指在某个视图中不可见的数据。显然,这些数据对特定的视图来说,在存取中是安全的,它的安全性通过对视图权限的控制来完成。

(4) 视图提供了一定程度的数据的逻辑独立性。

数据的物理独立性是指用户和用户程序不依赖于数据库的物理结构。逻辑独立性是指当数据库重构时,有些表结构的变化,如增加新的关系或对原有关系改变其结构等,用户和用户程序不会受影响。因此,视图对重构数据库提供了一定程度的逻辑独立性。

在关系数据库中,数据库的重构是不可避免的。最常见的重构数据库是将一个表"垂直"分成多个表。例如,将 student(sno,sname,ssex,sage,sdept) 分为 SX(sno,sname,sage) 和 SY(sno,ssex,sdept) 两个关系。这时原表 student 为表 SX 和表 SY 自然连接的结果,可以建立一个视图 student:

```
CREAT VIEW S(sno,sname,ssex,sage,sdept)
    AS
    SELECT SX.sno,SX.sname,SY.ssex,SX.sage,SY.sdept
    FROM SX,SY
    WHERE SX.sno=SY.sno
```

这样,虽然数据库的逻辑结构发生了变化,由 student 表变成了 SX 表和 SY 表,但由于定义了一个和原表逻辑结构一样的视图,使用户的外模式没有发生变化,因此,用户的应用程序不必修改,仍可通过视图来查询数据,但更新操作可能会受到影响。

视图只能在一定程度上提供数据的逻辑独立性。例如,对视图的更新是有条件的,因此应用程序中修改数据的语句可能仍会因表结构的变化而变化,所以数据的更新操作还不能完全实现逻辑上的数据独立性。

5.6 数据控制

数据控制也称为数据保护,包括事务管理、并发控制和恢复,以及数据的安全性和完整性控制。数据库的完整性是指数据库中数据的正确性与相容性。SQL 语言定义完整性约束条件的功能主要体现在 CREATE TABLE 语句中,可以在该语句中定义码、取值唯一的列、不允许空值的列、外码(参照完整性)及其他一些约束条件。SQL 语言也提供了并发控制和恢复的功能,支持事务、提交和回滚等概念,将在第 6 章介绍。本节主要介绍 SQL 语言的安全性控制功能。数据库的安全性机制主要用于保护数据库,防止因非法使用数据库而造成的数据泄密、非法更改或破坏。

DBMS 用于实现数据安全性保护的功能,用户或 DBA 把授权决定告知系统,SQL 语言通过 GRANT 和 REVOKE 语句实现权限控制功能,DBMS 再把授权的结果存入数据字典。

当用户提出操作请求时,DBMS 根据授权定义进行检查,以决定是否执行操作请求。

数据库中的权限包括 CREATE、SELECT、INSERT、DELETE、UPDATE、INDEX、ALTER 等。

5.6.1 授权

DBMS 通常采用自主存取控制保证数据库数据的安全性,通过授权使不同的用户对不同的数据库对象有不同的存取权限。SQL Server 中的权限分为语句权限和对象权限。

授权是指允许具有特定权限的用户有选择地、动态地把某些权限授予其他用户,必要时还可以收回这些权限。

1. 语句权限

语句权限主要是指系统特权或 DBA 权限,也称为数据库级权限。DBA 或数据库的拥有者可以把某些 SQL 语句的执行权限授予其他用户。语句权限包括 CREATE DATABASE、CREATE DEFAULT、CREATE FUNCTION、CREATE PROCEDURE、CREATE RULE、CREATE TABLE、CREATE VIEW、BACKUP DATABASE、BACKUP LOG。

授予语句权限的语句格式如下:
GRANT {ALL | 语句权限 1[,…,n]}
   TO ＜用户 1＞[,…,n]

 将在学生数据库上创建表和视图的权限授予用户"胡峰",写出相关语句。

解

```
GRANT CREATE TABLE,CREATE VIEW TO 胡峰
```

2. 对象权限

对象权限是指对表、视图、用户自定义函数和存储过程等对象的操作权限。数据库对象创建以后,通常只有创建它的拥有者才可以访问该对象。拥有者可以把对象的访问权限授予其他合法的数据库用户,相应的用户才能访问该数据库对象。

当在表或视图上授予对象权限时,对象权限列表可以包括 SELECT、INSERT、DELETE、UPDATE 等。

不同类型的操作对象有不同的操作权限,常见的操作权限如表 5-4 所示。

表 5-4　常见的操作权限

对　　象	对象类型	操 作 权 限
属性列	TABLE	SELECT、INSERT、UPDATE、DELETE、ALL PRIVILEGES
视图	TABLE	SELECT、INSERT、UPDATE、DELETE、ALL PRIVILEGES
基本表	TABLE	SELECT、INSERT、UPDATE、DELETE、ALTER、INDEX、ALL PRIVILEGES
数据库	DATABASE	建立表的权限,可由 DBA 授予普通用户

对属性列和视图的操作权限有查询(SELECT)、插入(INSERT)、修改(UPDATE)和删除(DELETE)及这 4 种权限的总和(ALL PRIVILEGES)。

对基本表的操作权限有查询(SELECT)、插入(INSERT)、修改(UPDATE)、删除(DELETE)、修改表(ALTER)和建立索引(INDEX)及这 6 种权限的总和(ALL PRIVILEGES)。

对于数据库,可以有建立表(CREATE TABLE)的权限,该权限属于 DBA,可由 DBA 授予普通用户,普通用户拥有此权限后可以建立表,表的属主拥有对该表的一切操作权限。

接受权限的用户可以是单个或多个具体的用户,若用 PUBLIC 参数,则可将权限赋给全体用户。

如果指定了 WITH GRANT OPTION 子句,则获得了权限的用户还可以将权限赋给其他用户。如果没有指定 WITH GRANT OPTION 子句,则获得某种权限的用户只能使用该权限,但不能传播该权限。

授予对象权限的语句格式如下:

GRANT ⟨ALL | 对象权限 1[,⋯,n]⟩

        [ON ＜对象类型＞ ＜对象名＞]

        TO ＜用户 1＞[,⋯,n]

        [WITH GRANT OPTION];

其功能为将对指定操作对象的指定操作权限授予指定的用户。在 SQL Server 中书写语句时,对象类型可以省略不写。对象类型是指表、视图及存储过程等。

例 5-73 查询表 student 用户 R1,写出相关语句。

解

```
GRANT SELECT ON student TO R1
```

例 5-74 把对表 student 和 course 全部操作权限授予用户 R2 和 R3,写出相关语句。

解

```
GRANT ALL PRIVILEGES ON student TO R2,R3
GRANT ALL PRIVILEGES ON course TO R2,R3
```

例 5-75 把对表 enroll 的查询权限授予所有用户,写出相关语句。

解

```
GRANT SELECT ON enroll TO PUBLIC
```

例 5-76 把查询表 student 和修改学生学号的权限授予用户 R4,写出相关语句。

解

```
GRANT UPDATE(sno),SELECT ON student TO R4
```

例 5-77 把对表 course 的 INSERT 权限授予用户 R5,并允许将此权限再授予其他用户,写出相关语句。

解

```
GRANT INSERT ON course TO R5 WITH GRANT OPTION
```

执行完该语句后,R5 不仅拥有了对表 course 的 INSERT 权限,还可以传播此权限,也就是用户 R5 可以将上述 INSERT 权限授予其他用户。语句如下:

```
GRANT INSERT ON course TO R6 WITH GRANT OPTION
```

同理,R6 可以将此权限授予 R7。语句如下:

```
GRANT INSERT ON course TO R7
```

因为 R6 未将传播权限授予 R7,故 R7 不能再传播此权限。

5.6.2 收回权限

可以由 DBA 或权限授予者使用 REVOKE 把授予用户的权限收回。

1. 收回语句权限的语句格式

REVOKE ⟨ALL | 语句权限 1[,⋯,n]⟩

        FROM ＜用户 1＞[,⋯,n]

其功能为从指定用户那里收回指定语句的操作权限。

例 5-78 将在学生数据库上创建表和视图的权限从用户"胡峰"手中收回,写出相关语句。

REVOKE CREATE TABLE,CREATE VIEW FROM 胡峰

2. 收回对象权限的语句格式

REVOKE [GRANT OPTION FOR]

{ALL | 对象权限 1[,…,n]}

  [ON <对象类型> <对象名>]

  FROM <用户 1>[,…,n]

  CASCADE

其功能为从指定用户那里收回对指定对象的操作权限。其中,GRANT OPTION FOR 表明撤销用户授予其他用户权限的特权,仍保留用户自己的访问权限。CASCADE 表明撤销用户的访问权限及 GRANT OPTION 特权。

例 5-79 把用户 R4 修改学生学号的权限收回,写出相关语句。

REVOKE UPDATE(sno) ON student FROM R4

例 5-80 收回所有用户对 enroll 的查询权限,写出相关语句。

REVOKE SELECT ON enroll FROM PUBLIC

例 5-81 把对表 course 的 INSERT 权限从用户 R5 手中收回,并同时撤销他的 GRANT OPTION 特权,写出相关语句。

REVOKE INSERT ON course FROM R5 CASCADE

系统撤销了 R5 对表 course 的 INSERT 权限,同时也要撤销 R6 和 R7 对表 course 的 INSERT 权限,撤销会级联发生。

例 5-82 只撤销 R5 的 GRANT OPTION 特权,但保留 R5 对表 course 的 INSERT 权限,写出相关语句。

解

REVOKE GRANT OPTION FOR INSERT ON course FROM R5

用户对自己创建的表和视图拥有全部的操作权限,并且可以用 GRANT 语句把其中某些权限授予其他用户。被授权的用户如果有继续授权的许可,还可以把获得的权限再授予其他用户。所有用 GRANT 语句授予出去的权限在必要时又都可以用 REVOKE 语句收回。

本 章 小 结

本章介绍了关系数据库系统通用的数据查询语言 SQL,它提供了进行一切数据库操作的基础。SQL 语言被广泛应用在商用系统中,是关系数据库语言的国际标准。

SQL 语言可以分为数据定义、数据查询、数据更新和数据控制 4 大部分,共用了 9 个动

词 CREATE、DROP、ALTER、SELECT、INSERT、UPDATE、DELETE、GRANT 和 REVOKE。我们应熟练掌握其语句格式与用法。

视图是关系数据库中的重要概念。数据库由基本表和视图等组成,每个基本表和内容是分别建立的,每个视图是根据相应的基本表(也可以是视图)而建立的。

SQL 语言的数据查询功能是整个数据库的核心操作,也是其他数据库操作的基础。该功能是最丰富也是最复杂的,读者需要重点掌握。

思 考 题

1. 简述关系数据库语言的特点。

2. 什么是基本表? 什么是视图? 两者的区别是什么?

3. 所有的视图都可以更新吗? 为什么?

4. 在 SELECT 语句中,何时使用分组子句? 何时不必使用分组子句?

5. SQL 语句对"查询结果是否允许存在重复元组"是如何实现的?

6. 练习各种 SQL 语句,包括创建和修改数据库,对数据进行插入、删除、修改操作,以及各种查询操作等。

第6章 数据库保护

【学习目的与要求】

本章介绍数据库保护的相关知识,通过学习,要求达到下列目的:

(1) 掌握安全性控制、完整性控制、并发控制和数据库的恢复四个方面的概念。

(2) 全面了解数据库的安全保护功能,熟悉基本概念,掌握基本方法,为今后更好地使用数据库奠定基础。

计算机的使用已经非常普及,随之而来的是数据库的广泛使用,小到家庭,大到国家机构的各种信息,均可集中存放在数据库中。在数据库运行过程中,软硬件的原因容易导致数据损坏或丢失。DBMS要保证数据库中的数据在共享和并发执行情况下的安全性、完整性,同时,如果数据库遭到破坏,也能使其恢复正常,这就是数据库保护。数据库保护主要包括四个方面的内容:数据库的恢复、数据库的并发控制、数据库的完整性和数据库的安全性。

6.1 数据库的恢复

事务概念是随着数据库应用的不断深化而提出和发展的。最初的数据库是单机、单进程的,各种操作只能串行执行。后来数据库发展到支持多进程或多线程及网络应用,同时可能有多个用户或多个进程对同样的数据进行操作,这时就迫切需要一种机制来保证数据库应用的正确性,于是就提出了"事务"并得到了广泛应用。

6.1.1 事务的概念

事务(transaction)是一个有限的数据库操作序列,由用户定义。事务是数据库系统中执行的一个不可分割的工作单位,如DBMS的并发操作就以事务为基本单位进行。一个事务可以是一条SQL语句、一组SQL语句或整个程序,一个应用程序中可含有多个事务,它的执行可通过若干事务的执行序列来完成。数据库应用系统通过事务集来完成对数据库的存取。

在SQL中,定义事务以BEGING TRANSACTION开始,以COMMIT/ROLLBACK结束。COMMIT表示事务成功结束,正常执行完毕,提交事务的所有操作,也就是说,将事务中所有对数据库的更新重新写回到磁盘上的物理数据库中去。ROLLBACK表示回滚,即事务不成功结束,原因是在事务的执行过程中发生了某种故障,系统将事务中对数据库的所有已完成的更新操作全部撤销,使数据库恢复到事务的初始状态,即事务开始前的状态。

6.1.2 事务的性质

有限的数据库操作序列构成事务,但并非任何数据库操作序列都能构成事务。事务必须能够保证数据的完整性,这就要求事务具备以下四种特性。

1. 原子性

事务是数据库的逻辑工作单位,它是一个操作序列。这些操作要么都做,要么都不做

（nothing or all 原则），是一个不可分割的逻辑工作单位。事务执行的结果必须是使数据库从一种一致性状态转变到另一种一致性状态。因此，当数据库只包含成功事务提交的结果时，数据库一定处于一致性状态。如果因为数据库系统运行中发生故障使事物未能完成，则只能将已执行的部分结果撤销，回滚到事务开始时的一致性状态。如果事务没有原子性的保证，那么在发生系统故障的情况下，数据库就有可能处于不一致性状态。

值得注意的是，即使没有故障发生，系统在某一时刻也会处于不一致性状态。原子性（atomicity）的要求就是让这种不一致性状态除了在事务执行当中不出现外，在其他任何时刻都是不可见的。保证原子性是 DBMS 的责任，即事务管理器和恢复管理器的责任。

可见，事务的一致性与原子性是密切相关的。

2. 一致性

所谓一致性（consistency），简单来说，就是数据库中的数据满足完整性约束，包括它们的正确性。

这里举一个典型的例子——银行中两个账户之间的转账。

例如，某人有两个账户，即 A 账户和 B 账户，若他从 A 账户转移 5000 元人民币到 B 账户，则用户在定义事务时应包含两个操作：先从 A 账户中减去 5000 元，再往 B 账户中增加 5000 元。这两个事务具有要访问相同数据项的联系。这两个操作要么全做，要么全不做，如果只执行其中的一个操作，就会使账务出现问题，让此人的利益受到损失。

单个事务的一致性是对该事务进行编码的应用程序员的责任，但是在某些情况下，利用 DBMS 中完整性约束（如触发器）的自动检查功能有助于一致性的维护。

3. 隔离性

隔离性（isolation）是指一个事务内部的操作及使用的数据对其他事务是隔离的。

通常情况下，即使每个事务都能保持一致性和原子性，但如果几个事务并发执行，且访问相同的数据项，则其操作会以人们所不希望的某种方式交叉执行，结果导致不一致的状态。数据库系统中的并发控制机制可以保证一个事务的执行不被其他事务干扰，确保事务并发执行后的系统状态与这些事务按某种次序串行执行后的系统状态是等价的，使并发执行的各个事务与事务先后单独执行的结果一致。保证隔离性也是 DBMS 的责任，即并发控制管理器的责任。

4. 持久性

持久性（durability）也称为持续性（permanence），即一旦事务成功执行，在提交之后，数据库的更新永久反映在数据库中，接下来的其他操作或故障不应该对其执行结果有任何影响。保证持久性是 DBMS 的责任，即恢复管理器的责任。如果数据库中的数据因故遭到破坏，DBMS 也应该能够正常恢复。可以用以下两种方式之一来达到持久性的目的。

（1）以牺牲应用系统的性能为代价：要求事务对数据库系统所做更新在事务结束前已经写入磁盘。

（2）以多占用磁盘空间为代价：要求事务已经执行的和已写回磁盘的、对数据库进行更新的信息是充分的（例如，数据库日志的信息足够多），使 DBMS 在系统出现故障后重新启动系统时，能够（根据日志）重新构造更新。

取每个特性英文名称的第一个字母，即事务的四个特性简称为 ACID 特性。事务是恢复和并发控制的基本单位，保证事务的 ACID 特性是 DBMS 的一项重要任务。

6.1.3 故障类型和恢复方法

在数据库的运行过程中,故障是不可避免的。造成数据库故障的原因很多,例如,应用程序、系统软件的错误,设备、通道或 CPU 等硬件错误,操作人员错误,电源不稳定,计算机病毒,等等。因此,除了尽量避免故障的发生,更应该做好数据库的恢复工作,即 DBMS 检测出故障,并把数据从错误状态恢复到某一正确状态,从而使被破坏的、不正确的数据库恢复到最近的正确状态。DBMS 的恢复子系统可执行恢复工作。

数据库中可能发生的故障各种各样,主要有以下几种。

1. 事务故障

事务故障(transaction failure)包括非预期的事务故障和可预期的事务故障。

可预期的事务故障由应用程序发现,并让事务回退及撤销错误事务故障,恢复数据库到正确状态。

但事务内部更多的故障是非预期的,非预期的事务故障不能由事务程序处理,如输入数据错误、运算溢出、违反存储保护或某些完整性限制、并发事务发生死锁等。

事务故障一般仅指非预期的事务故障。出现事务故障,意味着事务没有达到预期的终点(COMMIT 或显式的 ROLLBACK),因此,数据库可能处于不正确状态。恢复程序要在不影响其他事务运行的情况下,强行回滚(ROLLBACK)该事务,即撤销该事务已经做出的任何对数据库的修改,使得该事务好像根本没有启动一样。这类恢复操作称为事务撤销(UNDO)。

2. 系统故障

系统在运行过程中,由于特定类型的硬件错误(如 CPU 故障)、操作系统或 DBMS 代码错误、突然停电等,造成系统停止运转,致使所有正在运行的事务都以非正常的方式结束,这类故障称为系统故障(system failure),此时必须重新启动系统。在这种情况下,由于软件、硬件错误,一些尚未完成的事务的结果可能已送入物理数据库,有些已完成的事务可能有一部分甚至全部留在缓冲区,尚未写回到磁盘上的物理数据库中,从而造成数据库可能处于不正确的状态。为保证数据的一致性,恢复子系统必须在系统重新启动时让所有非正常终止的事务回滚,强行撤销(UNDO)所有未完成事务。重做(REDO)所有已提交的事务,以将数据库真正恢复到一致性状态。这类故障影响正在运行的所有事务,引起内存信息丢失但未破坏外存的数据,不破坏数据库,称为故障终止假设(fail-stop assumption),又称为软故障(soft crash)。

3. 介质故障

介质故障(medium failure)又称为硬故障(hard crash)或磁盘故障。在系统运行过程中,外存发生故障,如磁盘损坏、磁头碰撞、瞬时强磁场干扰等,使辅助存储器中的数据部分或全部受到破坏,并影响到正在存储这部分数据的事务。这类故障发生的可能性最小,但破坏力最大。

6.1.4 恢复的基本原则和实现方法

各类故障对数据库的影响有两种可能性:一是数据库本身未被破坏;二是数据库遭到破坏。不管怎样,数据库中的数据已处于不正确的状态,必须有相应的策略来解决,实施数据库恢复。数据库具有可恢复性的原则很简单,就是冗余,即数据的重复存储。利用存储在系统中的冗余数据,重新建立数据库中被破坏的不正确的数据。

实现方法有以下几种。

1. 周期性对数据库进行复制或转储

数据库恢复采用的一种基本手段就是数据转储。数据转储是指数据库管理员定期将整个数据库复制到至少一种存储设备(磁带或磁盘)上保存起来的过程。数据转储比较重要的一种途径就是将数据通过网络转储到远地的"数据银行"。这些存储在其他存储介质中用于备用的数据文本称为后援副本或后备副本,如果重新装入后备副本,可有效恢复遭到破坏的数据库。将数据库恢复到转储时的状态,然后重新运行自转储以后的所有更新事务,就可以恢复到故障发生时的状态。显然,转储是十分耗费时间和资源的,不能频繁进行,数据库管理员应当根据数据库的使用情况确定一个适当的转储周期。

2. 建立日志文件

日志文件是用于记录事务对数据库的更新操作(插入、删除、修改)的文件。每次对数据库进行修改时,这个修改的运行记录都要写入运行日志中,以备查阅,这个过程由 DBMS 的一个日志处理程序负责。

1)日志的主要内容

(1)更新数据库的事务标志,即标明是哪个事务。

(2)操作类型,即插入、删除、修改。

(3)更新前数据的旧值,即插入操作,无旧值。

(4)更新前数据的新值,即删除操作,无新值。

(5)记录事务处理中的各个关键时刻。

日志文件的信息量很大,必须具有极高的可靠性,所以是双副本的,并独立保存在两个不同的海量存储设备上。

每进行一次对数据库的修改,就在运行日志中写入表示这个修改的运行记录,否则当两个操作之间发生故障时,在运行日志中找不到这个修改记录,就无法撤销这个修改。

2)登记日志文件遵循的原则

为保证数据库是可恢复的,登记日志文件必须遵循以下两条原则。

(1)登记的次序严格按并发事务执行的时间顺序进行。

(2)必须先写日志文件,后写数据库修改。

这两条原则表明:如果发生了系统故障,在日志文件中登记了所做的修改,但数据库还没有被修改,那么在重新启动系统进行恢复时,只撤销或重做因发生故障而没有做完的修改,并不影响数据库的正确性。否则,若先写数据库修改,而又没有在运行记录中登记这个修改,则以后就无法恢复这个修改了。所以,一定要先写日志文件,后写数据库修改。

3. 恢复

针对不同的故障,其恢复的策略和方法也是不相同的。

1)事务故障的恢复

事务故障的恢复是由数据库系统自动完成的,恢复步骤如下。

(1)从最后向前反向扫描日志文件,查找该事务的更新操作。

(2)对该事务的更新操作执行反操作,即将插入的新记录进行删除操作,将已删除的记录进行插入操作,将修改的记录值恢复为原来的值,以上操作也就是撤销操作。这样,就可将日志记录中"更新前的值"写入数据库。继续从后向前逐个扫描该事务所做的所有更新操作(插入、删除、修改),并做同样的处理。一直扫描到事务的开始标志,事务故障恢复工作才算完成。

2）系统故障的恢复

系统故障的恢复也是由数据库系统自动完成的,系统在重新启动时即可自动完成,用户完全不用干预。

一旦发生系统故障,就有可能使事务处于以下两种不一致状态:一种是未完成的事务对数据库的更新极有可能已写入数据库;另一种是部分已提交的事务对数据库的更新结果还保留在缓冲区里,尚未写到磁盘上的物理数据库中。

为此,系统故障的恢复必须完成两方面的工作,不仅要撤销所有未完成的事务,而且要重做所有已提交的事务,这样才能保证数据库恢复到一致状态。恢复步骤如下。

（1）从前向后正向扫描日志文件,查找出所有已经提交的事务和尚未完成的事务,并将前者的事务标志列入重做（REDO）队列,将后者的事务标志列入撤销（UNDO）队列。

（2）对重做队列中的事务进行重做操作。方法是:正向扫描日志文件,对每个重做事务顺序执行日志文件中登记的操作,即将日志记录中更新后的值写入数据库。

（3）对撤销队列中的事务进行撤销操作,撤销的方法与事务故障重做中所介绍的撤销方法相同。

3）介质故障的恢复

对于较严重的介质故障,如数据库已被破坏,此时必须重装数据库。具体步骤如下。

（1）装入最新的数据库副本,使数据库恢复到最近一次转储的正确状态。

（2）装入最新的日志文件副本,根据日志文件的记录重做已经完成的事务。方法是:首先正向扫描日志文件,找出发生故障时已经提交的事务,将其插入重做队列;然后对重做队列中的各个事务进行重做处理。重做的方法与系统故障中所介绍的重做方法相同。

6.1.5 运行记录优先原则

系统记录日志文件也是向磁盘执行写入操作,这是一个比较重要的操作,这个写入操作与将事务执行时的用户数据写入磁盘操作相同。系统在执行这两种写入操作时,也会出现异常情况。具体来讲,会有以下情况发生:事务更新数据已经写入磁盘,但在写入日志时系统出现故障,写入操作失败;由于日志中未记录此次更新,所以日后再次发生故障时就无法恢复这次的更新操作。因此,为保证数据库系统具有可恢复性,运行记录应当先于事务数据写入磁盘。这就是运行记录优先原则。

具体来说,运行记录优先原则包括以下两点。

第一,至少要等相应运行记录已经写入日志文件后,才能允许事务向数据库中写入记录。

第二,直至事务的所有运行记录写入运行日志文件后,才能允许事务完成"END TRANSACTION"处理。

6.1.6 SQL 中的恢复操作

在 SQL 标准中,有体现事务结束的 COMMIT 语句和 ROLLBACK 语句。

1. COMMIT 语句

此语句为提交命令,表示事务结束,保证将数据库的修改写到实际数据库中。

2. ROLLBACK 语句

此语句为恢复命令，把前面未做过 COMMIT 语句的修改全部撤销。

恢复操作在不同 DBMS 中的实现存在一定的差异。需要注意以下两点。

（1）执行了 COMMIT 语句后就不能用 ROLLBACK 语句撤销。EXIT、CREATE、GRANT、DROP 语句会自动执行 COMMIT 语句。

（2）在 SQL＊PLUS 中，有自动提交功能，以削弱 COMMIT 功能，自动提交的内容不能用 ROLLBACK 语句恢复。执行 SET AUTOCOMMIT IMMEDIATE|ON 后，系统会自动执行提交功能；执行 INSERT、UPDATA、DELETE 后，会自动执行 COMMIT 语句。

在 Oracle 中没有事务开始语句，程序的开始就作为事务的开始，每条 COMMIT/ROLLBACK 语句可看成是事务的结束，同时可看成是另一事务的开始。

COMMIT/ROLLBACK RELEASE 的作用是释放所有的数据资源，退出数据库。使用数据库时要用 CONNECT 与数据库相连。若在应用程序中不使用 COMMIT 语句，则即使不出现故障也不能保证将数据库的修改都写入实际数据库中。若出现故障，则程序对数据库的修改全被撤销，因此必须使用恢复操作语句。

SQL 中的恢复操作，读者可上机观察。

 ## 6.2　数据库的并发控制

数据库作为共享资源，允许多个用户程序并行地存取数据。如果是串行执行，则意味着某一个用户在运行程序时，其他用户若想对数据库进行存取，就必须等待，直到这个用户的程序结束。可想而知，在这个用户进行大量数据输入/输出交换的长时间内，数据库系统一直处于闲置状态，这样就限制了系统资源的有效利用。为了充分利用系统资源，应允许多个用户并行地操作数据库、共享数据库资源。在多用户系统中，多个事务可能同时对同一数据进行操作，这种操作称为并发操作。并发操作若不加控制，就可能会存取不正确的数据，破坏数据库的一致性。

6.2.1　数据库并发操作带来的问题

事务是并发控制的基本单位，保证事务的 ACID 特性是事物处理的重要任务。并发操作有可能会破坏其 ACID 特性。

数据库的并发操作会带来以下三个问题。

1. 丢失更新的问题

如表 6-1 所示，事务 T1 在 t1 时刻读取 A 值为 10，在 t4 时刻写回值为 A＝A−1＝9；在 t2 时刻，事务 T2 与 T1 并发执行，此时 A 值为 10，所以 T2 在 t6 时刻写回值为 A＝A＊2＝20，而这是不正确的，A 值应为 18，原因就是在 t5 时刻丢失了事务 T1 对数据库的控制。

表 6-1　丢失更新示例

事　　务	t1 时刻	t2 时刻	t3 时刻	t4 时刻	t5 时刻	t6 时刻
事务 T1	Read A＝10		A＝A−1	Write A＝9		
事务 T2		Read A＝10			A＝A＊2	Write A＝20

2. 不一致问题,即读了过时的数据

如表 6-2 所示,事务 T1 在 t1 时刻读取 A 值为 10,在 t4 时刻写回值为 A＝A－1＝9,A 值已更新;而事务 T2 在 t2 时刻读的是过时的数据,造成数据不一致。

表 6-2　读了过时的数据示例

事　　务	t1 时刻	t2 时刻	t3 时刻	t4 时刻
事务 T1	Read A＝10		A＝A－1	Write A＝9
事务 T2		Read A＝10		

3. "脏数据"的读出

未提交的随后被撤销的数据称为"脏数据"。

如表 6-3 所示,事务 T1 在 t2 时刻将 A 值修改为 9,并在 t5 时刻写回磁盘,即做了 ROLLBACK 操作,但在事务 T2 读取值 A＝9 后,事务 T1 被撤销,被 T1 修改为 9 的 A 值恢复为 10,所以 T2 读取的 A 值与数据库中的数据不一致,即事务 T2 读到的数据为"脏数据"。

表 6-3　"脏数据"的读出示例

事　　务	t1 时刻	t2 时刻	t3 时刻	t4 时刻	t5 时刻
事务 T1	Read A＝10	A＝A－1	Read A＝9		ROLLBACK
事务 T2				Read A＝9	

所以,DBMS 必须提供并发控制机制。并发控制机制是衡量一个 DBMS 性能的重要标志之一。DBMS 并发控制用正确的方法调度并发操作,以避免数据的不一致性,由 DBMS 的并发控制子系统来解决这些问题。实现"避免"的方法可用封锁技术和时间戳(time stamping)技术。后面将重点介绍封锁(locking)技术。

6.2.2　排他型封锁

为解决并发控制带来的问题,通常要采用封锁技术。所谓封锁是指事务 T 向系统发出请求,对 T 将要处理的数据对象加锁,这样事务 T 便可在释放锁之前控制该数据对象,避免其他事务更新该数据对象。

封锁是防止其他事务访问指定资源的手段,是实现并发控制的主要方法,是多个用户同时操纵同一数据库中的数据而不发生数据不一致现象的重要保障。

常用的封锁有排他型封锁(exclusive locks,X 封锁)和共享型封锁(share locks,S 封锁)两种。下面首先介绍 X 封锁。

X 封锁是指一旦事务得到了对某一数据的 X 封锁,就只允许该事务读取和修改这一数据对象,其他任何事务再不能对事务进行任何类型封锁。其他事务只能进入等待状态,直到第一个事务撤销对该数据的封锁。

X 封锁的规则称为 PX 协议,其内容为:任何企图更新数据 R(R 可以是数据项、记录数据集甚至是整个数据库)的事务必须先执行 LOCK X(R)操作,以获得对该记录进行寻址的能力,并对它取得 X 封锁。如果未获得 X 封锁,那么这个事务进入等待状态,直到获得 X 封锁,事务继续进行。只有成功进行 X 封锁的事务,才能对数据进行修改。

以上操作记为:先 X 封锁,再执行,取不到,就等待。

对于更新操作,为防止出现前述问题,必须使用 X 封锁。但对于插入操作,因不需要读记录,因此就没必要使用 X 封锁。

6.2.3 活锁与死锁

封锁技术虽然较好地解决了并行操作的一致性问题,但同时,由于锁定了数据库对象,就有可能产生等待,等待的极端情况就是引起活锁和死锁。

1. 活锁

活锁(live lock)产生于循环依赖,是指某个事务永远处于等待状态而得不到执行的现象。此时,这个事务正在请求进行排他型封锁,而其他事务正在操作该数据。这种现象与死锁都是因为封锁方法不当造成的。

例如,事务 T1 封锁了数据对象 R 后,事务 T2 也请求封锁 R 失败而需要等待,于是 T2 等待。接着事务 T3 也请求封锁 R 失败而需要等待。事务 T1 释放 R 上的锁后,系统首先批准了 T3 的请求,T2 仍然只能继续等待。接着事务 T4 也请求封锁 R,T3 释放 R 上的锁后,系统又批准了 T4 的请求,T2 依然得继续等待……事务 T2 有可能就这样永远等待下去。这就是活锁的情形,如表 6-4 所示。

表 6-4 活锁示例

事务 T1	事务 T2	事务 T3	事务 T4
X 封锁 R 成功			
	X 封锁 R 失败 等待		
	等待	X 封锁 R 失败 等待	
释放 R	等待	等待	
	等待		
	等待	X 封锁 R 成功	X 封锁 R 失败 等待
	等待	释放 R	等待
	等待		X 封锁 R 成功

2. 死锁

在事务和锁的使用过程中,死锁(dead lock)是一个不可避免的现象。

如果有两个事务分别锁定了两个单独的对象,而每个事务都在等待另外一个事务解除封锁,这样它才能执行下去,那么两个事务都处于等待状态,任何一个事务都无法执行,这种现象称为死锁。

如果事务 T1 锁定了数据对象 R1,事务 T2 锁定了数据对象 R2,然后事务 T1 又请求已被 T2 锁定的 R2 失败而需要等待,此时事务 T2 又请求已被 T1 锁定 R1 失败而需要等待。这就出现了 T1 在等待 T2,而 T2 又在等待 T1 的局面,使 T1 和 T2 这两个事务永远没有结束的希望。这就是死锁的情况,如表 6-5 所示。

表 6-5　死锁示例

事务 T1	事务 T2
X 封锁 R1 成功	
	X 封锁 R2 成功
X 封锁 R2 失败而等待	
	X 封锁 R1 失败而等待

解决死锁问题是由 DBMS 的一个死锁测试程序完成的。当发生死锁现象时,系统可以自动检测到。DBMS 中的死锁测试程序定时检查是否发生死锁,若发现,则抽出某个事务作为牺牲品,把它撤销做回退操作,解除所有封锁,恢复事务到初始状态,释放的数据分配给其他事务,从而消除死锁现象。在发生死锁的两个事务中,根据事务处理时间的长短来确定它们的优先级。处理时间长的事务具有较高的优先级,处理时间较短的事务具有较低的优先级。当发生冲突时,保留优先级高的事务,取消优先级低的事务。

6.2.4　共享型封锁

共享型封锁(S 封锁)允许并行事务读取同一种资源。使用 S 封锁锁定资源时,不允许修改数据的事务访问数据。在读取数据的事务读完数据之后,立即释放所占用的资源,即释放 S 封锁后,其他事务才可以修改 R。一般地,当使用 SELECT 语句访问数据时,系统会自动对所访问的数据使用共享锁锁定。

S 封锁的规则称为 PS 协议,其内容为:任何要更新记录 R 的事务必须先执行 LOCK S(R)操作,以获得对该记录寻址的能力并对它取得 S 封锁。如果未获准 S 封锁,那么这个事务进入等待状态,直到获准 S 封锁,事务才继续进行下去。在事务获准对记录 R 的封锁后,在记录 R 修改前必须把 S 封锁升级为 X 封锁。

上述操作可记为:先 S 封锁,再执行,锁不到,就等待。若要修改,则升级为 X 封锁。

如果事务 T 对数据 R 加上 S 封锁,则其他事务对 R 的 X 封锁不能成功,而对 R 的 S 封锁可以成功,从而保证了其他事务可以读 R 但不能修改 R。将 S 封锁升级为 X 封锁,虽减少 X 封锁增加了并发可能性,但增加了死锁的可能性。

6.2.5　两段封锁法

两段的含义是指每个事务可分为增生阶段和收缩阶段。增生阶段也称为扩张阶段或申请封锁阶段,在此阶段,事务可以申请封锁并获得封锁,但不能释放任何封锁。收缩阶段也称为释放封锁阶段,在此阶段,事务可以释放任何类型的锁,但决不能再申请任何锁。遵守两段封锁协议的事务称为两段式事务。

两段封锁协议规定所有事务都要遵守下列规则。

(1) 在对任何数据进行读/写操作之前,事务首先要申请获得对该数据的封锁。

(2) 在释放一个封锁之后,事务不再申请和获得任何其他封锁。

两段封锁法与可串行化调度的关系:如果所有事务都是两段式的,则其并发调度是可串行化的。两段封锁是可串行化的充分条件而非必要条件,即存在不遵守两段封锁协议,但却可以串行化的事务。

协议是所有事务都必须遵守的章程。这些章程是对事务可能执行的基本操作次序的一种限制或约束。

事务开始时进入增生阶段，可根据需要申请封锁。一旦释放封锁，即进入收缩阶段，不能再申请新的封锁。

 ## 6.3　数据库的完整性

数据库的完整性是指数据库中数据的正确性、有效性和相容性，防止非法的、不符合语义的错误数据进入数据库，造成无效操作和错误结果。例如，性别只能是男和女，表示同一事实的两个数据必须相同，如某个人的身份证号只能是唯一的，年龄只能是正整数，不能含有其他符号。显然，要真实地反映现实世界，数据库必须具备完整性，因此维护数据库的完整性十分重要。

下面将要介绍到的数据库的安全性和数据库的完整性是两个不同的概念。

数据库的完整性是为了防止用户在使用数据库时向数据库中添加不符合语义的数据，完整性措施的防范对象是不符合语义的数据。而数据库的安全性是指保护数据库以防止非法使用所造成的数据泄露、更改或破坏，安全性措施的防范对象是非法用户和非法操作。

当然，从数据库的安全保护角度来讲，这两个方面又是密切相关的。

6.3.1　完整性子系统

数据库的完整性是通过 DBMS 的完整性子系统实现的，完整性子系统有以下两项功能。

（1）监督事务的执行，并测试是否违反完整性规则。

（2）若有违反现象，则采取恰当的操作（如拒绝、报告违反情况、改正错误等方法）进行处理。

数据库完整性子系统是根据"完整性规则集"工作的，这些完整性规则包括域完整性规则、域联系规则、关系完整性规则，它们的作用范围依次逐渐增大。

6.3.2　完整性规则

完整性子系统控制数据完整性的依据就是完整性规则。完整性规则集是数据库管理员和应用程序员事先向完整性子系统提供的相关数据语义约束的一组规则。它主要用于检查数据库中的数据是否满足语义约束。完整性规则主要由以下三部分组成。

1. 规则的触发条件

规定系统使用规则来检查数据的时间。

2. 约束条件或谓词

规定系统检查用户发出的操作请求违背了什么样的完整性约束条件。

3. ELSE 子句（违约响应）

规定系统如果发现用户的操作请求违背了完整性约束条件，则应该采取措施来保证数据的完整性。

这些规则用 DBMS 提供的 DDL 进行描述，经过编译后存放在数据字典中，从进入系统的那一刻开始执行这些规则，输入系统后由系统执行。其主要优点如下。

（1）由系统处理违反规则的情况，用户可以不必理会。

（2）将规则集中存放在数据字典中，比将规则散放在应用程序中要便于修改，用户也便于从整体上来理解这些规则，提高了效率。

在关系模型中，数据完整性分为四类：实体完整性（entity integrity）、域完整性（domain integrity）、参照完整性（referential integrity）和用户定义的完整性（user-defined integrity）。

6.3.3　SQL 中的完整性约束

在 SQL 中，各种完整性约束都是数据库模式定义的一部分。这些完整性约束可以大大提高完整性检测的效率，有效防止对数据库的意外破坏，同时，也大大减少了编程人员的任务。

约束是 SQL Server 数据库引擎为用户强制执行的规则。对完整性约束的设置及检测，可以采取不同的方式加以实现。

1. 主键约束

表通常具有包含唯一标识表中每一行的值的一列或一组列。这样的一列或多列称为表的主键（PK），用于强制表的实体完整性。主键约束是数据库中最重要的一种约束。在基本表中，主键不允许空，也不允许重复出现。由于主键约束可保证数据的唯一性，因此经常对标识列定义这种约束。

如果为表指定了主键约束，数据库引擎将通过为主键列自动创建唯一索引来强制数据的唯一性。当在查询中使用主键时，此索引还允许对数据进行快速访问。如果对多列定义了主键约束，则一列中的值可能会重复，但来自主键约束定义中所有列的值的任何组合必须唯一。

在 SQL Server 中，主键有以下要求：

（1）一个表只能包含一个主键约束。

（2）主键不能超过 16 列且总密钥长度不能超过 900 个字节。

（3）由主键约束生成的索引不会使表中的索引数超过 999 个非聚集索引和 1 个聚集索引。

（4）如果没有为主键约束指定聚集或非聚集索引，并且表中没有聚集索引，则使用聚集索引。

（5）在主键约束中定义的所有列都必须定义为非空。

（6）如果在 CLR 用户定义类型的列中定义主键，则该类型的实现必须支持二进制排序。

1）使用 SQL Server Management Studio 创建主键约束

（1）在对象资源管理器中，右键单击要为其添加唯一约束的表，然后单击"设计"。

（2）在"表设计器"中，单击要定义为主键的数据库列的行选择器。若要选择多个列，请在单击其他列的行选择器时按住 Ctrl 键。

（3）右键单击该列的行选择器，然后选择"设置主键"。

2）使用 Transact-SQL 创建主键约束

（1）在新表中创建或管理主键，语法格式为：

CREATE TABLE 表名

　　（字段名 1,…,

　　［CONSTRAINT 约束名］PRIMARY KEY（字段名 1,字段名 2,…）

　　）

例如,建表时定义 student 表的主键为 sno:

```
CREATE TABLE student
  (sno char(9),
    PRIMARY KEY (sno)
  )
```

(2) 在现有表中创建主键,语法格式为:

ALTER TABLE 表名

    ADD CONSTRAINT 主键名 PRIMARY KEY (字段名 1,字段名 2,…)

例如,建表后为 student 表添加 sno 列的主键约束:

```
ALTER TABLE student
ADD CONSTRAIN PK_student_sno PRIMARY KEY (sno)
```

2. UNIQUE 约束

默认情况下,向表中的现有列添加 UNIQUE 约束后,数据库引擎将检查列中的现有数据,以确保所有值都是唯一的。如果向含有重复值的列添加 UNIQUE 约束,数据库引擎将返回错误消息,并且不添加约束。

数据库引擎将自动创建 UNIQUE 索引来强制执行 UNIQUE 约束的唯一性要求。因此,如果试图插入重复行,数据库引擎将返回错误消息,说明该操作违反了 UNIQUE 约束,不能将该行添加到表中。除非显式指定了聚集索引,否则,默认情况下将创建唯一的非聚集索引以强制执行 UNIQUE 约束。

例如,用户可以使用 UNIQUE 约束确保在非主键列中不输入重复的值。尽管 UNIQUE 约束和 PRIMARY KEY 约束都强制唯一性,但想要强制一列或多列组合(不是主键)的唯一性时应使用 UNIQUE 约束,而不是 PRIMARY KEY 约束。

关于 UNIQUE(<列名序列>)或 PRIMARY KEY(<列名序列>),需要注意以下两点。

(1) UNIQUE 方式定义了表的候选键,表示了值是唯一的,UNIQUE 约束允许 NULL 值。若定义列还有值非空的约束,则还需在列定义时带有选项 NOT NULL。

(2) PRIMARY 方式定义了表的主键。一个基本表只能指定一个主键。如果是主键,则指定的列会自动认为是非空的。

(3) 当与参与 UNIQUE 约束的任何值一起使用时,每列只允许一个空值。FOREIGN KEY 约束可以引用 UNIQUE 约束。

1) 使用 SQL Server Management Studio 创建唯一约束

(1) 在对象资源管理器中,右键单击要为其添加唯一约束的表,再单击"设计"。

(2) 在"表设计器"菜单上,单击"索引/键"。

(3) 在"索引/键"对话框中,单击"添加"。

(4) 在"常规"下的网格中,单击"类型",然后从该属性右侧的下拉列表框中选择"唯一键"。

(5) 在"文件"菜单上,单击"保存"以保存表名。

2) 使用 Transact-SQL 创建唯一约束

(1) 在新表中创建或管理唯一约束,语法格式为:

CREATE TABLE 表名

(字段名 1,…,

    CONSTRAINT 唯一性约束名 UNIQUE (列名))

（2）在现有表中创建唯一约束，语法格式为：

ALTER TABLE 表名

　　　ADD CONSTRAINT 唯一性约束名 UNIQUE（列名）

例如，修改 student 表，设置 sno 列的值唯一：

```
ALTER TABLE student
ADD CONSTRAINT UQ_student_sno UNIQUE(sno)
```

3. 外键约束

外键（FK）是用于在两个表中的数据之间建立和加强链接的一列或多列的组合，可控制在外键表中存储的数据。在外键引用中，当包含一个表的主键值的一个或多个列被另一个表中的一个或多个列引用时，就在这两个表之间创建了链接。这个列就成为第二个表的外键。

例如，属性 p 在基本表 s1 中是主键，在表 s2 中是外键。根据引用完整性规则，表 s2 中的 p 值或是空值或是表 s1 中的 p 值。如果在表 s2 中 p 作为主键的一部分，则不允许 p 出现空值。在实际系统中，作为主键的关系称为参照关系，作为外键的关系称为依赖关系。

尽管外键约束的主要目的是控制可以存储在外键表中的数据，但它还可以控制对主键表中数据的更改。外键约束能防止这种情况发生。如果主键表中数据的更改使之与外键表中数据的链接失效，则这种更改将无法实现，从而确保了引用完整性。如果试图删除主键表中的行或更改主键值，而该主键值与另一个表的外键约束中的值相对应，则该操作将失败。若要成功更改或删除外键约束中的行，必须先在外键表中删除或更改外键数据，这会将外键链接到不同的主键数据。

外键约束的定义如下：

FOREIGN KEY（＜列名序列＞）REFERENCES ＜参照表＞[（＜列名序列＞）]

［ON DELETE ＜参照动作＞］

［ON UPDATE ＜参照动作＞］

其中，第一个列名序列是外键，第二个列名序列是参照表中的主键或候选键。

使用级联引用完整性约束，可以定义当用户试图删除或更新现有外键指向的键时，数据库引擎执行的操作。可以定义以下级联操作。

（1）NO ACTION 方式：数据库引擎将引发错误，此时将回滚对父表中行的删除或更新操作。

（2）CASCADE 方式：如果在父表中更新或删除了一行，则将在引用表中更新或删除相应的行。如果 timestamp 列是外键或被引用键的一部分，则不能指定 CASCADE。不能为带有 INSTEAD OF DELETE 触发器的表指定 ON DELETE CASCADE。对于带有 INSTEAD OF UPDATE 触发器的表，不能指定 ON UPDATE CASCADE。

（3）SET NULL 方式：如果更新或删除了父表中的相应行，则会将构成外键的所有值设置为 NULL。若要执行此约束，外键列必须可为空值。无法为带有 INSTEAD OF UPDATE 触发器的表指定。

（4）SET DEFAULT 方式：如果更新或删除了父表中对应的行，则组成外键的所有值都将设置为默认值。若要执行此约束，所有外键列都必须有默认定义。如果某个列可为空值，并且未设置显式的默认值，则将使用 NULL 作为该列的隐式默认值。无法为带有 INSTEAD OF UPDATE 触发器的表指定。

在创建外键约束时，用户要注意，外键约束也有其限制和局限，具体如下：

（1）外键约束并不仅仅可以与另一表的主键约束相链接，它还可以定义为引用另一个表中 UNIQUE 约束的列。

（2）如果在 FOREIGN KEY 约束的列中输入非 NULL 值，则此值必须在被引用列中存在；否则，将返回违反外键约束的错误信息。若要确保验证了组合外键约束的所有值，则要对所有参与列指定 NOT NULL。

（3）FOREIGN KEY 约束仅能引用位于同一服务器上的同一数据库中的表。跨数据库的引用完整性必须通过触发器实现。有关详细信息，请参阅 CREATE TRIGGER（Transact-SQL）。

（4）FOREIGN KEY 约束可引用同一表中的其他列。此行为称为自引用。

（5）在列级指定的 FOREIGN KEY 约束只能列出一个引用列。此列的数据类型必须与定义约束的列的数据类型相同。

（6）在表级指定的 FOREIGN KEY 约束所具有的引用列数目必须与约束列列表中的列数相同。每个引用列的数据类型也必须与列表中相应列的数据类型相同。

（7）对于表可包含的引用其他表的 FOREIGN KEY 约束的数目或其他表所拥有的引用特定表的 FOREIGN KEY 约束的数目，数据库引擎都没有预定义的限制。尽管如此，可使用的 FOREIGN KEY 约束的实际数目还是受硬件配置以及数据库和应用程序设计的限制。表最多可以将 253 个其他表和列作为外键引用（传出引用）。SQL Server 2016 将可在单独的表中引用的其他表和列（传入引用）的数量限制从 253 提高至 10 000。

（8）对于临时表不强制 FOREIGN KEY 约束。

1）使用 SQL Server Management Studio 创建外键约束

（1）在对象资源管理器中，右键单击将创建外键约束的表，再单击"设计"。此时，将在表设计器中打开该表。

（2）在"表设计器"菜单上，单击"关系"。

（3）在"外键关系"对话框中，单击"添加"。然后在右窗格的"选定的关系"列表中将显示关系以及系统提供的名称，格式为 FK_<tablename>_<tablename>，其中 tablename 是外键表的名称。

（4）在"选定的关系"列表中单击该关系。

（5）单击右侧网格中的"表和列规范"，再单击该属性右侧的省略号（…）。

（6）在"表和列"对话框中，从"主键"下拉列表中选择要位于关系主键方的表。

（7）在下方的网格中，选择要分配给表的主键的列。在每列左侧的相邻网格单元格中，选择外键表的相应外键列。表设计器将为此关系提供一个建议名称。若要更改此名称，就编辑"关系名"文本框中的内容。

（8）选择"确定"以创建该关系。

2）使用 Transact-SQL 创建外键约束

（1）在新表中创建或管理外键约束，语法格式为：

CREATE TABLE 表名
（字段名 1,…,
　CONSTRAINT 外键约束名 FOREIGN KEY 列名 REFERENCES 参照表（主键列））

（2）在现有表中创建外键约束，语法格式为：

ALTER TABLE 表名
ADD CONSTRAINT 外键约束名 FOREIGN KEY 列名 REFERENCES 参照表（主键列）
例如，修改成绩表 enroll，要求成绩表的课程号 cno 列要参照引用课程表 course 的主键列（cno）：

```
ALTER TABLE enroll
   ADD CONSTRAINT FK_enroll_course_cno
      FOREIGN KEY (cno) REFERENCES course(cno)
```

注意：此代码要执行成功的前提是 student 表已经设置好主键列 sno。

4. 属性值上的约束

属性值上的约束有以下三种：

（1）非空值约束，属性定义后加上"NOT NULL"。

NOT NULL 的定义只能放在列的定义后面，用户定义 NOT NULL 约束时，要么在定义表时直接在表的列的定义后面设置，要么就修改表的列的定义时添加。

```
ALTER TABLE student
ALTER COLUMN sno varchar(20) NOT NULL
```

（2）基于属性的检查子句（CHECK 子句）。

通过限制一个或多个列可接受的值，CHECK 约束可以强制域完整性。可以通过任何基于逻辑运算符返回 TRUE 或 FALSE 的逻辑（布尔）表达式创建 CHECK 约束。例如，可以通过创建 CHECK 约束将薪水（salary）列中值的范围限制为从 15 000 到 100 000 之间的数据。这可防止薪金超出常规薪金范围。逻辑表达式为：salary $>=$ 15000 AND salary $<=$ 100000。

可以将多个 CHECK 约束应用于单个列，还可以通过在表级创建 CHECK 约束，将一个 CHECK 约束应用于多个列。CHECK 约束类似于 FOREIGN KEY 约束，因为可以控制放入列中的值。但是，它们在确定有效值的方式上有所不同：FOREIGN KEY 约束从其他表获得有效值列表，而 CHECK 约束通过逻辑表达式确定有效值。

1）使用 SQL Server Management Studio 创建新的检查约束

（1）在对象资源管理器中，展开要为其添加 CHECK 约束的表，右键单击"约束"，然后单击"新建约束"。

（2）在"CHECK 约束"对话框中，单击"表达式"字段，然后单击省略号（…）。

（3）在"CHECK 约束表达式"对话框中，键入 CHECK 约束的 SQL 表达式。例如，要求某一列中的项为 5 位数，请键入：列名 LIKE '[0-9][0-9][0-9][0-9][0-9]'。

（4）单击"确定"。

（5）在"标识"类别中，可以更改 CHECK 约束的名称并且为该约束添加说明（扩展属性）。

（6）在"表设计器"类别中，可以设置何时强制约束。

（7）单击"关闭"。

2）使用 Transact-SQL 创建新的检查约束

（1）在新表中创建检查约束，语法格式为：

CREATE TABLE 表名

（字段名 1，…，

  CONSTRAINT CHECK 约束名 CHECK（列的 CHECK 规则）

）

（2）在现有表中创建检查约束，语法格式为：

ALTER TABLE 表名

ADD CONSTRAINT CHECK 约束名 CHECK（列的 CHECK 规则）

例如，在 student 表的学生年龄列上创建检查约束，要求年龄大于 15 岁：

```
ALTER TABLE student
ADD CONSTRAINT CK_studengt_age CHECK (age>15)
```

5. DEFAULT 定义

记录中的每列均必须有值，即使该值是 NULL。可能会有这种情况：必须向表中加载一行数据但不知道某一列的值，或该值尚不存在。如果列允许空值，就可以为行加载空值。如果不希望有可为空的列，最好为列做 DEFAULT 定义（如果合适）。例如，通常为数值列指定零作为默认值，为字符串列指定 N/A 作为默认值。将某行加载到某列具有 DEFAULT 定义的表中时，即隐式指示数据库引擎将默认值插入到没有指定值的列中。

1）使用 SQL Server Management Studio 指定列的默认值

（1）在对象资源管理器中，右键单击要更改其小数位数的列所在的表，再单击"设计"。

（2）此时，将在表设计器中打开该表。选择要为其指定默认值的列。

（3）在"列属性"选项卡中，在"默认值或绑定"属性中输入新的默认值，或者从下拉列表中选择默认绑定。

> **注意**：若要输入数值默认值，请输入该数字。对于对象或函数，请输入其名称。对于字母数字默认值，请输入该值，两边用单引号引起来。

（4）在"文件"菜单上，单击"保存"以保存表名。

2）使用 Transact-SQL 创建默认值约束

（1）在创建表时为列创建 DEFAULT 定义，语法格式为：

CREATE TABLE 表名

（字段名 1，…，

    CONSTRAINT CHECK 默认值约束名 DEFAULT 值/或函数 for 列名

）

（2）为现有表中的列创建 DEFAULT 定义，语法格式为：

ALTER TABLE 表名

ADD CONSTRAINT 默认值约束名 DEFAULT 值/或函数 for 列名

例如，修改 student，设置性别列的默认值为男：

```
ALTER TABLE student
ADD CONSTRAINT DF_student_sex DEFAULT('男')
for sex
```

6. 全局约束

全局约束有以下两种。

（1）基于元组的检查子句是对单个关系的元组值加以约束。方法是在关系定义的任何地方加上 CHECK 和约束的条件。

（2）若完整性约束涉及多个关系或与聚合操作有关，则 SQL 会提供断言机制。SQL 提供的这种机制能使用户更加灵活地编写完整性规则。

创建断言定义为：

CREATE ASSERTION（断言名）CHECK（条件）

撤销断言定义为：

DROP ASSERTION ＜断言名＞

7. 对约束的命名、撤销和添加操作

（1）对约束的命名。断言在创建时已命名,其他约束在定义前加上"CONSTRAINT 约束名"。

（2）约束的撤销与添加。撤销的定义为：

ALTER TABLE 表名 DROP CONSTRAINT 约束名

添加的定义为：

ALTER TABLE 表名 ADD CONSTRAINT 约束名 具体不同类型约束定义

（3）断言的撤销的定义为：

DROP ASSERTION(断言名)

6.4 数据库的安全性

数据库的安全性是指为计算机系统建立和采取的各种安全保护措施,保护数据库,以免数据的外泄、非法更改或破坏。系统安全保护措施是否有效是数据库系统的主要性能指标之一。数据库的安全性和计算机系统的安全性(包括操作系统、网络系统的安全性)是紧密联系、相互支持的。

对于数据库管理来说,保护数据不受内部或外部侵害是一项重要的工作。

6.4.1 安全性级别

数据库的安全性有多种级别。

1. 环境级

应采取一定的措施有效防止恶意破坏计算机机房和设备。

2. 职员级

遵守工作纪律,加强职业道德教育,保证内部职员的纯洁性,并严格控制用户访问数据库的权限。

3. 操作系统级

未经授权,用户不可以从操作系统处访问数据库。

4. 网络级

随着网络的普及应用,大部分数据库系统用户可通过网络进行远程访问,所以必须严格保证网络软件内部的安全性。

5. 数据库系统级

数据库系统必须检查用户的身份是否合法,被授予的权限是否正确。

6.4.2 权限

用户权限由两个要素组成:数据对象和操作类型。定义一个用户的存取权限就是要定义这个用户可以在哪些数据对象上进行哪些类型的操作。在数据库系统中,定义存取权限称为授权(authorization)。

用户权限定义中,数据对象范围越小,授权子系统就越灵活。例如,上面的授权定义可精细到字段级,而有的系统只能对关系授权。授权粒度越细,授权子系统就越灵活,但系统定义与检查权限的开销也会相应地增大。

衡量授权子系统精巧程度的另一个尺度是能否提供与数据值有关的授权。上面的授权定义是独立于数据值的,即用户能否对某类数据对象执行的操作与数据值无关,完全由数据名决定。反之,若授权依赖于数据对象的内容,则称为与数据值有关的授权。

用户或应用程序使用数据库的方式称为权限,权限的种类如下。

(1)访问数据权限,包括读、插入、修改、删除四种。

(2)修改数据库模式权限,包括索引(创建或删除索引)、资源(创建新关系)、修改(增删关系结构属性)和撤销权限(撤销关系)。

6.4.3 权限的转授与回收

数据库安全最重要的一点就是确保 DBA 和用户只授权给有资格的用户访问数据库,同时令所有未被授权的用户无法接近数据,这主要通过数据库系统的存取控制机制实现。

存取控制机制主要包括两部分。

(1)定义用户权限,并将用户权限登记到数据字典中。

(2)合法权限检查,每当用户发出存取数据库的操作请求后(请求一般应包括操作类型、操作对象和操作用户等信息),DBMS 查找数据字典,并根据安全规则进行合法权限检查。若用户的操作请求超出了定义的权限,则系统将拒绝执行此操作。

用户权限定义和合法权限检查机制一起组成了 DBMS 的安全子系统。

大型数据库管理系统大多支持自主存取控制,目前的 SQL 标准也对自主存取控制提供支持,这主要通过 SQL 的 GRANT 语句和 REVOKE 语句来实现。

权利授予和回收命令由数据库管理员或特定应用人员使用。系统在对数据库进行操作前,应先核实相应用户是否有权在相应数据上进行所要求的操作。

权限的转授与回收是指数据库系统允许用户把已获得的权限再转授给其他用户,也允许把已授给其他用户的权限再回收回来,但应保证转授出去的权限能收得回来。

为了便于回收,可用权限图表示转让关系。权限图可以用树来表示,图 6-1 就是一个权限图。

DBA 将权限授予用户 U1、用户 U2、用户 U3,用户 U1 将权限转授给用户 U4,用户 U3 将权限转授给用户 U5 和用户 U6。

用户拥有权限的充分必要条件是在权限图中从根节点到该用户节点存在一条路径。

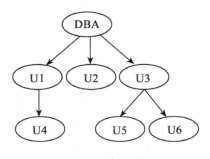

图 6-1 权限图

画一个权限图,只要根节点到用户节点之间存在一条路径,那么用户就有权限,回收时就是删除某些路径。比如 DBA 收回用户 U3 的权限,同时也会收回用户 U3 授予用户 U5 和用户 U6 的权限。在权限树中,若要收回某个用户节点的权限,则需要删除从该用户节点的双亲节点到该节点的所有子孙节点的路径。

6.4.4 SQL 中的安全性控制

SQL 有两种安全机制:一种是视图机制,用于对不同的用户定义不同的视图,使用户只能看到与自己有关的数据,这种机制对无权用户屏蔽数据,从而提供了一定的安全性;一种是授权子系统,通过授权和收回权限,使用户只能在指定范围内对数据库进行操作,以有效避免用户的越权行为,从而保证数据库的安全性。

1. 视图机制

视图是从一个或几个基本表中导出的表,是虚表,仅从概念上来说,视图和基本表是相同的。视图定义后可以像基本表一样用于查询和删除,并且用户可以在视图上再定义视图,数据库不存储视图的数据,只存储其定义(存在数据字典中),但其更新操作(插入、删除、修改)会受到限制。

视图机制把用户使用的数据定义在视图中,这样,用户就不能使用视图定义以外的其他数据,从而保证数据库的安全性。

2. 授权子系统

SQL 使用 GRANT 语句为用户授予使用关系和视图的权限,其语法格式为:

GRANT <权限表> ON <数据库元素> TO <用户名表>[WITH GRANT OPTION]

权限表中的权限共有 6 种。

(1) SELECT:为用户提供选择(读)数据行的能力。

(2) INSERT:为用户提供插入数据行的能力。

(3) UPDATE:为用户提供修改数据行的能力。

(4) DELETE:为用户提供删除数据行的能力。

(5) REFERENCES:用户定义新关系时,如果用户没有引用表的 SELECT 权限,则允许引用外部关键字。

(6) EXECUTE:为用户提供执行指定存储过程的能力。

如果权限表中包括所有以上 6 种权限,则可以用关键字"ALL PRIVILEGES"代替。

数据库元素可以是基本表或视图的名字。

"WITH GRANT OPTION"表示获得权限的用户可以将其获得的权限有选择地、动态地转授给其他用户,即用户具有传递权限的能力。例如:

```
GRANT SELECT,UPDATE ON student TO Tom,Peter WITH GRANT OPTION
```

该语句表示将对表 student 的 SELECT、UPDATE 操作权限授予用户 Tom 和 Peter,Tom 和 Peter 可以将这些权限转授给其他用户。再如:

```
GRANT INSERT(sex,birth)ON student TO Jerry WITH GRANT OPTION
```

该语句表示将对表 student 插入 sex、birth 值的操作权限授予用户 Jerry,Jerry 可以将这些权限转授给其他用户。同样从安全的角度考虑,在必要的情况下,DBA 和授权者必须将授予出去的一些权限收回,权限收回使用 REVOKE 语句,其语法格式为:

REVOKE <权限表> ON <数据库元素> FROM<用户名表>

例如,收回用户 Tom、Peter 对 student 表的 SELECT、UPDATE 权限,可表示为:

REVOKE SELECT,UPDATE ON Student FROM Tom,Peter

例如,收回用户 Jerry 对 student 表插入 sex、birth 值的权限,可表示为:

REVOKE INSERT(sex,birth) ON Student FROM Jerry

权限收回时,通常会引起收回连锁效应,即若用户 U1 授权给用户 U2,用户 U2 授权给用户 U3,则 U1 收回授予 U2 的权限,而系统会自动收回 U3 的权限。

6.4.5 数据加密法

数据通信迅速发展的同时也带来了数据失密问题。信息被非法截取和数据库资料被窃的事件经常发生,数据(如金融信息、军事情报、国家机密等)失密会造成严重后果。所以,数据保密成为十分重要的问题。

数据加密是防止数据库中数据在存储和传输中失密的有效手段。加密的基本思想是根据一定的算法将原始数据(术语为明文或源文)变换为不可直接识别的格式(术语为密文),从而使不知道解密算法的人无法获知数据的内容。

数据加密可更好地保证数据库中数据的安全性。

常用的加密算法有两种:一种是替换方法,使用密匙(encryption key)将明文中的每一个字符转换为密文中的字符;一种是转换方法,将明文中的字符按不同的顺序重新进行排列。通常将这两种方法结合使用,从而达到更好的保密效果。最有代表性的是美国数据加密标准(data encryption standard,DES)。在数据加密法中,DES 算法本身是公开的知识,但是各厂家生产的设备的具体加密方式都各不相同。关于加密法的有关技术问题,本书不详细介绍。

数据加密后,不知道解密算法的非法用户访问数据库时,就只能看到一些二进制代码,无法进行辨认。

现阶段,不少数据库产品都提供有数据加密例行程序,用户可根据需求进行加密处理。有些未提供加密程序的数据库产品也提供了相应的接口,允许用户使用其他加密程序对数据进行加密。

加密法也有其弊端:使用密码存储数据,在查询时需要解密,费时且要占用大量的系统资源,影响数据库的性能,用户必须有选择性地使用。

6.4.6 自然环境的安全性

为了保证数据库的安全,还必须注意自然环境的安全性。

自然环境的安全性是指数据库系统的设备、硬件和环境的安全性。影响数据库系统的因素有很多种,主要分为以下两类。

(1)自然界的灾害,包括水灾、火灾、地震等。

(2)人为因素蓄意破坏,如:内部职员破坏、计算机犯罪、计算机病毒、恐怖活动;人为错误,如粗心的操作、未培训人员的误操作等。

预防自然界的灾害,在将本地数据库中大量数据转储的基础上,应积极加强机房防火防水的管理,也应做好保洁工作。而人为因素的破坏主要和社会道德及法律问题联系在一起。

安全不是绝对的,在实际应用中,应根据具体情况采取合理的安全措施。

本 章 小 结

本章从安全性控制、完整性控制、并发控制和数据库恢复四方面介绍了数据库的安全保护功能。读者应着重了解基本概念,掌握基本方法。通过本章的学习,应更进一步了解数据库的一些基本概念和基本方法。

思 考 题

1．事务的定义和四个性质是什么？

2．什么是数据库的恢复？恢复的基本原则是什么？恢复是如何实现的？

3．简述数据库系统中并发控制的重要性及并发控制的主要方法。

4．DBS 中有哪些类型的故障？

5．产生死锁的原因是什么？如何解决死锁？

6．什么是数据库的完整性？

7．完整性子系统有哪些功能？完整性规则由哪些成分组成？关系数据库中有哪些完整性规则？

8．什么是数据库的安全性？

9．SQL 中的安全性控制机制有哪些？并分别解释。

10．数据库的完整性与数据库的安全性有什么联系和区别？

第7章 SQL Server 数据库管理系统简介

【学习目的与要求】

本章介绍了 SQL Server 2016 数据库的特点、配置和常见管理工具的功能和使用。通过学习,要求达到下列目的:

(1) 了解 SQL Server 2016 的特点。

(2) 掌握 SQL Server 2016 的配置方法。

(3) 了解 SQL Server 2016 的管理工具。

SQL Server 是 Microsoft (微软)公司关系数据库领域的旗舰产品,也是目前在 Windows 平台上安装数量最多的数据库产品。其最新的版本为 SQL Server 2016,于 2016 年 6 月正式发布。SQL Server 向用户提供了数据的定义、控制、操纵等基本功能,还提供了数据的完整性、安全性、并发性、集成性等复杂功能。Microsoft 公司提出,在已经简化的企业数据管理基础上,SQL Server 2016 再次简化了数据库分析方式,强化分析来深入接触那些需要管理的数据。

SQL Server 2016 主要包括企业版、标准版、Web 版、开发者版及精简版,其中 Developer 和 Express 是免费的。SQL Server 2016 支持 Windows 7、Windows Server 2008 R2、Windows Server 2008 SP2、Windows Vista SP2 等操作系统。32 位系统须运行在具有 Intel 1 GHz(或同等性能的兼容处理器)或速度更快的处理器(建议使用 2 GHz 或速度更快的处理器)中,64 位系统须具有 1.4 GHz 或速度更快的处理器。

SQL Server 2016 的新市场大致针对两类用户:一类是那些在云中(或迁移到云)做数据收集和存储的人,另一类是从内存中执行数据分析而获益的人。Stretch Database 的功能将吸引前者,提供了把内部部署数据库扩展到 Azure SQL 数据库的途径。应用程序连接的数据库可以看到其数据的来源。SQL Server 表可以逐步扩大进入微软 Azure,这是比破坏性的孤注一掷的迁移更有吸引力的选择。

SQL Server 2016 是一个全面的数据库平台,使用集成的商业智能(BI)工具提供了企业级的数据管理。在 SQL Server 2014 中引进的内存数据库 Hekaton 显示:大数据的特性包括扩展能力,比如,为了实时分析增加的内存聚合函数。SQL Server 与 R 语言的工具紧密集成,微软公司最近从一个蓬勃发展的软件生态系统收购了一系列开源数据库的新的应用程序。

SQL Server 2016 的新增功能有以下几项。

1. 任务关键联机事务处理过程

1) 实时混合事务性/分析处理

在 SQL Server 2016 中将 in-memory 列存储和行存储功能结合起来,从而实现实时运营分析,即直接对事务性数据进行快速分析处理。

2) 高可用性和灾难恢复

SQL Server 2016 中增强的 AlwaysOn 是一个用于实现高可用性和灾难恢复的统一解

决方案,利用它可获得任务正常运行时间、快速故障转移、轻松设置和可读辅助数据库的负载平衡。此外,在 Azure 虚拟机中放置异步副本可实现混合的高可用性。

3)安全性和合规性

SQL Server 2016 中的安全创新通过一种多层保护的安全方法帮助保护任务关键型工作负载的数据,这种方法在行级别安全性、动态数据掩码、透明数据加密(TDE)和可靠审核的基础上又添加了始终加密技术。

4)性能最高的数据仓库

获得对小型数据市场到大型企业数据仓库的支持,同时通过增强数据压缩来降低存储需求。通过使用 Microsoft 公司并行仓库一体机中可向外扩展的大规模并行处理功能,将企业级关系型数据仓库的数据扩展到千万亿字节级别,并且能够与 Hadoop 等非关系型数据源进行集成。

5)端到端的移动商业智能

(1)企业商业智能。

利用全面的 BI 解决方案扩展商业智能模型,丰富数据,并确保质量和准确性。SQL Server Analysis Services 帮助用户构建全面的企业级分析解决方案,并从内置于表格模型的 in-memory 快如闪电的性能中受益。针对表格模型和多维模型,使用直接查询以缩短获得见解的时间。

(2)任何设备上的端到端移动 BI。

借助新式分页报告和丰富的可视化获得见解并实现业务转型。使用 SQL Server Reporting Services 向任何移动设备(包括 Windows、Android 和 iOS 设备)发布报告并在线或离线访问报告。

(3)简化大数据。

通过使用简单的 SQL 命令查询 Hadoop 数据的 PolyBase 技术来访问大型或小型数据。此外,新的 JSON 支持可让用户分析和存储 JSON 文档并将关系型数据输出到 JSON 文件中。

6)数据库内高级分析

使用 SQL Server R Services 构建智能应用程序。通过直接在数据库中执行高级分析,超越被动响应式分析,从而实现预测性和指导性分析。使用多线程和大规模并行处理,与单独使用开源 R 相比,将更快地获得见解。

7)一致的平台

(1)利用 SQL Server Stretch Database 降低存储成本。

以经济高效的方式管理快速增长的联机事务处理数据库,保持历史数据在线且可用,并可以最佳性能快速访问非常用数据。利用 SQL Server Stretch Database,将大型 SQL Server 表从 SQL Server 2016 延伸至 Microsoft Azure,相对于构建本地存储可节省高达 40%的成本。

(2)从本地到云提供一致的数据平台。

获得从本地到云的一致体验,让用户构建和部署用于管理用户数据投资的混合解决方案,从在 Azure 虚拟机中运行 SQL Server 工作负载的灵活性中获益,或使用 Azure SQL 数据库扩展并进一步简化数据库管理。

(3)易用的工具。

在本地 SQL Server 和 Microsoft Azure 中使用用户已有的技能和熟悉的工具(例如

Azure Active Directory 和 SQL Server Management Studio)来管理数据库基础结构。跨各种平台应用行业标准 API 并从 Visual Studio 下载更新的开发人员工具,以构建下一代的 Web、企业、商业智能以及移动应用程序。

 ## *7.1* SQL Server 配置管理器

SQL Server 配置管理器是 SQL Server 2016 中一种重要的系统配置工具,能够用于管理 SQL Server 服务、更改登录身份、配置服务器和客户端的网络协议等。单击"开始"按钮,并依次选择"所有程序→Microsoft SQL Server 2016→配置工具→SQL Server 配置管理器"选项,系统会打开"Sql Server Configuration Manager"(SQL Server 配置管理器)对话框,如图 7-1 所示。

图 7-1　"Sql Server Configuration Manager"(SQL Server 配置管理器)对话框

7.1.1　服务管理

通过"SQL Server 配置管理器"节点中的"SQL Server 服务"子节点,可以看到 SQL Server 2016 系统中的所有服务及其运行状态。如图 7-2 所示,查看 SQL Server 常用服务,分别如下。

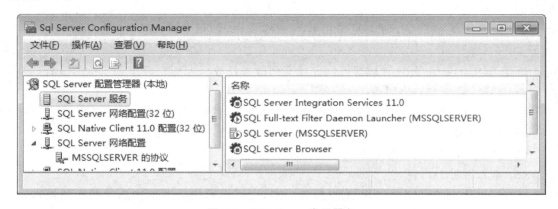

图 7-2　SQL Server 常用服务

（1）SQL Server Integration Services 11.0，即 SQL Server 集成服务。

Microsoft Integration Services 是用于生成企业级数据集成和数据转换解决方案的平台。使用 Integration Services 可解决复杂的业务问题，具体表现为：复制或下载文件，发送电子邮件以响应事件，更新数据仓库，清除和挖掘数据以及管理 SQL Server 对象和数据。这些包可以独立使用，也可以与其他包一起使用以满足复杂的业务需求。Integration Services 可以提取和转换来自多种源（如 XML 数据文件、平面文件和关系数据源）的数据，然后将这些数据加载到一个或多个目标。

（2）SQL Full-text Filter Daemon Launcher（MSSQLSERVER），即 SQL 全文搜索服务。如果用户没有使用全文检索技术，那么也不需要开启该服务。

（3）SQL Server（MSSQLSERVER），即 SQL Server 数据库引擎服务，是必须要开启的。

数据库引擎是用于存储、处理和保护数据的核心服务。利用数据库引擎可控制访问权限并快速处理事务，从而满足企业内要求极高而且需要处理大量数据的应用需要。

使用数据库引擎创建用于联机事务处理或联机分析处理数据的关系数据库。这包括创建用于存储数据的表和用于查看、管理和保护数据安全的数据库对象（如索引、视图和存储过程）。可以使用 SQL Server Management Studio 管理数据库对象，使用 SQL Server 事件探查器捕获服务器事件。

（4）SQL Server Analysis Services（MSSQLSERVER），即 SQL Server 分析服务。一般不用开启，除非要做多位分析和数据挖掘，才需要开启。

Analysis Services 是在决策支持和商业分析中使用的联机分析数据引擎，它为商业报表和客户端应用程序（如 Power BI、Excel、Reporting Services 报表和其他数据可视化工具）提供分析数据。

Analysis Services 的典型工作流包括创作多维或表格数据模型、将模型作为数据库部署到 Analysis Services 实例、对数据库进行处理以向其加载数据或元数据、设置数据刷新，以及分配权限以允许最终用户进行数据访问。所有工作完成后，任何支持将 Analysis Services 作为数据源的客户端应用程序均可访问此多用途语义数据模型。

（5）SQL Server Reporting Services（MSSQLSERVER），即 SQL Server 报表服务。

（6）SQL Server Browser，即 SQL Server 浏览器服务。如果一个物理服务器上面有多个 SQL Server 实例，为了确保客户端能访问到正确的实例而提供的服务。

（7）SQL Server 代理（MSSQLSERVER），即 SQL Server 代理服务，用于执行作业、监视 SQL Server、激发警报，以及允许自动执行某些管理任务。比如一些自动运行的、定时作业，或者是一些维护计划，如定时备份数据库等操作，如果关闭，就不会自动运行这些作业了。

使用 SQL Server 配置管理器可以完成下列服务任务。

（1）启动、停止和暂停服务。

（2）将服务配置为自动启动或手动启动、禁用服务，或者更改其他服务设置。

（3）更改 SQL Server 服务所使用的账户的密码。

（4）使用跟踪标志（命令行参数）启动 SQL Server。

（5）查看服务的属性。

在图 7-2 所示的窗口中右击，选中服务对象，在弹出的快捷菜单中选择相应的操作，如图 7-3 所示。

图 7-3　服务的操作

7.1.2　网络配置及协议

客户端要连接到 SQL Server 2016 数据库引擎,必须启用某种服务器协议。使用 SQL Server 配置管理器能够进行如下配置。

（1）启用 SQL Server 实例要侦听的服务器协议。

（2）禁用不再需要的服务器协议。

（3）指定或更改服务器引擎、侦听的 IP 地址、TCP/IP 端口及命名管道等。

（4）为所有已启用的服务器协议启用安全套接字加密。

SQL Server 2016 可一次性通过多种协议为请求服务,客户机则采用单个协议连接到 SQL Server 2016 服务器,如果客户端不知道 SQL Server 在侦听哪类协议,可以让客户端顺序尝试多个协议。SQL Server 2016 服务器使用的网络协议有以下几种。

（1）Share Memory 协议。Share Memory 协议是一种最简单的协议,没有可供使用的设置选项。由于使用 Share Memory 协议的客户端仅可以与同一台计算机上运行的 SQL Server 实例相连接,因此该协议实用性不强。在怀疑其他协议配置有误的情况下,Share Memory 协议可以协助进行故障排除。

（2）TCP/IP。TCP/IP 与互联网中的异构计算机进行通信,是目前互联网上最常用的协议。

（3）Named Pipes 协议。Named Pipes 协议是专门为局域网开发的协议。

在图 7-4 所示的窗口中选中协议对象,单击右键,在弹出的快捷菜单中选择相应的操作,可对协议进行配置,如图 7-5 所示。

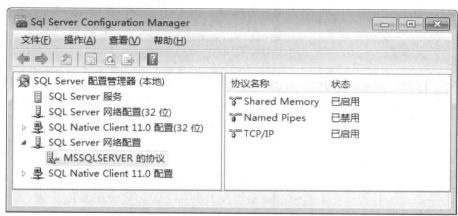

图 7-4　SQL Server 的协议

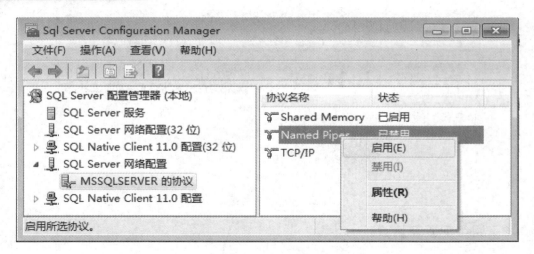

图 7-5　协议配置

7.1.3　客户端配置

"SQL Server 2016 客户端配置"用于配置客户端与 SQL Server 2016 服务器通信时所使用的网络协议,通过 SQL Server 2016 客户端配置工具,可以实现对客户端网络协议的启用或禁用,以及网络协议的启用顺序,并可以设置服务器别名等。

1. 为客户端配置网络协议

为了改善可靠性能,可以根据需要配置客户端的网络协议,设置协议的优先级别,改变网络协议的启用或禁用状态,如图 7-6 所示。

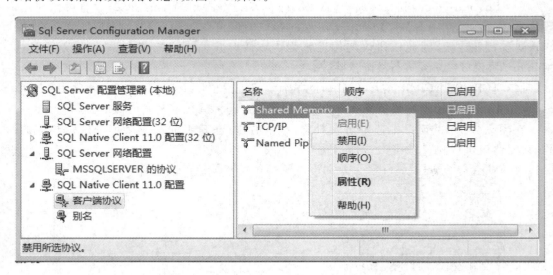

图 7-6　配置网络协议

2. 为当前连接配置别名

别名是客户端应用程序与服务器进行连接的备用名称。别名封装了连接字符串所需的所有元素。通过创建别名,客户端可以使用不同的网络协议连接到多个服务器,而无须对每台服务器都重新制定协议和设定连接的参数,如图 7-7 所示。

图 7-7　别名的配置

7.2　SQL Server Management Studio

　　SQL Server Management Studio,简称 SSMS,是 SQL Server 2016 最常用的图形工具,主要用于连接数据库引擎服务并将用户的操作请求传递给数据库引擎。SSMS 用于将各种图形化工具和多功能的脚本编辑器组合在一起,向用户提供一个集成环境。借助该集成环境,用户能够快速、直观而高效地实现访问、配置、控制、管理和开发 SQL Server 所有组件的任务。利用 SQL Server Management Studio 可以完成的工作如下。

　　(1) 连接到各服务的实例及设置服务器属性。

　　(2) 创建和管理数据库,管理数据库的文件和文件夹,附加或分离数据库。

　　(3) 创建和管理数据表、视图、存储过程、触发器、组件等数据库对象,以及用户定义的数据类型。

　　(4) 管理安全性,创建和管理登录账号、角色、数据库用户权限、报表服务器的目录等。

　　(5) 管理 SQL Server 系统记录、监视目前的活动、设置复制、管理全文检索索引。

　　(6) 设置代理服务的作业、警报、操作员等。

　　(7) 组织与管理日常使用的各类型查询语言文件。

7.2.1　启动 SSMS

　　单击"开始"按钮,并依次选择"所有程序→Microsoft SQL Server 2016→SQL Server Management Studio"选项,打开"连接到服务器"对话框,如图 7-8 所示。

　　在"服务器名称"组合框中输入或选择服务器名称。在"身份验证"下拉列表框中选择身份验证模式。若选择"SQL Server 身份验证"模式,则需要输入登录名和密码。

　　SSMS 启动后的主窗口界面如图 7-9 所示。

　　SSMS 由多个管理和开发工具组成,主要包括"已注册的服务器"窗口、"对象资源管理器"窗口,"查询编辑器"窗口、"模板浏览器"窗口、"解决方案资源管理器"窗口等。

　　"已注册的服务器"窗口可以完成服务器注册和将服务器组合成逻辑组的功能。通过该

图 7-8 "连接到服务器"对话框

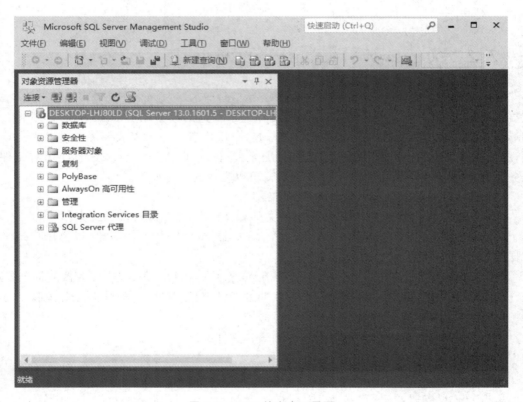

图 7-9 SSMS 的主窗口界面

窗口可以选择数据库引擎服务器、分析服务器、报表服务器、集成服务器等。当选中服务器时,可以从右键的快捷菜单中选择执行查看服务器属性、启动和停止服务器、新建服务器组、导入/导出服务器信息等操作。

　　"查询编辑器"窗口用于编写和运行 T-SQL 脚本,可以工作在连接模式下,也可以工作在断开模式下。"查询编辑器"支持彩色代码关键字、可视化地显示语法错误、允许开发人员运行和诊断等功能。

"模板浏览器"提供了执行常用操作的模板,用户可以在此模板的基础上编写符合自己要求的脚本。

"解决方案资源管理器"窗口提供指定解决方案的树状结构图。解决方案可以包含多个项目,允许同时打开、保存、关闭这些项目。

7.2.2 SQL Server 集成服务

SQL Server 集成服务(SQL Server integration services,SSIS),用于开发和执行 ETL (extract-transform-load,解压缩、转换和加载)包。SSIS 代替了 SQL Server 2000 的 DTS (data transformation services,数据转换服务),其集成服务功能既包含实现简单的导入、导出包所必需的 Wizard 导向插件、工具及任务,又包含非常复杂的数据清理功能。

SSIS 是一个数据集成平台,负责完成有关数据的提取、转换和加载等操作。对于 Analysis Services 来说,数据库引擎是一个重要的数据源,而 SSIS 是将数据源中的数据经过适当的处理,并加载到 Analysis Services 中以便进行各种分析处理。

SQL Server 2016 系统提供的 SSIS 包括如下内容。

(1) 生成并调试包的图形工具和向导。

(2) 执行如 FTP 操作、SQL 语句执行和电子邮件消息传递等工作流功能的任务。

(3) 用于提取和加载数据的数据源和目标。

(4) 用于清理、聚合、合并和复制数据的转换。

(5) 管理服务,即用于管理 Integration Services 包的 Integration Services。

(6) 用于提供对 Integration Services 对象模型编程的应用程序接口(API)。

SSIS 可以高效地处理各种各样的数据源,如 SQL Server、Oracle、Excel、XML 文档和文本文件等。

7.2.3 SQL Server Profiler

SQL Server Profiler(SQL Server 分析器)是一款图形化的管理工具,用于监督、记录和检查 SQL Server 2016 数据库的使用情况。SQL Server Profiler 可以从服务器中捕获 SQL Server 2016 事件,这些事件可以是连接服务器、登录系统、执行 T-SQL 语句的操作。这些事件被保存在一个跟踪文件中,以便日后对该文件进行分析或用于重播指定的系列步骤,从而有效地发现系统中性能较差的查询语句等相关问题。

可以通过多种方法来启动 SQL Server Profiler,以支持在各种情况下收集跟踪输出。例如,可以通过"所有程序→Microsoft SQL Server 2016→SQL Server Profiler"启动 SQL Server Profiler,然后选择"文件→新建跟踪"选项,可打开图 7-10 所示的"跟踪属性"对话框。

在"常规"选项卡中,可以设置跟踪名称、跟踪提供程序名称、跟踪提供程序类型、使用模板、保存到文件、保存到表和启用跟踪停止时间等选项。在"事件选择"选项卡中,可以设置需要跟踪的事件和事件列。SQL Server Profiler 的运行界面如图 7-11 所示。

7.2.4 sqlcmd

sqlcmd 实用工具可以在命令提示符处输入 T-SQL 语句、系统过程和脚本文件,实际上,该工具是作为 osql 实用工具和 isql 实用工具的替代工具而新增的。sqlcmd 通过 OLE DB 与服务器进行通信。

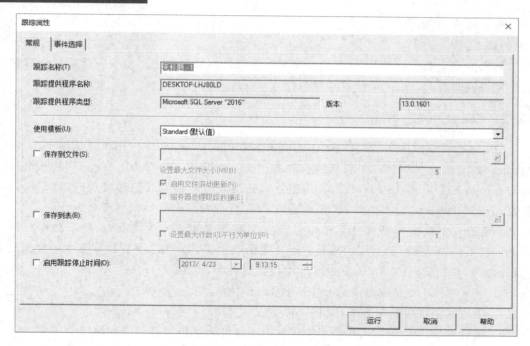

图 7-10 "跟踪属性"对话框

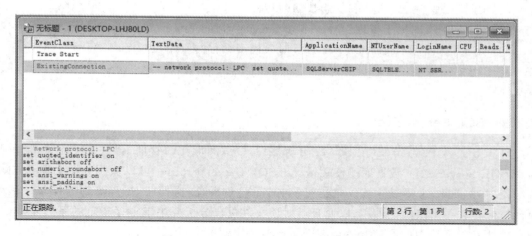

图 7-11 SQL Server Profiler 的运行界面

7.2.5 PowerShell

PowerShell 是一个功能强大的脚本,管理员和开发人员通过它可以自动执行服务器管理和应用程序部署。与 T-SQL 脚本相比,PowerShell 脚本能够支持更复杂的逻辑,这使得 SQL Server 管理员能够生成强大的管理脚本。PowerShell 还可用于管理其他 Microsoft 的服务器产品,这为管理员提供了跨服务器的公用脚本语言。PowerShell 是一个脚本和服务器导航引擎,用户可以使用该工具导航服务器上的所有对象,就像它们是文件系统中目录结构的一部分一样。

7.2.6 联机丛书

联机丛书是 SQL Server 2016 的文档集,涵盖了有效使用 SQL Server 2016 所需的概念和操作过程。联机丛书还包括 SQL Server 存储、检索、报告和修改数据时所使用的语言和编程接口的参考资料。

　　SQL Server 2016 提供联机丛书,用户可以通过联机丛书了解 SQL Server 2016 的基本操作、功能及特性,并可以很好地学习使用 SQL Server 2016 系统。SQL Server 2016 联机丛书的界面如图 7-12 所示。

图 7-12　联机丛书的界面

本 章 小 结

　　SQL Server 2016 是一个典型的关系数据库管理系统,以其功能强大、操作简便、安全可靠等特性,得到了广大用户的认可。

　　SQL Server 2016 是运行于网络环境下的数据库管理系统,它支持网络中不同计算机上的多个用户同时访问和管理数据库资源。合理配置服务器,可以加快服务器响应请求的速度,充分利用系统资源,提高系统的效率。

　　SQL Server 2016 提供了大量的管理工具,通过这些管理工具,可以对系统快速、高效地进行管理。

思 考 题

1. SQL Server 2016 数据库管理系统产品可以分为哪几个版本,它们各有什么特点?
2. SQL Server 2016 包括哪些组件,其功能是什么?
3. SQL Server Management Studio 的功能特点是什么?
4. SQL Server Profiler 工具的主要目的是什么?

第8章 数据库与数据表

【学习目的与要求】

本章介绍了 SQL Server 2016 中数据库与数据表的使用。通过学习,要求达到下列目的:

(1) 了解数据库和数据表的概念。

(2) 掌握数据库和数据表的创建和修改操作。

(3) 理解数据库和数据表的删除。

8.1 创建数据库

8.1.1 用 T-SQL 命令创建数据库

创建数据库可以使用 CREATE DATEBASE 语句。CREATE DATEBASE 语句的语法格式如下

```
CREATE DATABASE database_name
[CONTAINMENT={NONE|PARTIAL}]
[ON
    [PRIMARY] <filespec>[,…n]
    [,<filegroup>[,…n]]
    [LOG ON <filespec>[,…n]]
]
[COLLATE collation_name]
[WITH <option>[,…n]]
其中,
<filespec> ::=
{
(
NAME=logical_file_name,
FILENAME={'os_file_name'|'filestream_path'}
[,SIZE=size [KB|MB|GB|TB]]
[,MAXSIZE={max_size [KB|MB|GB|TB]|UNLIMITED}]
[,FILEGROWTH=growth_increment [KB|MB|GB|TB|%]]
)
}
```

在创建数据库的过程中,可以设置其中的一些选项,这些选项的作用描述如下。

database_name:新数据库的名称。数据库名称在 SQL Server 的实例中必须唯一,并且必须符合标识符规则。

CONTAINMENT:指定数据库的包含状态。NONE 为非包含数据库,PARTIAL 为部分包含数据库。

ON:指定显式定义用于存储数据库数据部分的磁盘文件(数据文件)。当后面为以逗号分隔的、用于定义主文件组的数据文件的<filespec>项列表时,需要使用 ON。主文件组的文件列表后可跟以逗号分隔的、用于定义用户文件组及其文件的<filegroup>项列表(可选)。

PRIMARY:指定关联的<filespec>列表定义主文件。在主文件组的<filespec>项中指定的第一个文件将成为主文件。一个数据库只能有一个主文件。默认情况下,当没有使用 PRIMARY 关键字时,位于 CREATE DATABASE 语句中的第一个文件就是主文件。

LOG ON:指定显式定义用于存储数据库日志的磁盘文件(日志文件)。LOG ON 后跟以逗号分隔的、用于定义日志文件的<filespec>项列表。如果没有指定 LOG ON,则自动创建一个日志文件,其大小为该数据库的所有数据文件大小总和的 25% 或 512 KB,取两者中的较大者。

COLLATE collation_name:指定数据库的默认排序规则。排序规则名称既可以是 Windows 排序规则名称,也可以是 SQL 排序规则名称。如果没有指定排序规则,则将 SQL Server 实例的默认排序规则分配为数据库的排序规则。

WITH<选项>:仅在将 CONTAINMENT 设置为 PARTIAL 之后,才允许使用一些特殊选项。如果将 CONTAINMENT 设置为 NONE,则会发生错误。

NAME:该选项用于指定数据库的逻辑名称,这是在 SQL Server 系统中使用的名称,数据库在 SQL Server 中的标识符。

FILENAME:该选项用于指定数据库所在文件的操作系统文件名称和路径。在 os_file _name 中的路径必须是 SQL Server 所在服务器上的一个目录,该操作系统文件名称与 NAME 的逻辑名称是一一对应的。

SIZE:该选项用于指定数据库操作系统文件的大小。如果没有指定单位,那么系统默认的单位是 MB。指定文件大小时,只能使用整数,不能使用小数。

MAXSIZE:该选项用于指定操作系统文件可以增长的最大尺寸,默认的单位是 MB。如果没有指定文件可以增长的最大尺寸,那么系统的增长是没有限制的,可以占满整个磁盘空间。

UNLIMITED:用于指定将文件增长到把磁盘充满。在 SQL Server 中,指定为不限制增长的日志文件的最大容量为 2 TB,而数据文件的最大容量为 16 TB。

FILEGROWTH:该选项用于指定文件的增量,当然该选项不能与 MAXSIZE 选项冲突。当该选项指定的数据值为零时,表示文件不能增长,默认的单位是 MB。如果使用百分比指定,则增量值自动调整为 64 KB 的整数倍。

例 8-1 创建 customer 数据库。该数据库的主数据文件的逻辑名称是 customer_data;操作系统文件是 customer_data.mdf,容量大小是 15 MB,最大值是 20 MB,以 20% 的速度增加。该数据库的日志文件的逻辑名称是 customer_log;操作系统文件是 customer_log.ldf,容量大小是 3 MB,最大值是 10 MB,以 1 MB 的速度增加。

解 程序如下。

```
CREATE DATABASE customer
ON PRIMARY(NAME=customer_data,
FILENAME='d:\SqlServer 示例\customer_data.mdf',
   SIZE=15MB,
   MAXSIZE=20MB,
   FILEGROWTH=20%)
LOG ON(NAME=customer_log,
```

```
FILENAME='d:\SqlServer 示例\customer_log.ldf',
SIZE=3MB,
MAXSIZE=10MB,
FILEGROWTH=1MB)
```

例 8-2 创建数据库 Sales。

解 程序如下。

```
CREATE DATABASE Sales
ON(NAME=Sales_data,
FILENAME='d:\SqlServer 示例\Sales_data.mdf',
  SIZE=10,
  MAXSIZE=50,
  FILEGROWTH=5)
LOG ON
  (NAME=Sales_log,
  FILENAME='d:\SqlServer 示例\Sales_log.ldf',
  SIZE=5MB,
  MAXSIZE=25MB,
  FILEGROWTH=5MB)
```

在例 8-2 中，因为没有使用 PRIMARY 关键字，所以第一个数据文件默认为数据库的主数据文件。又因为没有为该文件的大小指定单位，所以系统默认的单位为 MB。

> **注意**：在使用 CREATE DATABASE 语句创建数据库时，FILENAME 指定的文件名称必须使用单引号。

8.1.2 查看数据库信息

对于已经建立好的数据库，我们可以利用企业管理器来查看数据库信息。其方法是用右键单击选中的数据库，然后选择"属性"即可，如图 8-1 所示。

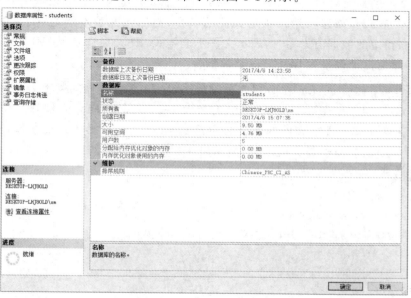

图 8-1 数据库信息

8.2 管理数据库

8.2.1 打开数据库

已经建立的数据库包含很多对象,如表、视图、存储过程、角色、规则等。连接数据库引擎后,在对象资源管理器中即可展开数据库查看更多数据库对象,如图 8-2 所示。通常可以在查询分析器中利用 USE 语句打开或切换至不同的数据库。

图 8-2 查看数据库

打开或切换数据库的语句如下:

    USE database_name

其中,database_name 表示想打开或切换的数据库名称。

8.2.2 增加数据库容量

在使用数据库的过程中,由于数据量的增加超过了原先的设计,所以会引起数据库文件和日志文件的扩大问题。在 SQL Server 中,调整文件大小的方法有三种:一是在创建数据库时,配置其文件自动增长;二是手动扩大数据库所在文件的大小;三是为数据库添加次要的数据库文件和日志文件。第一种方法在创建数据库时就可以完成。

如果在创建数据库文件时没有配置文件的自动增长,那么可以使用 ALTER DATABASE 语句扩大文件的尺寸。ALTER DATABASE 语句的语法格式如下:

```
ALTER DATABASE database
{ADD FILE <filespec>[,…n][TO FILEGROUP/filegroup_name]
| ADD LOGFILE <filespec>[,…n]
| REMOVE FILE logical_file_name[WITH DELETE]
| ADD FILEGROUP filegroup_name
| REMOVE FILEGROUP filegroup_name
| MODIFY FILE <filespec>
| MODIFY NAME=new_dbname
| MODIFY FIELEGROUP filegroup_name{filegroup_property|NAME=new_filegroup name}
| SET <optionspec>[,…n][WITH <termination>]
| COLLATE <collation_name>
}
```

下面描述 ALTER DATABASE 语句中一些子句和选项的含义。

(1) ADD FILE:指定添加数据文件,并且把该数据文件添加到指定的文件组中。

(2) ADD LOGFILE:指定添加事务日志文件。

(3) REMOVE FILE:从数据库中删除指定的文件。

(4) ADD FILEGROUP:指定添加文件组,这也是在数据库中创建文件组的语句。

(5) REMOVE FILEGROUP:指定删除文件组。

(6) MODIFY FILE:指定修改数据文件的大小和名称。

(7) MODIFY NAME:指定修改数据库的名称。

(8) MODIFY FILEGROUP:指定修改文件组的名称。

(9) SET:指定数据库从一种状态转变为另外一种状态时,何时取消不完整的事务。

(10) COLLATE:指定该数据库使用的字符排列规则。

通过为数据库添加次要的数据文件和日志文件,可以扩大数据库的容量。

例 8-3　通过添加次要文件来扩大数据库,编写程序。

解　程序如下。

```
ALTER DATABASE customer
ADD FILE
    (NAME=customer_data2,
FILENAME='d:\SqlServer 示例\customer_data2.mdf',
    SIZE=10MB,
    MAXSIZE=20MB,
FILEGROWTH=20%)
```

当修改数据库时,不但可以修改数据文件,也可以修改日志文件。同样,不但可以添加文件,也可以删除数据文件或日志文件。

8.2.3　查看及修改数据库的选项设定

数据库的选项就是数据库的某些特殊属性。在创建数据库之后,用户可以通过两种方法设置数据库的选项:一种方法是使用企业管理器,另一种方法是使用 ALTER DATABASE 语句。

当使用企业管理器设置数据库的选项时,其对话框如图 8-3 所示。

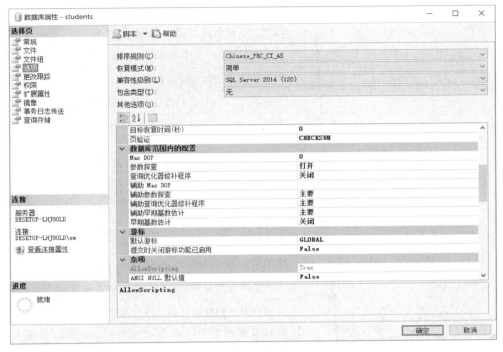

图 8-3 数据库的"选项"页面

在图 8-3 所示的数据库的"选项"页面中,只能设置数据库的常用选项,有些选项没有出现在该页面中。如果希望设置所有的选项,那么可以使用 ALTER DATABASE 语句的 SET 子句。SQL Server 系统提供的选项如表 8-1 所示。

表 8-1 数据库的选项

数据库选项	描　　述
AUTO_CLOSE	当所有用户退出数据库且所有进程都完成时,数据库自动关闭。该选项的默认值是 ON
AUTO_CREATE_STATISTICS	自动创建数据库的统计信息。该选项的默认值是 ON
AUTO_UPDATE STATISTICS	自动修改数据库的统计信息。该选项的默认值是 ON
AUTO SHRINK	自动压缩数据库。该选项的默认值是 OFF
CURSOR_CLOSE_ON COMMIT	当事务完成时,自动关闭游标。该选项的默认值是 OFF
CURSOR_DEFAULT LOCAL|GLOBAL	设置创建的游标是本地游标还是全局游标。该选项的默认值是 GLOBAL
RECOVERY FULL|BULK_LOGGED|SIMPLE	设置数据库的恢复模型。有三种恢复模型:如果希望所有的事务操作都记录在事务日志中,则可以设置数据库的恢复模型为 FULL;如果希望一般的事务操作记录在数据库中,但是块数据的操作不记录在事务日志中,则可以设置数据库的恢复模型为 BULK_LOGGED;如果不希望在事务日志中保存数据,那么可以设置数据库的恢复模型为 SIMPLE。默认的恢复模型为 FULL

续表

数据库选项	描　述
TORN PAGE_DETECTION	检测 I/O 操作是否完整。默认值是 ON
ANSI NULL_DEFAULT	控制数据库的空值特性。默认值是 ON
ANSI NULLS	所有与空值比较的结果都是空值。默认值是 OFF
ANSI PADDING	当设置为 ON 时,字符后面的空格依然保存。默认值是 ON
ANSI WARNINGS	当设置为 ON 时,如果运算中出现诸如除以零或空值时,则显示错误消息。默认值是 OFF
ARITHABORT	当设置为 ON 时,如果出现运算错误,则终止运算或查询;否则,运算或查询继续执行。默认值是 ON
NUMERIC_ROUNDABORT	当设置为 ON 时,如果出现数字精度问题,则显示错误消息。默认值是 OFF
CONCAT NULL YIELDS NULL	所有与空值的运算都依从于空值。默认值是 OFF
QUOTED_IDENTIFIER	使用引号作为标识符。默认值是 OFF
RECURSIVE_TRIGGERS	设置是否允许触发器迭代操作。默认值是 OFF
OFFLINE|ONLINE	设置数据库为在线状态或离线状态。默认值是 ONLINE
READ_ONLY|READ_WRITE	设置数据库为只读状态或读写状态。默认值是 READ_WRITE
SINGLE USER	设置数据库为单用户模式、限制用户模式或多用户模式。默认设置为 IMULTI_USER

8.2.4　压缩数据库容量

数据库不仅可以扩大,而且可以压缩。当为数据库分配的空间过大时,可以压缩整个数据库或数据库中的某个数据文件的大小。压缩数据库大小是通过使用数据库一致性检查器 DBCC 语句来实现的。

> 注意:压缩数据库仅限于压缩数据库增长的部分。也就是说,数据库最小不能小于创建该数据库时指定的数据库大小。

用户可以使用 DBCC SHRINKDATABASE 语句来压缩数据库,该语句的语法格式如下:
DBCC SHRINKDATABASE
　　(database_name[,target_percent][,{NOTRUNCATE\|TRUNCATEONLY}])
在上面的语法中,参数 database_name 用于指定将要压缩的数据库名称;参数 target_percent 用于指定数据库压缩之后该数据库的自由空间在数据库整个尺寸中的比例,如果不指定,那么数据库将缩减至最小的容量,选项 NOTRUNCATE 和 TRUNCATEONLY 用于指定是否释放该数据库所占的空间。

例如,将 student 数据库的空间缩减至最小容量,其语句为:

```
DBCC SHRINKDATABASE ('student')
```

8.2.5　更改数据库名称

数据库创建后,可能需要重新命名,此时调用系统存储过程 sp_renamedb 语句即可。

例如,用以下命令可将数据库 sales 更名为 sale。

```
sp_renamedb 'sales','sale'
```

8.2.6 数据库的删除

当不再需要某个数据库时,可以将该数据库删除,以释放其在操作系统上所占用的磁盘空间并清除数据库文件。

删除数据库有两种方法:使用企业管理器和使用 DROP 语句。

使用企业管理器一次只能删除一个数据库,使用 DROP 语句一次可以删除多个数据库。删除数据库要非常慎重,因为数据库一旦被删除,再恢复就非常困难。

> **注意:** master、model、tempdb 数据库不能被任何用户删除。任何参与复制或用户正在使用的数据库也不能被删除,要删除这种数据库,只能到复制结束时或先断开与数据库的连接。

使用企业管理器删除数据库的操作如下。

(1)打开企业管理器,在对象资源管理器中依次展开服务器→数据库,选中要删除的数据库,然后单击鼠标右键,如图 8-4 所示。

图 8-4　删除数据库

(2)单击"删除"菜单项,弹出图 8-5 所示的"删除对象"对话框,单击"确定"按钮确认删除。

图 8-5 "删除对象"对话框

另外，也可以使用 DROP DATABASE 语句删除数据库，DROP DATABASE 语句的语法格式如下：

DROP DATABASE database_name[,…n]

其中，database_name 是要删除的数据库的名称。

下面的语句将删除数据库 Orders 和 Sale。

```
DROP DATABASE Orders,Sale
```

使用 DROP DATABASE 语句只能删除正常状态下的数据库（活动的、停止的、毁坏的等）。

处于恢复状态的数据库只能用系统存储过程 sp_dbremove 删除。sp_dbremove 允许用户指定要删除的数据库，执行该语句时，也会删除磁盘上的物理文件，sp_dbremove 的语法格式如下：

sp_dbremove database,[dropdev]

该语句可以删除任何状态下的数据库。

提示：当用户要删除的数据库无法访问时，可以使用 DBCC DBREPAIR 语句删除，该语句的语法格式如下：

DBCC DBREPAIR(database_name,dropdb)

8.3 数据库中数据表的操作

8.3.1 SQL Server 的数据类型

数据是信息的数字表现形式,信息的加工和处理是以大量结构化的数据为载体进行的。数据库管理系统的核心是数据库,数据库的主要对象是表,表是结构化数据存储的地方。现实世界是一个多样化的世界,现实世界的信息也是多种多样的。为了准确地表示信息的类型,人们给代表信息的数据赋予了不同的类型属性。例如:为了表示时间和日期信息,可以使用 date time 数据类型;为了表示某一个人的姓名,可以使用 char 或 varchar 数据类型;为了表示数值信息,可以使用 int、real、numeric 等数据类型。

在 SQL Server 系统中,有两种数据类型,一种是系统提供的数据类型,另外一种是用户基于系统数据类型自定义的用户数据类型。

1. 系统数据类型

数据类型是数据的一种属性,表示数据所代表的信息类型。在 SQL Server 2016 中,系统提供了 7 种类别的数据类型,即精确数字数据类型、近似数字数据类型、日期和时间数据类型、字符串数据类型、unicode 字符串数据类型、二进制字符串数据类型、其他数据类型。

下面简单描述系统提供的数据类型的特点和作用。

1) 精确数字数据类型

精确数字数据类型包含 bigint、int、smallint、tinyint、numeric、decimal、money、smallmoney 和 bit。

整数由正整数和负整数组成,如 39、0、-2 和 33967。在 SQL Server 中,整数存储的数据类型是 bigint、int、smallint 和 tinyint。bigint 是一个 8 字节的整数类型,可以存储非常大的整数数据。使用 int 数据类型时,存储数据的范围是从 -2 147 483 648 到 2 147 483 647,占 4 个字节的存储空间。使用 smallint 数据类型时,存储数据的范围是从 -32 768 到 32 767,占 2 个字节。使用 tinyint 数据类型时,存储数据的范围是从 0 到 255,占 1 个字节。

精确小数数据类型是 decimal[(p[,s])] 和 numeric[(p[,s])]。p(精度)表示最多可以存储的十进制数字的总位数,包括小数点左边和右边的位数。该精度必须是从 1 到最大精度 38 之间的值,默认精度为 18。s(小数位数)表示小数点右边可以存储的十进制数字的最大位数。小数位数必须是从 0 到 p 之间的值,仅在指定精度后才可以指定小数位数,默认的小数位数为 0。这种数据所占的存储空间根据该数据的位数和小数点后的位数来确定。这两种数据类型在功能上等价。

货币数据的数据类型是 money 和 smallmoney,用于表示与货币有关的数据。实际上,这种数据类型也是一种小数,但是在这种类型的数据中,小数点后的数据有 4 位,并且会自动地进行四舍五入。money 占 8 个字节,smallmoney 占 4 个字节。

bit 可以取值为 1、0 或 NULL 的 integer 数据类型。字符串值 TRUE 和 FALSE 可转换为 bit 值:TRUE 将转换为 1,FALSE 将转换为 0。转换为 bit 会将任何非零值升为 1。

2) 近似数字数据类型

用于存储近似小数数据的数据类型是 float 和 real。使用这种数据类型可以用科学计数法的形式表示数据。float 和 real 的区别在于:float 数据类型可以表示的数据范围远大于 real 数据类型表示的数据范围。real 占 4 个字节,float(n) 所占字节数取决于 n 的大小。

3）日期和时间数据类型

日期和时间数据类型包括 date、datetime2、datetime、datetimeoffset、smalldatetime、time。使用 datetime 数据类型时，所存储的日期范围是从 1753 年 1 月 1 日开始，到 9999 年 12 月 31 日结束，且精确到 3.33 毫秒。使用 smalldatetime 数据类型时，所存储的日期范围是从 1900 年 1 月 1 日开始，到 2079 年 12 月 31 日结束，且只精确到分钟。

datetime2 数据类型是 datetime 数据类型的扩展，有更广的日期范围。时间总是用时、分钟、秒形式来存储。可以定义末尾带有可变参数的 datetime2 数据类型，如 datetime2(3)，这个表达式中的 3 表示存储秒数的小数精度为 3 位或 0.999。有效值在 0～9 之间，默认值为 3。

datetimeoffset 数据类型和 datetime2 数据类型一样，带有时区偏移量。该时区偏移量最大为＋/－14 小时，包含 UTC 偏移量，因此可以合理化不同时区捕捉的时间。

date 数据类型只存储日期，这是一直需要的一项功能。而 time 数据类型只存储时间，它也支持 time(n) 声明，因此可以控制小数秒的粒度。与 datetime2 和 datetimeoffset 一样，n 的范围在 0～7 之间。

4）字符串数据类型

字符串数据类型包括 char[(n)]、varchar[(n)] 和 text。字符串数据是由任意字母、符号和数字组合而成的数据。char 是定长字符数据，其长度最长为 8 KB。超过 8 KB 的数据可以使用 text 数据类型存储。varchar 是变长度的数据类型，其长度最长为 8 KB。如果有一表列名为 FirstName 且数据类型为 varchar(20)，同时将值"John"存储到该列中，则物理上只存储 4 个字节。但如果在数据类型为 char(20) 的列中存储相同的值，则使用全部 20 个字节。

5）unicode 字符串数据类型

unicode 字符串数据类型也称为国际数据类型，包括 nchar、nvarchar 和 ntext，可以用于存储世界上所有的字符。使用 unicode 数据类型，所占用的空间是非 unicode 数据类型所占用空间大小的两倍。当列的长度变化时，应该使用 nvarchar 字符类型，这时最多可以存储 4000 个字符。当列的长度固定不变时，应该使用 nchar 字符类型，同样，这时最多可以存储 4000 个字符。当使用 ntext 数据类型时，该列可以存储多于 4000 个字符的数据。

6）二进制字符串数据类型

二进制字符串数据类型包括 binary、varbinary 和 image。二进制字符串既可以是固定长度的，也可以是变长度的。binary[(n)] 是 n 位固定长度的二进制数据。其中，n 的取值范围为 1～8000。varbinary[(n)] 是 n 位变长的二进制数据。其中，n 的取值范围也为 1～8000。在 image 数据类型中存储的数据是以位字符串存储的，可以把 BMP、TIFF、GIF 和 JPEG 等格式的数据存储在 image 数据类型中。

7）其他数据类型

其他数据类型包括前面没有提到过的数据类型。特殊的数据类型有 7 种，即 cursor、hierarchyid、sql_variant、table、timestamp、uniqueidentifier、xml。

cursor 是变量或存储过程 OUTPUT 参数的一种数据类型，这些参数包含对游标的引用。

hierarchyid 数据类型是一种长度可变的系统数据类型。可使用 hierarchyid 表示层次结构中的位置。

sql_variant 是一种允许存储不同数据类型的数据值的数据类型。对将要存储的数据类型不能确认时，应该选用这种数据类型。

table 数据类型主要在定义函数时使用。如果该函数的返回结果是一种结果集，那么可以把这种函数定义为 table 数据类型的函数。

timestamp 数据类型用于表示 SQL Server 活动的先后顺序,以二进制的格式表示。timestamp 数据与插入数据或修改数据的日期和时间没有关系。

uniqueidentifier 数据类型由 16 字节的十六进制数字组成,表示一个全局唯一的标识号。当表中的记录要求唯一时,GUID 是非常有用的。

xml 用于存储 XML 数据的数据类型。可以在列中或 xml 类型的变量中存储 xml 实例。

2. 用户定义的数据类型

用户定义的数据类型是基于 SQL Server 提供的系统数据类型而创建的数据类型。当在几个表中必须存储同一种数据类型,且为了保证这些列有相同的数据类型、长度和空值性时,最好使用用户定义的数据类型。

当创建用户定义的数据类型时,必须提供 3 个参数:数据类型的名称、所基于的系统数据类型和数据类型的可控性。

创建用户定义的数据类型可以使用系统存储过程 sp_addtype 语句完成,其语法形式如下:

```
sp_addtype type,system_data_type,null_type
```

其中:type 是用户定义的数据类型的名称;system_data_type 是系统提供的数据类型,如 decimal、int、char 等;null_type 表示该数据类型是如何处理空值的,必须使用单引号引起来,如' NULL ','NOT NULL '。

例 8-4 创建用户定义的数据类型,并编写程序。

解 程序如下。

```
USE students
EXEC sp_addtype ssn,'varchar(15)','NOT NULL'
EXEC sp_addtype birthday,datetime,'NULL'
EXEC sp_addtype telephone,'varchar(24)','NOT NULL'
EXEC sp_addtype fax,'varchar(24)','NULL'
```

在例 8-4 中,在 students 数据库中创建了 4 个用户定义的数据类型。用户定义的数据类型 ssn,它基于的系统数据类型是变长为 15 的字符,不允许空。用户定义的数据类型 birthday,它基于的系统数据类型是 datetime,允许空。用户定义的数据类型 telephone 和 fax,这两种数据类型的基础类型是变长字符类型。

当不需要用户定义的数据类型时,可以删除它们。删除用户定义的数据类型的语句是 sp_droptype。

例 8-5 删除用户定义的数据类型 birthday,并编写程序。

解 程序如下。

```
USE students
EXEC sp_droptype birthday
```

注意:当用户定义的数据类型正在被某个表的定义引用时,这些数据类型不能被删除。

8.3.2 创建数据表

作为一种数据库对象,表既可以使用 CREATE TABLE 语句创建,也可以使用企业管理器创建。下面分别介绍这些创建表的方法。

1. 使用 CREATE TABLE 语句创建表

CREATE TABLE 语句是一种经常使用的创建表的方法，也是一种柔性的创建表的方式，该语法在第 5 章已经详述过。下面通过例题简单说明 CREATE TABLE 语句的用法。

例 8-6 在 students 数据库中创建表 student。该表包含学生的信息，这些信息是学号、姓名、性别、出生日期、籍贯、联系电话、住址和备注等。试编写程序。

解 程序如下。

```
USE students
CREATE TABLE student(
student_id int NOT NULL,
name varchar(10) NOT NULL,
gender char(2) NULL,
birthday datetime NULL,
hometown varchar(30) NULL,
telephone_no varchar(12) NULL,
address varchar(30) NULL,
others varchar(50) NULL)
```

在 student 表中有 8 个列，每一个列都由列名、数据类型和是否为空属性组成。student_id 表示学号，数据类型为 int，不允许空；name 表示学生姓名，数据类型为 varchar，长度为 10，不允许空；gender 表示性别，数据类型为 char，长度为 2，允许空；birthday 表示出生日期，数据类型为 datetime，允许空；hometown 表示学生的籍贯，字段类型为 varchar，长度为 30，允许空；telephone_no 表示联系电话，字段类型为 varchar，长度为 12，允许空；address 表示住址，字段类型为 varchar，长度为 30，允许空；others 表示备注信息，字段类型为 varchar，长度为 50。

在该表中，虽然没有定义主键、外键、索引等，但这确实是一个完整的表，可以用于存储学生信息。

在创建表的过程中，除了在列中直接指定数据类型和属性之外，还可以对某些列进行计算。也就是说，某些列的值不是通过输入得到，而是通过计算得到。例 8-7 就是这样一个示例。

例 8-7 创建包含计算列的表并编写程序。

解 程序如下。

```
USE students
CREATE TABLE mytable(
    low int,
    high int,
    avg AS(low+high)/2)
```

例 8-7 创建了一个表 mytable。在该表中，有 3 个列：列 low 的数据类型为 int；列 high 的数据类型为 int；列 avg 没有指定数据类型，但是它的值是(low+high)/2，是通过计算得到的。AS 是 SQL Server 使用的关键字。

在定义表结构时，还可以定义主键约束。主键约束是唯一确定表中每一行数据的逻辑。主键约束的关键字是 PRIMARY KEY。例如，定义例 8-6 中 student_id 为主键，可以更改如下：

```
USE students
CREATE TABLE student(
student_id int NOT NULL PRIMARY KEY,
name varchar(10)NOT NULL,
```

```
gender char(2) NULL,
birthday datetime NULL,
hometown varchar(30) NULL,
telphone_no varchar(12) NULL,
address varchar(30) NULL,
others varchar(50) NULL)
```

2. 使用企业管理器创建表

除了使用 CREATE TABLE 语句之外，还可以使用企业管理器创建表。使用企业管理器创建表的步骤如下。

在对象资源管理器窗口中，依次展开指定的服务器、数据库节点，表示将在当前数据库中创建表。右击"表"节点，弹出快捷菜单，如图 8-6 所示。

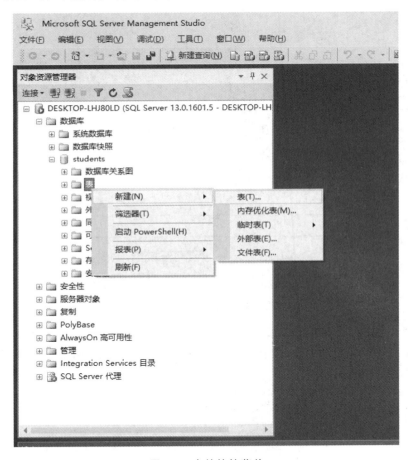

图 8-6　表的快捷菜单

在图 8-6 所示的菜单中，选择"新建→表"，弹出图 8-7 所示的对话框，该对话框可以分成两个部分，上部分有"列名""数据类型"（含"长度"）和"允许 Null 值"3 个列，可以在这些列中分别输入列名、选择数据类型（确定列的数据长度）和确定是否允许为空。下部分可以输入列的其他属性，包括描述、默认值、数值的长度和小数位数等。

在图 8-7 所示的对话框中，选择工具栏上的"存盘"图标，会弹出"选择名称"对话框，如图 8-8 所示，在"输入表名称"文本框中输入"course"，然后单击"确定"按钮，完成该表的创建操作。

列名	数据类型	允许 Null 值
cno	char(10)	☐
cname	char(20)	☑
Ctype	nchar(10)	☑
		☐

列属性

(常规)	
(名称)	cno
默认值或绑定	
数据类型	char
允许 Null 值	否
长度	10
表设计器	
RowGuid	否
标识规范	否

(常规)

图 8-7 创建表的对话框

选择名称

输入表名称(E):

course

确定   取消

图 8-8 "选择名称"对话框

在图 8-7 所示的对话框中,右击任意行会弹出一个快捷菜单,如图 8-9 所示。在图 8-9 中可以执行以下操作:设置主键(设置该列为主键约束)、插入列、删除列、关系(定义表和表之间的关系)、索引/键等。

设置主键(Y)
插入列(M)
删除列(N)
关系(H)...
索引/键(I)...
全文检索(F)...
XML 索引(X)...
CHECK 约束(O)...
空间索引(P)...
生成更改脚本(S)...
属性(R)   Alt+Enter

图 8-9 定义表特性的快捷菜单

8.3.3 修改表的结构

表创建之后,用户可以在对象资源管理器中选中该表,在右键快捷菜单中选择"设计表",改变表中原先的定义项。用户可以增加列、删除列、改变表名和改变表的所有者等。

当用户向表中增加一个新列时,SQL Server 会为表中该列在已有行中的相应位置插入一个数据值。因此,当向表中增加一个新列时,最好为该新列定义一个默认约束,使该列有一个默认值。如果该新列没有默认约束,那么必须指定该新列允许空;否则,系统将产生一个错误信息。

下面介绍如何使用 ALTER TABLE 语句增加和删除列。

例 8-8 首先,创建一个表 doc_exa;然后,查看该表的结构信息;最后,在该表中增加一个字段 column_b,该字段的数据类型是 varchar,长度是 20,这个新字段没有默认值,只允许空。试编写程序。

解 程序如下。

```
CREATE TABLE doc_exa(column_a int)
EXEC sp_help doc_exa
GO
ALTER TABLE doc_exa ADD column_b varchar(20) NULL
GO
EXEC sp_help doc_exa
GO
```

例 8-9 删除表中的列定义。首先,创建一个新表 doc_exb,包含两个列 column_a 和 column_b;然后,使用系统存储过程 sp_help 查看该表的结构;接下来修改该表的定义,例如从表中删除其中的一列 column_b;最后,再检查一遍该表的结构。

解 程序如下。

```
CREATE TABLE doc_exb(column_a int,column_b varchar(20) NULL)
GO
EXEC sp_help doc_exb
GO
ALTER TABLE doc_exb DROP COLUMN column_b
GO
EXEC sp_help doc_exb
GO
```

8.3.4 删除表的定义

删除表就是将表中数据和表的结构从数据库中永久性地删除。删除表之后,就不能再恢复该表的定义。删除表可以使用 DROP TABLE 语句来完成,语句的语法格式如下:

DROP TABLE table_name

另外,也可以使用企业管理器删除表。在对象资源管理器中,右键单击需要删除的表名,从弹出的快捷菜单中选择"删除"即可。

不能使用 DROP TABLE 语句删除正在被其他表中的外键约束参考的表。当需要删除这种有外键约束参考的表时,必须首先删除外键约束,然后才能删除该表。表的所有者可以删除自己的表。当删除表时,绑定在该表上的规则和缺省则失掉了绑定。属于该表的约束或触发器则被自动删除。如果重新创建表,则必须重新绑定相应的规则和缺省,重新创建触发器和增加必要的约束。

删除表的许可属于表的所有者,并且该许可不能授权。然而,sysadmin 固定服务器角色、dbowner 固定数据库角色和 ddl_admin 固定数据库角色通过在 DROP TABLE 语句中指定表的所有者,也可以删除表或其他对象。

注意:系统表不能被删除。

本 章 小 结

本章首先讲述了有关数据库管理方面的内容,重点研究了有关数据库的创建、修改、设置等技术。数据库包含数据文件和事务日志文件。然后介绍了基本表的概念和特点,详细地讨论了如何创建表、修改表和删除表,这是数据库管理最重要、最基本的工作。

思 考 题

1. 创建数据库的方法有哪些?具体操作步骤是什么?
2. 关系型数据库是以什么形式来存储数据的?
3. 创建数据表的方法有哪些?具体操作步骤是什么?
4. 数据库和数据表有何区别?
5. 什么是表?什么是列?如何确定列的数据类型?数据类型 char 和 varchar 有什么区别?
6. SQL Server 提供的数据类型有哪两类?二者有何区别?

第**9**章　SQL Server 的高级应用

【学习目的与要求】

本章介绍了 T-SQL 程序设计、存储过程、函数和触发器的概念、作用以及使用方法,通过学习,要求达到下列目的:

(1) 掌握 T-SQL 程序的基本语句和流控制命令。

(2) 掌握 SQL Server 中常用函数的使用。

(3) 掌握 SQL Server 中游标的使用。

(4) 掌握存储过程的使用和管理。

(5) 掌握自定义函数的使用和管理。

(6) 掌握触发器的使用和管理。

 ## *9.1*　T-SQL 程序设计

Transact-SQL(简称为 T-SQL)是 Microsoft 公司在关系型数据库管理系统 SQL Server 中实现的一种计算机高级语言,是对 SQL 的扩展。T-SQL 是 SQL Server 的核心,与 SQL Server 实例通信的所有应用程序通过将 T-SQL 语句发送到服务器进行通信,而不管应用程序的用户界面如何。可生成 T-SQL 的各种应用程序列表如下。

(1) 通用办公效率应用程序。

(2) 使用图形用户界面(GUI)的应用程序,使用户选择包含要查看的数据的表和列。

(3) 使用通用语言确定用户要查看数据的应用程序。

(4) 将其数据存储于 SQL Server 数据库中的商业应用程序。这些应用程序可以包括供应商编写的应用程序和内部编写的应用程序。

(5) 使用诸如 sqlcmd 这样的实用工具运行的 T-SQL 脚本。

(6) 使用诸如 Microsoft Visual C++、Microsoft Visual Basic 或 Microsoft Visual J++(使用 ADO、OLE DB 及 ODBC 等数据库 API)这样的开发系统创建的应用程序。

(7) 从 SQL Server 数据库提取数据的网页。

(8) 通过分布式数据库系统将 SQL Server 中的数据复制到各个数据库或执行分布式查询。

(9) 数据仓库。从联机事务处理(OLTP)系统中提取数据,以及对数据汇总进行决策支持分析,均可在此仓库中进行。

9.1.1　T-SQL 程序结构

可以使用 T-SQL 语句编写服务器端的程序。一般而言,一个程序由以下要素组成。

(1) 注释。

(2) 批处理。

(3) 程序中使用的变量、函数等。

(4) 改变批处理语句执行顺序的流程控制语句。

（5）错误和消息的处理。

1．注释语句

注释（注解）是程序代码中非执行的内容，不参与程序的编译。使用注释可对代码进行说明，可提高程序代码的可读性，使程序代码日后更易于维护。注释也可用于描述复杂计算或解释编程方法。

SQL Server 2016 支持两种形式的注释语句：

（1）"--"（双连字符）：注释内容从双连字符开始到行尾结束，常用于单行注释。

（2）/*…*/（正斜杠＋星号对）：注释内容从开始注释对（/*）到结束注释对（*/）之间的全部内容。常用于多行（块）注释，当然也可用于单行注释。

2．批处理——GO

批处理是使用 GO 语句将多条 SQL 语句进行分隔，其中每两条 GO 语句之间的 SQL 语句就是一个批处理单元。一个批处理中可以只包含一条语句，也可以包含多条语句。若编译错误，则均不执行。若执行错误，则前面执行的语句不受影响。可利用批处理语句来提高程序的执行效率。

GO 用于向 SQL Server 实用工具发出一批 T-SQL 语句结束的信号。语法格式如下：

GO［count］

其中，count 为一个正整数，表示 GO 之前的批处理将执行指定的次数。

要注意以下几点。

（1）GO 不是 T-SQL 语句，它是可由 sqlcmd 和 osql 实用工具及 SQL Server Management Studio 代码编辑器识别的语句。

（2）GO 语句和 T-SQL 语句不能在同一行中，但在 GO 命令行中可包含注释。

（3）用户必须遵照使用批处理的规则。例如，批处理中的第一条语句后执行任何存储过程必须包含 EXECUTE 关键字。

3．PRINT 语句

PRINT 语句用于向客户端返回用户定义消息。使用 PRINT 可以帮助我们排除 T-SQL 语句中的故障、检查数据值或生成报告。语法格式如下：

PRINT 'any ASCII text'|@local_variable|@@FUNCTION|string_expression

（1）PRINT：显示字符串、局部变量或全局变量。如果变量值不是字符串，则必须先用数据类型转换函数 CONVERT 将其转换为字符串。

（2）string_expression：代表可返回一个字符串的表达式，例如，Print 'ABCDEFG'。

9.1.2　常量与变量

常量与变量是 T-SQL 中不可或缺的，是 T-SQL 的基础，两者在使用时必须先定义。

1．常量

常量是指程序运行过程中始终固定不变的量，常量的格式取决于它所表示的值的数据类型。对于字符常量或时间日期型常量，需要使用单引号引起来。例如：

```
select je=$255.28;
select price=218.88
select rq='20130501:20:08:08'
GO
```

2. 变量

变量是指在程序运行过程中其值可以变化的数据,是表示一个特定数据值的符号。T-SQL 语言允许使用两种变量:一种是用户自己定义的局部变量(local variable),另一种是系统提供的全局变量(global variable)。

1)局部变量

局部变量是用户自己定义的变量,它的作用范围仅在程序内部。通常只能在一个批处理中或存储过程中使用,用于存储从表中查询到的数据,或作为程序执行过程中暂存变量使用。

局部变量使用 DECLARE 语句定义,并指定变量的数据类型,然后可以使用 SET 或 SELECT 语句为变量初始化;局部变量必须以"@"开头,而且必须先声明后使用。

DECLARE 语法格式如下:

DECLARE

{

{{@local_variable [AS] data_type}|[=value]}

|{@cursor_variable_name CURSOR}} [,…n]

|{@table_variable_name [AS] <table_type_definition>|<user-defined table type>}

参数说明:

(1) @local_variable:代表变量的名称,变量名称必须以@符开头,局部变量名称必须符合标识符规则。

① data_type:代表任何系统提供的公共语言运行时(CLR)用户定义表类型或别名数据类型,变量的数据类型不能是 text、ntext 或 image。

②=value:代表以内联方式为变量赋值,值可以是常量或表达式,但它必须与变量声明类型匹配,或者可隐式转换为该类型。

(2) @cursor_variable_name:代表游标变量的名称,游标变量名称必须以@符号开头,并符合有关标识符的规则。CURSOR 代表指定变量是局部游标变量。

(3) n:代表可以指定多个变量并对变量赋值的占位符。

(4) @table_variable_name:代表一个类型为 table 的变量名称,变量名称必须以@符号开头,并符合有关标识符的规则。声明 table 变量时,table 变量必须是 DECLARE 语句中声明的唯一变量。

① <table_type_definition>:代表定义 table 数据类型。表声明包括列定义、名称、数据类型和约束。允许的约束类型只包括 PRIMARY KEY、UNIQUE、NULL 和 CHECK。如果类型绑定了规则或默认定义,则不能将别名数据类型用作列标量数据类型。

② <user-defined table type>:用户自定义表类型。

局部变量初始化语法格式如下:

SELECT @局部变量=变量值

SET @局部变量=变量值

例如,声明一个整型变量 num,初始值为 1,并打印该变量。

变量声明:Declare @num int,

变量定义为:SET @num=1 或 SELECT @num=1

打印变量为:PRINT num AS '数字'

初学者要注意:第一次声明变量时,其值设置为 NULL。如果声明字符型的局部变量,一定要在变量类型中指明其最大长度,否则系统认为其长度为1。

例 9-1 students 数据库中要求查询姓胡的学生信息,试编写语句。

注意:可设置局部变量 findstu 来记录学生的姓名信息,然后给该变量赋值'胡%'(以便于做模糊查询)。

解 查询语句如下。

```
USE students
GO
DECLARE @findstu nvarchar(10)——定义局部变量
SET @findstu='胡%'——局部变量赋值,胡%表示字符串以胡开头,后面字符任意
SELECT * FROM student WHERE sName LIKE @findstu
```

查询结果如图 9-1 所示。

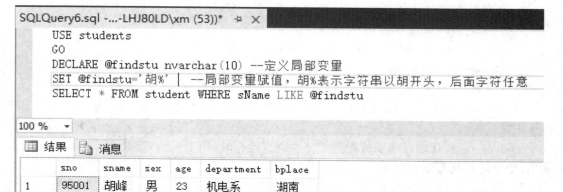

图 9-1 例 9-1 图

若要声明多个局部变量,则在定义的第一个局部变量后使用一个逗号,然后指定下一个局部变量名称和数据类型。例如:

```
DECLARE @student_no char(10),@ student _name char(10);
```

变量的作用域就是可以引用该变量的 T-SQL 语句的范围。变量的作用域从声明变量的地方开始到声明变量的批处理或存储过程的结尾。变量具有局部作用域,只在定义它们的批处理或过程中可见。局部(用户定义)变量的作用域限制在一个批处理中,不可在 GO 语句后引用。如果 SELECT 语句返回多行而且变量引用一个非标量表达式,则变量被设置为结果集最后一行中表达式的返回值。

例 9-2 要求查询学生的学号和姓名,试编写语句。

分析:设置局部变量 student_no、student_name 来记录学生的学号和姓名信息,查询结果返回多行信息。局部变量为返回的最后一行的 sno、sname 的值。由于该案例是查询后按照 sno 降序排列的,最后一行数据为 95001 号姓名为胡蜂的学生信息,如图 9-2(a)所示。

解 查询语句如下。

```
USE students
GO
DECLARE @student_no char(10),——局部变量用来记录学生学号
        @student_name  char(10) ——局部变量用来记录学生姓名
```

```
SELECT  @student_no=sno,@student_name=sname
   FROM student ORDER BY sno DESC;
SELECT @student_no as '学号',@student_name  AS '姓名'
GO
```

查询结果如图 9-2(b)所示。

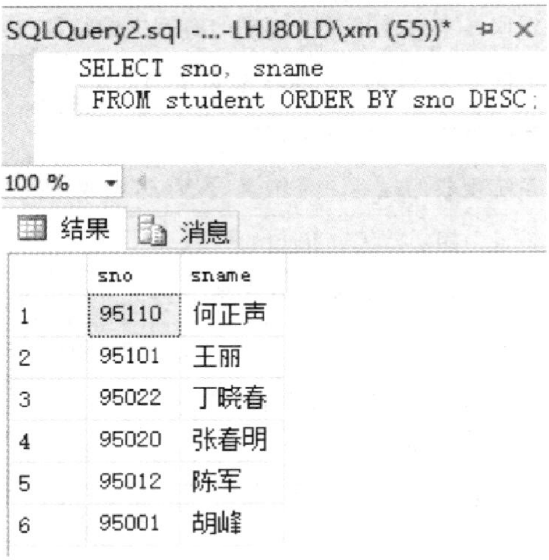

(a)

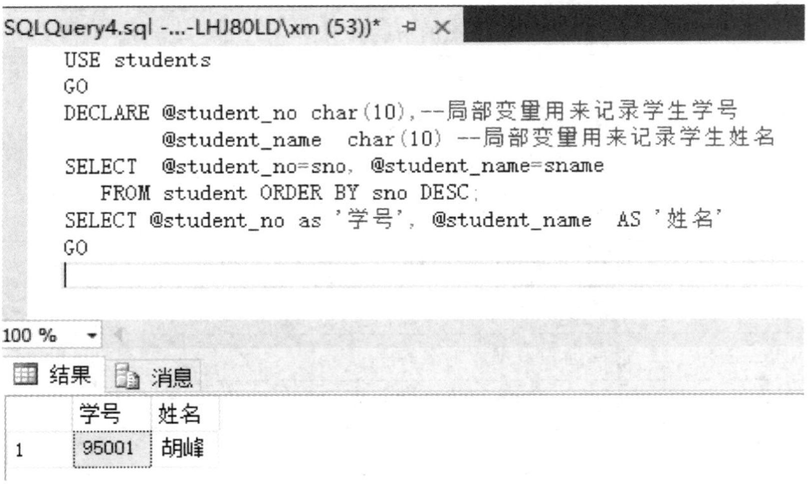

(b)

图 9-2 例 9-2 图

2）全局变量

全局变量是 SQL Server 系统内部使用的变量，通常存储一些 SQL Server 的配置设置值和效能统计数据。用户可在程序中用全局变量来测试系统的设定值或 T_SQL 语句执行后的状态值。引用全局变量时，全局变量的名字前面要有两个标记符"@@"。从 SQL Server 7.0 开始，全局变量就以系统函数的形式使用。全局变量的符号及其功能如表 9-1 所示。

表 9-1　全局变量及其功能

全 局 变 量	功　　　能
@@CONNECTIONS	自 SQL Server 最近一次启动以来登录或试图登录的次数
@@CPU_BUSY	自 SQL Server 最近一次启动以来 CPU 的工作时间
@@CURRSOR_ROWS	返回在本次连接最新打开的游标中的行数
@@DATEFIRST	返回 SET DATEFIRST 参数的当前值
@@DBTS	数据库的唯一时间标记值
@@ERROR	系统生成的最后一个错误,若为 0,则成功
@@FETCH_STATUS	最近一条 FETCH 语句的标志
@@IDENTITY	保存最近一次的插入身份值
@@IDLE	自 CPU 服务器最近一次启动以来的累计空闲时间
@@IO_BUSY	服务器输入/输出操作的累计时间
@@LANGID	当前使用语言的 ID
@@LANGUAGE	当前使用语言的名称
@@LOCK_TIMEOUT	返回当前锁的超时设置
@@MAX_CONNECTIONS	同时与 SQL Server 2000 相连的最大连接数量
@@MAX_PRECISION	十进制与数据类型的精度级别
@@NESTLEVEL	当前调用存储过程的嵌套级,范围为 0~16
@@OPTIONS	返回当前 SET 选项的信息
@@PACK_RECEIVED	所读的输入包数量
@@PACKET_SENT	所写的输出包数量
@@PACKET_ERRORS	读/写数据包的错误数
@@RPOCID	当前存储过程的 ID
@@REMSERVER	返回远程数据库的名称
@@ROWCOUNT	最近一次查询涉及的行数
@@SERVERNAME	本地服务器名称
@@SERVICENAME	当前运行的服务器名称
@@SPID	当前进程的 ID
@@TEXTSIZE	当前最大的文本或图像数据大小
@@TIMETICKS	每一个独立的计算机报时信号的间隔(ms)数,报时信号为 31.25 ms 或 1/32 s
@@TOTAL_ERRORS	读/写过程中的错误数量
@@TOTAL_READ	读磁盘次数(不是高速缓存)
@@TOTAL_WRITE	写磁盘次数
@@TRANCOUNT	当前用户的活动事务处理总数
@@VERSION	当前 SQL Server 的版本号

例 9-3 查询学生表 student 中前两位的学生的信息,编写语句。

分析:查询前两位学生,就要用到 TOP(N)查询。

解 查询语句如下。

```
SELECT top 2 * FROM student;
SELECT @@ROWCOUNT AS '查询记录数'
```

查询结果如图 9-3 所示。如果表中的数据量不小于 2,那么 SELECT@@ROWCOUNT 就会返回 2;如果只有 1 条或 0 条数据,那么 SELECT@@ROWCOUNT 就会返回 1 或者 0。

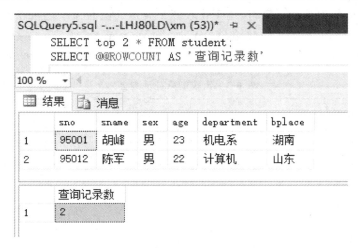

图 9-3　例 9-3 图

使用全局变量时应该注意以下几点。

(1) 全局变量不是由用户的程序定义的,它们是在服务器级定义的。

(2) 用户只能使用预先定义的全局变量。

(3) 引用全局变量时,必须以标记符"@@"开头。

(4) 局部变量的名称不能与全局变量的名称相同,否则会在应用程序中出现不可预测的结果。

9.1.3　运算符

运算符是一种符号,用于指定要在一个或多个表达式中执行的操作。在 SQL Server 2016 系统中,使用的运算符可以分为算术运算符、赋值运算符、位运算符、比较运算符、逻辑运算符、字符串串联运算符等。

1. 算术运算符

算术运算符可以在任何以数字数据类型分类的表达式间进行各种算术运算。算术运算符包括加(+)、减(-)、乘(*)、除(/)、取模(%)。

2. 赋值运算符

T-SQL 中只有一个赋值运算符,即"="。赋值运算符是指将表达式的值赋给另一个变量。另外,还可以使用赋值运算符在列标题和为列定义值的表达式之间建立关系。

3. 位运算符

位运算符可以对两个表达式进行运算。这两个表达式既可以是整型数据,也可以是二进制数据。表 9-2 列出了所有的位运算符及其含义。

表 9-2　位运算符及其含义

运　算　符	含　　义
&	位与（两个操作数）
|	位或（两个操作数）
^	位异或（两个操作数）

4. 比较运算符

比较运算符也称为关系运算符，用于比较两个表达式值的大小是否相同，其比较的结果是布尔值，即 TRUE、FALSE 及 UNKNOWN。除 text、ntext 或 image 数据类型的表达式外，比较运算符可以用于所有的表达式。表 9-3 列出了所有的比较运算符及其含义。

表 9-3　比较运算符及其含义

运　算　符	含　　义
=	等于
>	大于
<	小于
>=	不小于
<=	不大于
<>	不等于
!=	不等于（非 ISO 标准）
!<	不小于（非 ISO 标准）
!>	不大于（非 ISO 标准）

5. 逻辑运算符

逻辑运算符对某些条件进行测试，以获得其真实情况。逻辑运算符返回带有 TRUE 或 FALSE 值的布尔数据类型。表 9-4 列出了所有的逻辑运算符及其含义。

表 9-4　逻辑运算符及其含义

运　算　符	含　　义
ALL	如果一组的比较都为 TRUE，那么就为 TRUE
AND 或 &&	如果两个布尔表达式都为 TRUE，那么就为 TRUE
ANY 或 SOME	如果一组的比较中任何一个为 TRUE，那么就为 TRUE
BETWEEN	如果操作数在某个范围内，那么就为 TRUE
EXISTS	如果子查询包含一些行，那么就为 TRUE
IN	如果操作数等于表达式列表中的一个，那么就为 TRUE
LIKE	如果操作数与一种模式相匹配，那么就为 TRUE
NOT 或 !	对任何其他布尔运算符的值取反
OR 或 ||	如果两个布尔表达式中的一个为 TRUE，那么就为 TRUE

6. 字符串串联运算符

加号（＋）是字符串串联运算符,可以用它将字符串串联起来。其他所有字符串操作都使用字符串函数(如 SUBSTRING)进行处理。

运算符有优先等级。在较低等级的运算符之前先对较高等级的运算符进行求值。

(1) ＋(正)、－(负)、～(按位 NOT)；

(2) ＊(乘)、/(除)、％(模)；

(3) ＋(加)、(＋ 串联)、－(减)；

(4)＝,＞,＜,＞＝,＜＝,＜＞,！＝,！＞,！＜ 比较运算符；

(5) ^(位异或)、&(位与)、|(位或)；

(6) NOT；

(7) AND；

(8) ALL、ANY、BETWEEN、IN、LIKE、OR、SOME；

(9)＝(赋值)。

9.1.4 流程控制语句

流程控制语句是指用于控制程序执行和流程分支的语句,在 SQL Server 2016 中,流程控制语句主要用于控制 SQL 语句、语句块或存储过程的执行流程。

1. BEGIN…END

BEGIN…END 包括一系列 T-SQL 语句,BEGIN…END 语句块允许嵌套。

语法格式如下：

BEGIN

   {

   sql_statement|statement_block

   }

END

{sql_statement|statement_block}是任何有效的 T-SQL 语句或以语句块定义的语句分组。

虽然所有的 T-SQL 语句在 BEGIN…END 块内都有效,但有些 T-SQL 语句不应分组在同一批处理或语句块中。

2. IF…ELSE

IF…ELSE 为指定 T-SQL 语句的执行条件。如果满足条件,则在 IF 关键字及其条件之后执行 T-SQL 语句:布尔表达式返回 TRUE。在 ELSE 关键字引入另一个 T-SQL 语句,当不满足 IF 条件时就执行该语句:布尔表达式返回 FALSE。

语法格式如下：

IF Boolean_expression

   {sql_statement|statement_block}

［ELSE

   {sql_statement|statement_block}］

参数说明：

(1) Boolean_expression 返回 TRUE 或 FALSE 的表达式。如果布尔表达式中含有 SELECT 语句,则必须用括号将 SELECT 语句括起来。

(2) {sql_statement|statement_block}表示任何 T-SQL 语句或用语句块定义的语句分

组。除非使用语句块,否则 IF 或 ELSE 条件只能执行其后的一条 T-SQL 语句。若要定义语句块,必须使用控制流程关键字 BEGIN 和 END。

例 9-4 判断一个数是正数还是负数,并编写语句。

分析:要完成该功能,首先要输入一个整型数,系统中要设置一个变量接收这个数;然后利用 IF 语句判断数是大于 0 还是小于 0,最后根据判定结果大于 0 为正数,否则为负数。

解 语句如下。

```
DECLARE @a int
SET @a=10    ——声明变量并赋初始值为 10
IF @a>0    ——判断变量是否为大于 0 的正数
PRINT 'a 为正数'
ELSE
PRINT 'a 为负数'
```

输出结果如图 9-4 所示。

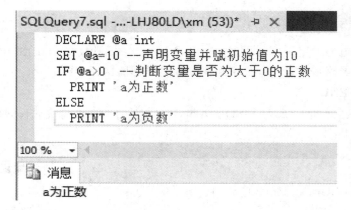

图 9-4 例 9-4 图

我们经常利用 IF 语句和 EXISTS 或 NOT EXISTS 关键字来判断 SELECT 查询结果是否有记录。

例 9-5 判断 c1 号课程是否有人选修,并编写语句。

分析:要完成该功能,首先要编写查询语句:根据课程号 cno 为 c1 来判断有没有选修 c1 课程。SELECT * FROM enroll WHERE cno='c1'。如果查询结果中有满足条件的数据行,则输出已经有人选,否则就是没有人选。

解 语句如下。

```
USE students
GO
IF EXISTS(SELECT * FROM enroll WHERE cno='c1')
    PRINT 'c1 号课程已有人选'
ELSE
    PRINT 'c1 号课程还没有人选'
```

输出结果如图 9-5 所示。

3. CASE

CASE 用于计算条件列表并返回多种可能结果的表达式。CASE 表达式有两种格式:
(1) CASE 简单表达式,通过将表达式与一组简单的表达式进行比较来确定结果。

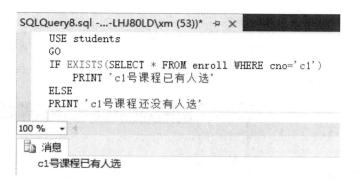

图 9-5　例 9-5 图

（2）CASE 搜索表达式，通过计算一组布尔表达式来确定结果。

这两种格式都支持可选的 ELSE 参数。CASE 可允许使用有效表达式的任意语句或子句。例如，可以在 SELECT、UPDATE、DELETE 和 SET 等语句及 select_list、IN、WHERE、ORDER BY 和 HAVING 等子句中使用 CASE。

语法格式为：

CASE input_expression

  WHEN when_expression THEN result_expression［…n］

  ［ELSE else_result_expression］

END

或者

CASE

  WHEN Boolean_expression THEN result_expression［…n］

  ［ELSE else_result_expression］

END

例 9-6　　根据查询出的成绩确定学生成绩的等级，要求输入的成绩应在 0 到 100 之间，否则就会提示成绩输入错误。假设现在要查询 95001 号学生胡峰的 c1 课程的成绩等级，试编写语句。

分析：要完成该功能，必须根据课程号 cno 和学号 sno 查询成绩。要设置变量@cj 存放查询出来的成绩（grade）信息，查出成绩后，要根据成绩的分数段输出等级，所以需要另外一个变量@str 存放最后的输出等级。

解　　语句如下。

```
USE students
GO
DECLARE @cj float, ——定义成绩变量
@str varchar(30) ——定义等级变量
SELECT @cj=grade FROM enroll WHERE cno='c1' AND sno='95001' ——查询学生成绩
SET @str=    ——初始值为空
CASE    ——根据分数判断等级
  WHEN @cj>100 OR @cj<0 THEN '成绩输入错误,成绩应在 0 到 100 之间'
  WHEN @cj>=60 AND @cj<70 THEN '及格'
  WHEN @cj>=70 AND @cj<80 THEN '中等'
  WHEN @cj>=80 AND @cj<90 THEN '优良'
  WHEN @cj>=90 AND @cj<=100 THEN '优秀'
```

```
      ELSE '不及格'
      END
      PRINT '该学生的成绩的等级是:'+ @str    ——打印@str 变量中存放的成绩等级信息
      GO
```

输出结果如图 9-6 所示。

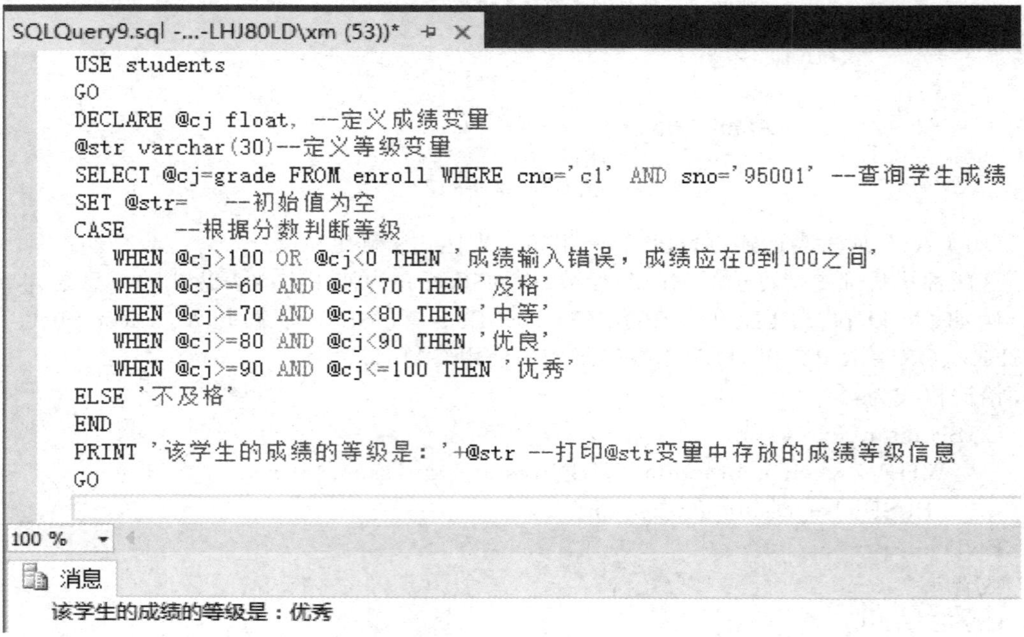

```
SQLQuery9.sql -...-LHJ80LD\xm (53))*  ⊣ ×
      USE students
      GO
      DECLARE @cj float, --定义成绩变量
      @str varchar(30)--定义等级变量
      SELECT @cj=grade FROM enroll WHERE cno='c1' AND sno='95001' --查询学生成绩
      SET @str=    --初始值为空
      CASE    --根据分数判断等级
        WHEN @cj>100 OR @cj<0 THEN '成绩输入错误,成绩应在0到100之间'
        WHEN @cj>=60 AND @cj<70 THEN '及格'
        WHEN @cj>=70 AND @cj<80 THEN '中等'
        WHEN @cj>=80 AND @cj<90 THEN '优良'
        WHEN @cj>=90 AND @cj<=100 THEN '优秀'
      ELSE '不及格'
      END
      PRINT '该学生的成绩的等级是: '+@str --打印@str变量中存放的成绩等级信息
      GO
```

100 % ◂

消息

该学生的成绩的等级是:优秀

图 9-6 例 9-6 图

在 SELECT 语句中,CASE 简单表达式只能用于等同性检查,而不能进行其他比较。例题 9-6 还可以实现如下:将 CASE 语句嵌入到查询语句中,作为一个查询列"成绩等级",这样就不需要定义变量和控制结构了。程序语句如下:

```
      USE students
      GO
      SELECT sno AS 学号,cno AS 课程号,
      成绩等级=CASE    ——查询的成绩信息直接放到语句中进行登记判定
        WHEN grade>100 OR grade<0 THEN '成绩输入错误,成绩应在 0 到 100 之间'
        WHEN grade>=60 AND grade<70 THEN '及格'
        WHEN grade>=70 AND grade<80 THEN '中等'
        WHEN grade>=80 AND grade<90 THEN '优良'
        WHEN grade>=90 AND grade<=100 THEN '优秀'
        ELSE '不及格'
      END
      FROM enroll WHERE cno='c1' AND sno='95001'
      GO
```

输出结果如图 9-7 所示。

4. WHILE

WHILE 用于设置重复执行 SQL 语句或语句块的条件。只要指定的条件为真,就重复执行语句。可使用 BREAK 和 CONTINUE 关键字在循环内部控制 WHILE 循环中语句的

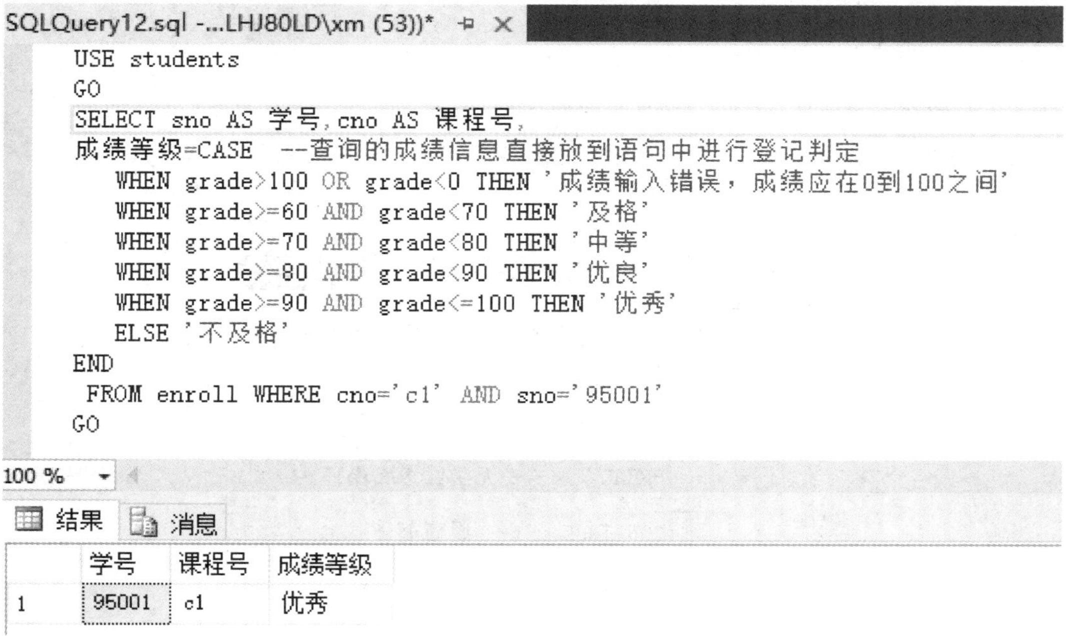

```
SQLQuery12.sql -...LHJ80LD\xm (53))*  ⊣ ×
    USE students
    GO
    SELECT sno AS 学号,cno AS 课程号,
    成绩等级=CASE   --查询的成绩信息直接放到语句中进行登记判定
        WHEN grade>100 OR grade<0 THEN '成绩输入错误,成绩应在0到100之间'
        WHEN grade>=60 AND grade<70 THEN '及格'
        WHEN grade>=70 AND grade<80 THEN '中等'
        WHEN grade>=80 AND grade<90 THEN '优良'
        WHEN grade>=90 AND grade<=100 THEN '优秀'
        ELSE '不及格'
    END
     FROM enroll WHERE cno='c1' AND sno='95001'
    GO
```

100 %   ▼ ◁

▦ 结果 | 🗎 消息

	学号	课程号	成绩等级
1	95001	c1	优秀

图 9-7　例 9-6 图

执行。

语法格式为：

WHILE Boolean_expression

　　　{sql_statement|statement_block|BREAK|CONTINUE}

参数说明：

（1）Boolean_expression 表示返回 TRUE 或 FALSE 的表达式。如果布尔表达式中含有 SELECT 语句,则必须用括号将 SELECT 语句括起来。

（2）sql_statement|statement_block 表示 T-SQL 语句或用语句块定义的语句分组。若要定义语句块,则使用控制流程关键字 BEGIN 和 END。

（3）BREAK 表示从最内层的 WHILE 循环中退出。将执行出现在 END 关键字（循环结束的标记）后面的任何语句。

（4）CONTINUE 表示使 WHILE 循环重新开始执行,忽略 CONTINUE 关键字后面的任何语句。

■ **例 9-7**　统计 1 到 10 之间小于 5 的数有多少个。

分析：要完成该功能,必须要读入 1 到 10 之间的所有数字。同时要统计满足条件的数字的个数,所以定义一个变量为整型并赋初值为 1；然后用 WHILE 语句进行判断,若符合条件,继续运行循环,否则退出循环。

■ **解**　语句如下。

```
DECLARE @i int
SET @i=1   ——循环计数变量,初始值为 1
WHILE @i<=10   ——循环条件
  BEGIN
    SET @i=@i+1 ——计数器累加
    IF @i=5
```

```
        BREAK    ——无条件退出循环
    ELSE
        CONTINUE  ——重新循环
  END
SELECT @i AS '总计'  ——输出结果
  GO
```

输出结果如图 9-8 所示。

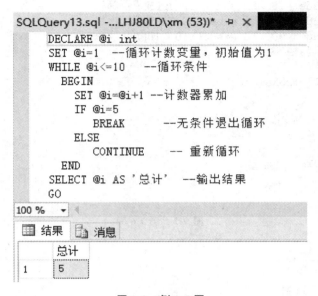

图 9-8　例 9-7 图

5. WAITFOR

WAITFOR 为延迟语句,指在达到指定时间或时间间隔之前,或者指定语句至少修改或返回一行之前,阻止执行批处理、存储过程或事务。

语法格式为:

WAITFOR

{DELAY 'time_to_pass'

　| TIME 'time_to_execute'

　| [(receive_statement)|(get_conversation_group_statement)]

　　[,TIMEOUT timeout]}

参数说明:

(1) DELAY 表示可以继续执行批处理、存储过程或事务之前必须经过的指定时段,最长可为 24 小时。

'time_to_pass'为等待的时段。可使用 datetime 数据可接受的格式,但不能指定日期。

(2) TIME 为指定的运行批处理、存储过程或事务的时间。

'time_to_execute'为 WAITFOR 语句完成的时间。

(3) receive_statement 为有效的 RECEIVE 语句。

(4) get_conversation_ group_statement 为有效的 GET CONVERSATION GROUP 语句。

(5) TIMEOUT timeout 为指定消息到达队列前等待的时间(以毫秒为单位)。

例 9-8　用 TIME 关键字指定在下午两点半以后对指定数据表 student 进行

查询。

　语句如下：

```
SELECT * FROM student
Go
WAITFOR time '14:30:00'
SELECT * FROM student
```

例 9-9　在 WAITFOR 语句中使用 DELAY 参数设置查询语句执行前需要等待的时间间隔。

解　语句如下。

```
SELECT * FROM student
GO
WAITFOR DELAY '00:00:03'
SELECT * FROM Student
```

执行结果如图 9-9 所示，查询了 student 表的数据 3 秒后执行了后面的查询，查询性别为男的学生信息。

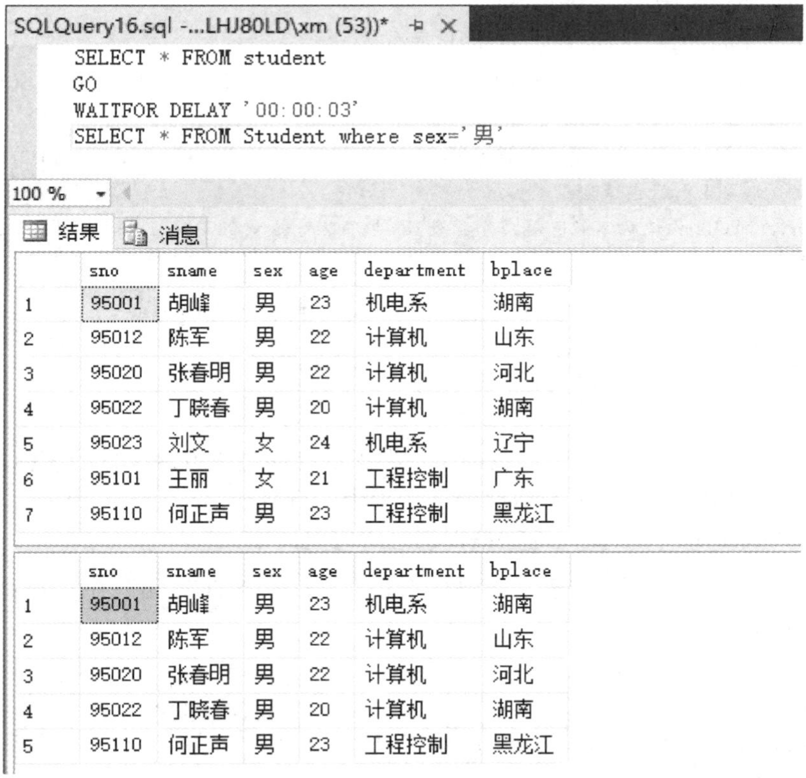

图 9-9　例 9-9 图

6. RETURN 语句

RETURN 语句可从查询或过程中无条件退出。RETURN 的执行是即时且完全的，可在任何时候用于从过程、批处理或语句块中退出。RETURN 之后的语句是不执行的。如果用于存储过程，则 RETURN 不能返回空值。其语法格式为：

RETURN [integer_expression]

7. TRY…CATCH

为了增强程序的健壮性,必须对程序中可能出现的错误进行及时处理。在 T-SQL 语言中,可以使用两种方式处理发生的错误,即使用 TRY…CATCH 语句(异常处理语句)和使用 @@ERROR 函数。

TRY…CATCH 语句用于实现类似于 C♯ 和 C++ 语言中的异常处理的错误处理。T-SQL 语句组可以包含在 TRY 块中。如果 TRY 块内部发生错误,则会将控制传递给 CATCH 块中包含的另一个语句组。

TRY…CATCH 语句的语法格式如下:

```
BEGIN TRY
    {sql_statement|statement_block}
    END TRY
    BEGIN CATCH
    {sql_statement|statement_block}
    END CATCH
[;]
```

参数说明:

(1) sql_statement 表示为任何 T-SQL 语句。

(2) statement_block 表示为批处理或包含于 BEGIN…END 块中的任何 T-SQL 语句组。

> 注意:① TRY 块后必须紧跟相关联的 CATCH 块。在 END TRY 和 BEGIN CATCH 语句之间放置任何其他语句都将生成错误语法。
> ② TRY…CATCH 构造既不能跨越多个批处理,也不能跨越多个 T-SQL 语句块。

在 CATCH 块的作用域内,可使用以下系统函数来获取错误消息。

(1) ERROR_NUMBER():返回错误号。

(2) ERROR_SEVERITY():返回严重性。

(3) ERROR_STATE():返回错误状态号。

(4) ERROR_PROCEDURE():返回出现错误的存储过程或触发器的名称。

(5) ERROR_LINE():返回导致错误的例程中的行号。

(6) ERROR_MESSAGE():返回错误消息的完整文本。

例 9-10 在程序块中,输入 1/0,然后在 TRY…CATCH 语句中实现对除 0 错误的捕捉,并编写语句。

解 语句如下。

```
BEGIN TRY
   SELECT 1/0;          ——产生除 0 错误
END TRY
BEGIN CATCH
   SELECT
     ERROR_NUMBER() AS ErrorNumber,——返回错误号
     ERROR_SEVERITY() AS ErrorSeverity,——返回严重性
     ERROR_PROCEDURE() AS ErrorProcedure——返回出现错误的存储过程或触发器的名称
END CATCH
GO
```

执行结果如图 9-10 所示。

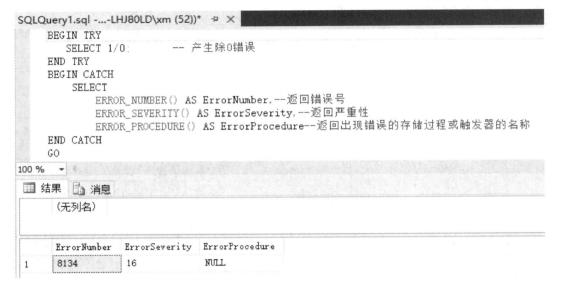

图 9-10　例 9-10 图

另外,如果应用系统中遇到一些业务逻辑错误,SQL Server 很多时候是捕获不了的。但应用系统希望能够唤醒异常处理并进行相应的处理。要完成这一点,就需要在 T-SQL 中使用自定义异常 RAISERROR 语句。

语法格式为:

RAISERROR(〈message ID|message string〉,〈severity〉,〈state〉[,〈argument〉[,〈…n〉]])
[WITH option[,…n]]

RAISERROR 中的参数错误等级信息如表 9-5 所示。

表 9-5　错误信息等级表

错误严重等级	错误严重等级解释
1~9	纯粹只是信息
10	返回状态的信息
11~16	需要用户纠正的错误
17~19	用户无法纠正的 SQL Server 的严重错误
20~24	严重的系统错误
25	致命错误,连接被终止

9.1.5　常用函数

在 T-SQL 语言中,函数用来执行一些特殊的运算,以支持 SQL Server 的标准命令。SQL Server 包含多种不同的函数来完成各种工作,每个函数都有一个名称,在名称之后有一对小括号,如 GETTIME()。大部分函数在小括号中需要一个或多个参数。

1. 字符串函数

常用的字符串函数如表 9-6 所示。

表 9-6　字符串函数

种　类	函 数 名	参　　数	说　　明
基本字符串函数	UPPER	char_expr	小写字符串转换为大写字符串
	LOWER	char_expr	大写字符串转换为小写字符串
	SPACE	integer_expr	产生指定个数的空格组成字符串
	REPLICATE	char_expr,integer_expr	指定的次数重复字符串
	STUFF	char_expr1,start, length,char_expr2	在 char_expr1 字符串中从 start 开始, 长度 length 的字符串用 char_expr2 代替
	REVERSE	char_expr	反向字符串表达式 char_expr
	LTRIM	char_expr	删除字符串前面的空格
	RTRIM	char_expr	删除字符串后面的空格
字符串查找函数	CHARINDEX	char_expr1,char_expr2[,start]	在字符串 2 中搜索 char_expr1 的起始位置
	PATINDEX	'%pattern%',char_expr	在字符串中搜索 pattern 出现的起始位置
长度和分析函数	SUBSTRING	char_expr,start,length	从 start 开始,搜索 length 长度的子串
	LEFT	char_expr,integer_expr	从左边开始搜索指定个数的子串
	RIGHT	char_expr,integer_expr	从右边开始搜索指定个数的子串
转换函数	ASCII	char_expr	字符串最左端字符的 ASCII 码值
	CHAR	integer_expr	ASCII 码值转换为字符
	STR	float_expr[,length[,decimal]]	数值数据转换为字符型数据

例 9-11　写出常用字符串函数。

解　（1）SELECT x=SUBSTRING('abcdef',2,3)

结果显示 bcd。

（2）SELECT UPPER('hello')

结果显示 HELLO。

（3）SELECT sname+SPACE(3)+sex FROM student

显示结果如图 9-11(a)所示。

（4）DECLARE @ab int

SET @ab=3

PRINT REPLICATE('*',@ab)

结果显示 ***。

（5）SELECT STUFF('axyzfg',2,3,'bcde')

结果显示'abcdefg'。

（6）SELECT REVERSE('Mountain Bike')

结果显示 ekiB niatnuoM。

（7）DECLARE @document varchar(64)

SELECT @document='Reflectors are vital safety '+' components of your bicycle.'

SELECT CHARINDEX('vital',@document,5)

结果显示 16。

(8) SELECT PATINDEX('%胡%',sname) FROM Student

查询结果如图 9-11(b)所示。

(9) SELECT STR(123.45,6,1)

结果显示 123.5。

(10) SELECT CHAR(65),CHAR(97)

结果显示 A a。

(11) SELECT REPLACE('Mountain Bike','Mountain','All Terrain')

结果显示 All Terrain Bike。

	(无列名)			(无列名)
1	胡峰	男	1	1
2	张扬	男	2	0
3	程军	男	3	0
4	张春明	男	4	0
5	丁晓春	男	5	0
6	刘文	女	6	0
7	王丽	女	7	0
8	何正声	男	8	0
	(a)			(b)

图 9-11　例 9-11 图

2. 日期和时间函数

日期和时间函数用于对日期和时间数据进行各种不同的处理和运算,并返回一个字符串、数字值或日期和时间值。常用的日期和时间函数如表 9-7 所示。

表 9-7　日期和时间函数

函 数 名	参 数	说 明
DATEADD	(datepart,number,date)	以 datepart 指定的方式,给出 date 与 number 之和(datepart 为日期类型数据)
DATEDIFF	(datepart,date1,date2)	以 datepart 指定的方式,给出 date2 与 date1 之差
DATENAME	(datepart,date)	给出 date 中 datepart 指定部分所对应的字符串
DATEPART	(datepart,date)	给出 date 中 datepart 指定部分所对应的整数值
GETDATE	0	给出系统当前日期的时间
DAY	(date)	从 date 日期和时间类型数据中提取天数
MONTH	(date)	从 date 日期和时间类型数据中提取月份数
YEAR	(date)	从 date 日期和时间类型数据中提取年份数

例 9-12　写出常用日期函数。

(1) SELECT DATEPART(year,GETDATE())

结果显示当前年份 2017。

注意:datepart 参数用于指定需要对日期中的哪一部分返回新值,它可取下列值:Year、Quarter、Month、Dayofyear、Day、Week、Weekday、Hour、Minute、Second、Millisecond 等。

（2）SELECT DATENAME（day，'2017-03-02'）

结果显示 2。

（3）SELECT DATEADD（month，1，'2017-04-30'）

结果显示 2017-05-30 00：00：00.000。

（4）DECLARE @startdate datetime='2017-02-08 12：10：09'；

DECLARE @enddate datetime='2017-05-07 12：10：09'；

SELECT DATEDIFF（day，@startdate，@enddate）；

结果显示 88。

（5）SELECT DAY（getdate（）），month（'2017-05-02'），year（'2017/05/02'）

结果显示 9　5　2017。

3. 数学函数

数学函数主要对数值表达式进行数学运算并返回运算结果。它可以对 SQL Server 提供的数值数据进行处理。常用的数字函数如表 9-8 所示。

表 9-8　数字函数

函　　数	描　　述	函　　数	描　　述
ASIN(n)	反正弦函数，n 为以弧度表示的角度值	ABS(n)	求 n 的绝对值
ACOS(n)	反余弦函数，n 为以弧度表示的角度值	EXP(n)	求 n 的指数值
ATAN(n)	反正切函数，n 为以弧度表示的角度值	MOD(m,n)	求 m 除以 n 的余数
SIN(n)	正弦函数，n 为以弧度为单位的角度	CEILING(n)	返回小于等于 n 的最小整数
COS(n)	余弦函数，n 为以弧度为单位的角度	FLOOR(n)	返回小于等于 n 的最大整数
TAN(n)	正切函数，n 为以弧度为单位的角度	ROUND(n,m)	对 n 做四舍五入处理，保留 m 位
DEGREES(n)	弧度单位角度转换为度数单位的角度	SQRT(n)	求 n 的平方根
RADIANS(n)	度数单位角度转换为弧度单位的角度	LOG10(n)	求以 10 为底的对数
PI	PI 的常量值为 3.14159265358979	LOG(n)	求自然对数
RAND	返回 0~1 之间的随机值	POWER(n,m)	求 n 乘指定次方 m 的值
SIGN(n)	求 n 的符号，正（+1）、零（0）或负（−1）号	SQUARE(n)	求 n 的平方

例 9-13　常用数字函数。

（1）SELECT ABS（−1.0），ABS（0.0），ABS（1.0）

结果显示 −1.0，0.0，1.0。

（2）SELECT ceiling（13.23），ceiling（−13.23）

结果显示 14，−13。

（3）SELECT floor（1.23），floor（−13.23）

结果显示 13，−14。

（4）SELECT sqrt（9），square（3）

结果显示 3，9。

（5）SELECT ROUND（748.5863，2），ROUND（748.58，−2）

结果显示 748.5900，700.00。

4. 系统函数

系统函数用于返回系统、用户、数据库的信息。用户获得信息后，可以使用语句进行相关的操作。常用系统函数如表 9-9 所示。

表 9-9 常用系统函数

函 数 名	参 数	说 明
DB_ID,DB_NAME	DB_ID(name),DB_NAME(id)	获得指定数据库的 ID 号或名称
HOST_ID,HOST_NAME	HOST_ID(name),HOST_NAME(id)	获得指定主机的 ID 号或名称
OBJECT_ID,OBJECT_NAME	OBJECT_ID(name),OBJECT_NAME(id)	获得指定对象的 ID 号或名称
SUSER_ID,SUSER_NAME	SUSER_ID(name),SUSER_NAME(id)	获得指定登录的 ID 号或名称
USER_ID,USER_NAME	USER_ID(name),USER_NAME(id)	获得指定用户的 ID 号或名称
COL_NAME	table_id,column_id	获得表标识号 table_id 和列标识号 column_id 所对应的列名
COL_LENGTH	table,column	获得指定表列的定义长度
INDEX_COL	table,index_id,key_id	获得指定表、索引 ID 和键 ID 的索引列名称
DATALENGTH	expression	获得指定表达式占用的字节数

5. 其他常用函数

其他常用函数如表 9-10 所示。

表 9-10 其他常用函数

函 数 名	参 数	说 明
ISDATE	expression	如果 expression 是 datetime 或 smalldatetime 数据类型的有效日期或时间值,则返回 1;否则返回 0
ISNULL	check_expression replacement_value	使用指定的替换值替换 NULL
NULLIF	expression,expression	如果两个指定的表达式相等,则返回空值
ISNUMERIC	expression	确定表达式是否为有效的数值类型
COALESCE	expression[,…n]	返回其参数中第一个非空表达式
CAST	expression AS data_type[(length)]	将表达式 expression 转换为指定的数据类型 data_type
CONVERT	data_type[(length)], expression[,style]	data_type 为表达式 expression 转换后的数据类型,length 为转换后的长度,style(不带纪元和带纪元)为日期格式样式

211

9.1.6 游标

关系数据库中的操作会对整个行集起作用。例如,由 SELECT 语句返回的行集包括满足该语句的 WHERE 子句中条件的所有行。这种由语句返回的完整行集称为结果集。应用程序,特别是交互式联机应用程序,并不总能将整个结果集作为一个单元来进行有效处理。这些应用程序需要一种每次处理一行或一部分行机制。游标就是提供这种机制的对结果集的一种扩展。

游标通过以下方式来扩展结果处理。

(1) 允许定位在结果集的特定行。

(2) 从结果集的当前位置检索一行或一部分行。

(3) 支持对结果集中当前位置的行进行数据修改。

(4) 由其他用户对显示在结果集中的数据库数据所做的更改提供不同级别的可见性支持。

(5) 提供脚本、存储过程和触发器中用于访问结果集中的数据的 T-SQL 语句。

1. 游标种类

1) 只进游标

只进游标不支持滚动,它只支持游标从头到尾顺序提取。行只有从数据库中提取出来后才能检索。对所有由当前用户发出或由其他用户提交并影响结果集中的行的 INSERT、UPDATE 和 DELETE 语句,其效果在这些行从游标中提取时是可见的。

2) 静态游标

静态游标的完整结果集是打开游标时在 tempdb 中生成的。静态游标总是按照打开游标时的原样显示结果集。静态游标在滚动期间很少或根本检测不到变化,消耗的资源也相对较少。

3) 动态游标

动态游标与静态游标是相对的。当滚动游标时,动态游标反映结果集中所做的所有更改。结果集中的行数据值、顺序和成员在每次提取时都会改变。所有用户做的全部 UPDATE、INSERT 和 DELETE 语句均通过游标可见。

2. 游标操作

1) 声明游标

语法格式如下:

```
DECLARE cursor_name CURSOR
[LOCAL|GLOBAL]
    [FORWARD_ONLY|SCROLL]
    [STATIC|KEYSET|DYNAMIC|FAST_FORWARD]
    [READ_ONLY|SCROLL_LOCKS|OPTIMISTIC]
    [TYPE_WARNING]
FOR select_statement
    [FOR {READ ONLY|UPDATE [OF column_name [,…n]]}]
[;]
```

参数说明:

(1) cursor_name:所定义的 T-SQL 服务器游标的名称。cursor_name 必须符合标识符规则。

(2) [LOCAL|GLOBAL]:默认为 LOCAL。

① LOCAL:作用域为局部,只在定义它的批处理、存储过程或触发器中有效。

② GLOBAL:作用域为全局,由连接执行的任何存储过程或批处理中,都可以引用该游标。

（3）FORWARD_ONLY:指定游标只能从第一行滚到最后一行。FETCH NEXT 是唯一支持的提取选项。如果在指定 FORWARD_ONLY 时不指定 STATIC 、KEYSET、DYNAMIC 关键字,默认为 DYNAMIC 游标。如果 FORWARD_ONLY 和 SCROLL 没有指定,STATIC 、KEYSET、DYNAMIC 游标默认为 SCROLL,FAST_FORWARD 默认为 FORWARD_ONLY。

（4）SCROLL:指定所有的提取选项（FIRST、LAST、PRIOR、NEXT、RELATIVE、ABSOLUTE)均可用。如果未指定 SCROLL,则 NEXT 是唯一支持的提取选项。

（5）STATIC:静态游标。

（6）KEYSET:键集游标。

（7）DYNAMIC:动态游标,不支持 ABSOLUTE 提取选项。

（8）FAST_FORWARD:指定启用了性能优化的 FORWARD_ONLY、READ_ONLY 游标。如果指定了 SCROLL 或 FOR_UPDATE,就不能指定它了。

（9）READ_ONLY:不能通过游标对数据进行删改。

（10）SCROLL_LOCKS:将行读入游标时,锁定这些行,确保删除或更新一定会成功。如果指定了 FAST_FORWARD 或 STATIC,就不能指定它了。

（11）OPTIMISTIC:指定如果行自读入游标以来已得到更新,则通过游标进行的定位更新或定位删除不成功。当将行读入游标时,sqlserver 不锁定行,它改用 timestamp 列值的比较结果来确定行读入游标后是否发生了修改,如果表不用 timestamp 列,就改用校验和值进行确定。如果已修改该行,则尝试进行的定位更新或删除将失败。如果指定了 FAST_FORWARD,则不能指定它。

（12）TYPE_WARNING:指定将游标从所请求的类型隐式转换为另一种类型时向客户端发送警告信息。

（13）select_statement:定义游标结果集的标准 SELECT 语句。

在游标声明的 select_statement 中不允许使用关键字 FOR BROWSE 和 INTO。

（14）READ ONLY:禁止通过该游标进行更新。

在 UPDATE 或 DELETE 语句的 WHERE CURRENT OF 子句中不能引用游标。该选项优先于要更新的游标的默认功能。

（15）UPDATE [OF column_name [,…n]]:定义游标中可更新的列。

如果指定了 OF column_name [,…n],则只允许修改所列出的列。如果指定了 UPDATE,但未指定列的列表,则可以更新所有列。

例如,定义游标 s_st 便于对学生表（student)中的数据进行处理,语句如下:

DECLARE s_st SCROLL CURSOR FOR select * from student

2）打开游标

语法格式如下:

OPEN {{[GLOBAL] cursor_name}|cursor_variable_name}

参数说明:

（1）GLOBAL:指定 cursor_name 为全局游标。

（2）cursor_name:已声明的游标的名称。

（3）cursor_variable_name:游标变量的名称,该变量引用一个游标。

注意:打开游标后,可以使用 @@CURSOR_ROWS 函数在上次打开的游标中接收合格行的数目。

例如,OPEN s_st。

3）检索游标

打开游标后,我们可以使用 FETCH 语句检索游标中的数据行。

语法格式如下：

FETCH

    [[NEXT|PRIOR|FIRST|LAST

       | ABSOLUTE $\{n|@nvar\}$

       | RELATIVE $\{n|@nvar\}$

    ]

      FROM

    ]

{{[GLOBAL] cursor_name}|@cursor_variable_name}

[INTO @variable_name [,…n]]

参数说明：

（1）NEXT：紧跟当前行返回结果行，且当前行递增为返回行。

（2）PRIOR：返回紧邻当前行前面的结果行，且当前行递减为返回行。

（3）FIRST：返回游标中的第一行并将其作为当前行。

（4）LAST：返回游标中的最后一行并将其作为当前行。

（5）ABSOLUTE $\{n|@nvar\}$：如果 n 或@nvar 为正，则返回从游标起始处开始向后的第 n 行，并将返回行变成新的当前行；如果 n 或@nvar 为负，则返回从游标末尾处开始向前的第 n 行，并将返回行变成新的当前行；如果 n 或@nvar 为 0，则不返回行，n 必须是整数常量，且@nvar 的数据类型必须为 smallint、tinyint 或 int。

（6）RELATIVE $\{n|@nvar\}$：如果 n 或@nvar 为正，则返回从当前行开始向后的第 n 行，并将返回行变成新的当前行；如果 n 或@nvar 为负，则返回从当前行开始向前的第 n 行，并将返回行变成新的当前行；如果 n 或@nvar 为 0，则返回当前行，n 必须是整数常量，且@nvar的数据类型必须为 smallint、tinyint 或 int。

（7）GLOBAL：指定 cursor_name 为全局游标。

（8）cursor_name：指定要从中进行提取的开放游标的名称。

（9）@cursor_variable_name：游标变量名，引用要从中进行提取操作的打开的游标。

（10）INTO @variable_name[,…n]：允许将提取操作的列数据放到局部变量中。

> 注意：实际处理中可以使用@@FETCH_STATUS 全局变量判断数据提取的状态。

@@FETCH_STATUS 返回 FETCH 语句执行后的游标最终状态。@@FETCH_STATUS 值的具体含义如表 9-11 所示。

表 9-11　@@FETCH_STATUS 值的含义

返 回 值	含 义
0	FETCH 语句成功
−1	FETCH 语句失败或此行不在结果集中
−2	被提取的行不存在
−9	光标未执行提取操作

例如，

```
FETCH NEXT from s_st    ——首先提取第一行数据
WHILE(@@fetch_status=0)
```

```
BEGIN
SELECT '游标读取状态'=@@fetch_status ——读取全局变量以得到游标的读取状态
FETCH NEXT FROM s_st ——提取下一行数据
END
```

4）关闭游标

CLOSE 用于关闭游标引用。在使用 CLOSE 语句关闭某游标后，系统并没有完全释放游标的资源，也没有改变游标的定义。当再次使用 OPEN 语句时，可以重新打开此游标，但在重新打开游标之前，不允许提取和定位更新。

语法格式如下：

CLOSE {{[GLOBAL] cursor_name}|cursor_variable_name}

例如，CLOSE s_st。

5）释放游标

DEALLOCATE 用于释放游标引用。当释放最后的游标引用时，组成该游标的数据结构由 SQL Server 释放。

例如，DEALLOCATE s_st。

6）利用游标处理数据

利用游标处理数据时，首先在定义游标时要指明处理的字段，然后在语句中指定通过游标进行处理。

例 9-14 对学生表（student）中的数据进行逐行分析，统计总的学生数目，以及每一个学生的信息。

分析：由于学生表（student）中有多行数据，单纯地在结构块中用 SELECT 语句，只能返回最后一行。所以，必须使用游标进行处理。定义游标 s_st，游标中存放所有的学生信息：SELECT * FROM student。

解 语句如下。

```
DECLARE
s_st SCROLL CURSOR FOR SELECT * FROM student ——定义游标
OPEN s_st ——打开游标
SELECT '游标内数据数'=@@cursor_rows ——将游标数据行数赋值给游标内数据数
FETCH NEXT from s_st ——首先提取第一行数据
WHILE (@@fetch_status=0)
BEGIN
SELECT '游标读取状态'=@@fetch_status ——读取全局变量以得到游标的读取状态
FETCH NEXT FROM s_st ——提取下一行数据
END
CLOSE s_st ——关闭游标
DEALLOCATE s_st ——释放游标占用的资源
```

游标的执行结果如图 9-12 所示。

除了查询数据信息外，游标也可以执行修改和删除操作，具体的语法如下：

（1）修改游标集中的当前行，语法格式如下：

UPDATE ＜表名＞ SET ＜字段名＞＝表达式
WHERE CURRENT OF ＜游标名＞

（2）删除游标集中的当前行，语法格式如下：

DELETE [FROM] ＜表名＞
[WHERE CURRENT OF ＜游标名＞]

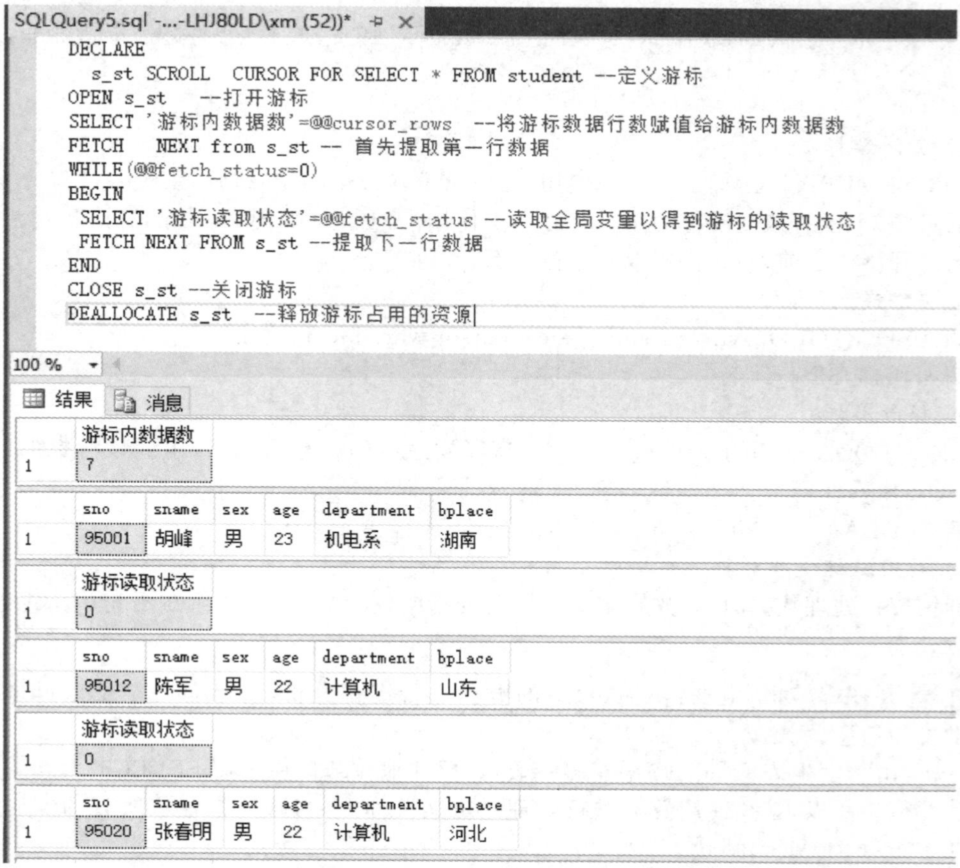

图 9-12　例 9-14 图

例 9-15　将成绩表(enroll)所有学生的成绩中不足 80 分的加 10 分,高于 90 分的减 10 分。

分析:由于成绩表中有多行数据,所以必须使用游标处理多行数据。定义游标 E_grade,游标中存放所有的学生的成绩信息:SELECT grade FROM enroll。

解　程序如下。

```
DECLARE @gra int ——声明存放成绩信息的变量
DECLARE E_grade SCROLL CURSOR FOR SELECT grade FROM enroll ——声明游标
OPEN E_grade ——打开游标
FETCH NEXT FROM E_grade INTO @gra ——将游标中数据放到变量 gra 中
WHILE (@@fetch_status<>-1) ——当游标能正常打开,游标中也有数据时开始循环
BEGIN ——根据现有分数情况进行数据修改
  IF @gra>90
  UPDATE enroll SET grade=grade-10 WHERE current OF E_grade ——大于 90 分减 10 分
  IF @gra<80
  UPDATE enroll SET grade=grade+10 WHERE current OF E_grade ——小于 90 分加 10 分
  FETCH NEXT FROM E_grade INTO @gra ——读取游标中下一行数据
END
CLOSE E_grade ——关闭游标
DEALLOCATE E_grade ——释放游标
```

执行以前的数据如图 9-13(a)所示,执行以后的结果如图 9-13(b)所示,有 4 行数据发生

了变化。

	sno	cno	grade
1	95001	c1	90
2	95001	c2	82
3	95001	c3	95
4	95001	c4	88
5	95012	c2	93
6	95012	c3	88
7	95020	c2	83
8	95020	c3	NULL
9	95020	c4	88
10	95022	c2	77
11	95022	c3	71
12	95023	c2	85
13	95101	c2	84

(a)

	sno	cno	grade
1	95001	c1	90
2	95001	c2	82
3	95001	c3	85
4	95001	c4	88
5	95012	c2	83
6	95012	c3	88
7	95020	c2	83
8	95020	c3	NULL
9	95020	c4	88
10	95022	c2	87
11	95022	c3	81
12	95023	c2	85
13	95101	c2	84

(b)

图 9-13　例 9-15 图

9.2　存储过程

9.2.1　存储过程概述

存储过程是 SQL 语句和流程控制语句的预编译集合,以一个名称存储并作为一个单元处理。存储过程存储在数据库内,可由应用程序调用执行,而且允许用户声明变量、有条件地执行其他强大的编程功能。用户通过指定存储过程的名字并给出参数(如果该存储过程有参数)来执行。存储过程是数据库的一个重要对象,任何一个设计良好的数据库应用程序都应该用到存储过程。

1. 存储过程的优点

(1)存储过程允许标准组件式编程。

存储过程在创建后可以在程序中被多次调用,而不必重新编写该存储过程的 SQL 语句。这可以改进应用程序的可维护性,并允许应用程序统一访问数据库。数据库专业人员可随时对应用程序进行修改,但对应用程序源代码毫无影响(因为应用程序源代码只包含调用存储过程的语句),从而极大地提高了程序的可移植性。

(2)存储过程能够实现较快的执行速度。

如果某个操作包含大量的 SQL 语句或被多次执行,那么存储过程要比 SQL 语句批处理的执行速度快很多。因为存储过程是预编译的,所以在首次运行存储过程时,查询优化器会对其进行分析、优化,并将得到的执行计划存储在系统表中。而批处理的 SQL 语句在每次运行时都要进行编译和优化,速度相对较慢。

(3)存储过程能够减少网络流量。

对于同一个针对数据库对象的操作(如查询、修改),如果这一操作所涉及的 SQL 语句被组织成一个存储过程,那么当在客户计算机上调用该存储过程时,网络中传送的只是调用存储过程的语句,而不是多条 SQL 语句。

（4）存储过程可以作为一种安全机制来被充分利用。

数据库系统管理员可以对某一存储过程的权限进行限制，从而实现对相应数据访问权的限制，避免非授权用户对数据的访问，保证数据的安全。

2. 存储过程的分类

SQL Server 2016 中的存储过程可以分为三类。

1）系统存储过程

系统存储过程在 SQL Server 2016 安装成功后，就已经存储在 master 数据库中，这些存储过程都是以 sp_ 为前缀命名的。它们提供了有效的查询系统表的方法，以及许多系统管理功能，如 sp_help、sp_databases、sp_helpdatabases、sp_tables、sp_helpconstraint 等。

尽管这些系统存储过程被放在 master 数据库中，但仍然可以在其他数据库中直接调用，调用时，不需要在存储过程前面加上数据库名，因为在创建新数据库时，一些系统存储过程会在新数据库中被自动创建。常用的系统存储过程如表 9-12 所示。

表 9-12　系统存储过程

系统存储过程	说　　明
sp_databases	列出服务器上的所有数据库
sp_helpdb	报告有关指定数据库或所有数据库的信息
sp_renamedb	更改数据库的名称
sp_rename	当前数据库中更改用户创建对象的名称
sp_tables	返回当前环境下可查询的对象列表
sp_columns	返回某个表的列信息
sp_help	查看某个表的所有信息
sp_helpconstraint	查看某个表的约束
sp_helpindex	查看某个表的索引
sp_stored_procedures	列出当前环境中的所有存储过程
sp_password	添加或修改登录账户的密码
sp_helptext	显示默认值、未加密的存储过程、用户定义的存储过程、触发器或视图的实际文本

（1）sp_helpdb。

语法格式为：

sp_helpdb [[@dbname=] '数据库名']

如果没有指定数据库名，则 sp_helpdb 报告 master.dbo.sysdatabases 中的所有数据库。

例如，返回 pub 数据库的信息，语句为：

```
EXEC sp_helpdb pub
```

（2）sp_tables。

语法格式为：

sp_tables [@table_type=" '类型' "]

其中：类型包括 TABLE(用户表)、SYSTEM TABLE(系统表)和 VIEW(视图)。

例如，返回在当前环境中可查询的对象的列表，语句为：

```
EXEC sp_tables
```

例如,返回当前数据库中的所有用户表,语句为:

```
EXEC sp_tables @table_type="'TABLE'"
```

（3）sp_helptext。

语法格式为:

sp_helptext 存储过程数据库

2）用户自定义存储过程

用户自定义存储过程由用户创建并能完成某一特定的功能（如查询用户），是封装了可重用代码的 SQL 语句模块。存储过程可以接受输入参数、向客户端返回表格或标量结果和消息、调用数据库定义语言（DDL）和数据库操作语言（DML）语句,以及返回输出参数。

存储过程虽然既有参数,又有返回值,但是它与函数不同,存储过程的返回值只是指明执行是否成功,且它不能像函数那样被直接调用,即在调用存储过程时,必须在存储过程前加 EXEC 保留字。本章主要介绍用户自定义存储过程的创建和管理,在 SQL Server 2016 的用户自定义存储过程里有 T-SQL 或者 CLR 两种类型,如表 9-13 所示。

表 9-13　用户自定义存储过程分类

存储过程类型	说　　明
T-SQL	T-SQL 存储过程是指保存的 T-SQL 语句集合,可以接受和返回用户提供的参数。存储过程也可能从数据库向客户端应用程序返回数据
CLR	CLR 存储过程是指对. NET Framework 公共语言运行时方法的引用,可以接受和返回用户提供的参数。它们在. NET Framework 程序集中是作为类的公共静态方法实现的

3）扩展存储过程

扩展存储过程是通过在 SQL Server 环境外执行的动态链接库来实现的,可以加载到 SQL Server 实例运行的地址空间。扩展存储过程可以使用 SQL Server 扩展存储过程 API 完成编程。扩展存储过程以前缀"xp_"来标识,对于用户来说,扩展存储过程和普通存储过程一样,可以采用相同的方式执行。

9.2.2　创建和执行存储过程

在 SQL Server 2016 中创建存储过程的方法有两种:一种是使用图形化的 SQL Server Management Studio 来创建存储过程,另一种是使用 T-SQL 语句来创建存储过程。第一种方法比较适合初学者,第二种方法比较适合 SQL Server 程序员。

1. 使用 SQL Server Management Studio 创建和执行存储过程

（1）启动 SQL Server Management Studio,在对象资源管理器中,连接到 SQL Server 数据库引擎实例,再展开该实例。

（2）展开"数据库",选择要创建存储过程的数据库,展开"可编程性",右键单击"存储过程",再选择"新建→存储过程",如图 9-14 所示。

（3）在"查询"菜单上,选择"指定模板参数的值"（见图 9-15（a））。在"指定模板参数的值"对话框中,"值"列包含参数的建议值。接受这些值或将其替换为新值,再单击"确定"按钮,如图 9-15（b）所示。

（4）在查询编辑器中,使用过程语句替换 SELECT 语句,如图 9-16 所示。

例 9-16　使用存储过程查询每个学生的各门课程考试成绩,要求输出学生的学号、姓名、课程名和对应的课程的学习成绩。

1111

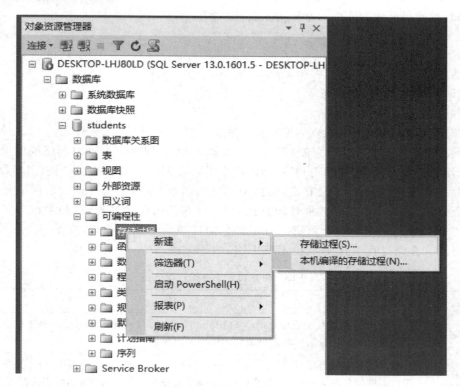

图 9-14 新建存储过程

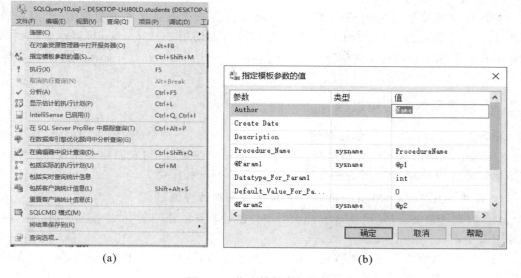

(a) (b)

图 9-15 指定模板参数的值

分析：在教学管理系统中，教学秘书想要查询所有学生所学的各门课程的成绩。对于该要求，实际上就是要做一个内连接查询来完成。

```
SELECT s.sno,s.sname,cname,grade FROM Student s
INNER JOIN enroll sc ON s.sno=sc.sno
INNER JOIN course c ON c.cno=sc.cno
```

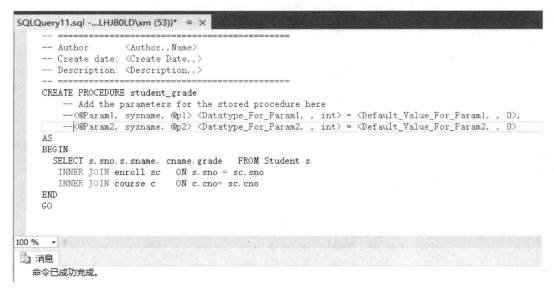

图 9-16　在查询编辑器中创建存储过程

① 若要测试语法,在"查询"菜单上选择"分析"。

② 若要运行存储过程,请在"查询"菜单上选择"执行"。

③ 若要保存脚本,请在"文件"菜单上选择"保存"。接受该文件名或将其替换为新的名称,再选择"保存"。

(5) 运行存储过程,在工具栏上单击"新建查询",在查询窗口中,输入执行语句,或者右键单击所需的用户定义存储过程,然后选择"执行存储过程",如图 9-17 所示。

图 9-17　执行存储过程

具体的执行结果如图 9-18 所示。

2. 用 T-SQL 语句创建和执行存储过程

创建存储过程的过程实际是进行预编译,保存 DB 系统表中的语法分析、有效格式,生成查询树。

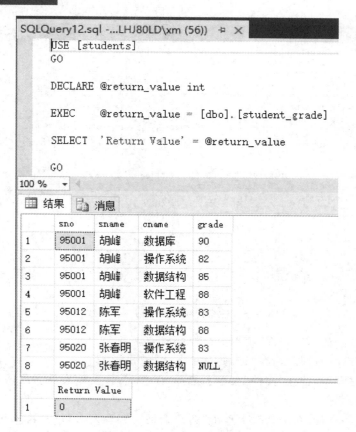

图 9-18　查看执行存储过程的结果

1) 创建存储过程的语句

SQL Server 2016 提供的创建存储过程的语句是 CREATE PROCEDURE。由于 SQL Server 2016 中有两种存储过程,本章主要介绍 T-SQL 存储过程的语法。具体的语法格式如下:

CREATE {PROC|PROCEDURE} [schema_name.] procedure_name [; number]

  [{@parameter [type_schema_name.] data_type}

    [VARYING] [=default] [OUT|OUTPUT] [READONLY]

  ] [,⋯n]

[WITH <procedure_option>[,⋯n]]

[FOR REPLICATION]

AS {[BEGIN] sql_statement [;] [⋯n] [END]}

[;]

<procedure_option>::=

  [ENCRYPTION]

  [RECOMPILE]

  [EXECUTE AS Clause]

参数说明如下:

(1) schema_name:过程所属架构的名称。

(2) procedure_name:新存储过程的名称。

过程名称必须遵循有关标识符的规则,并且在架构中必须唯一。强烈建议不在过程名称中使用前缀 sp_。此前缀由 SQL Server 使用,以指定系统存储过程。

(3) number:可选的整数,用于对同名的过程进行分组,以便用一条 DROP PROCEDURE 语句即可将同组的过程一起除去。

(4) @parameter:过程中的参数,通过将 at 符号(@)作为第一个字符来指定参数名称。参数名称必须符合有关标识符的规则。每个过程的参数仅用于该过程本身;其他过程中可以使用相同的参数名称。在存储过程中可声明一个或多个参数,最多可声明 2100 个(注意:如果指定了 FOR REPLICATION,则无法声明参数)。

(5)[type_schema_name.] data_type:参数的数据类型。

> **注意**:所有 T-SQL 数据类型都可以作为参数。可以使用用户定义的表类型创建表值参数。表值参数只能是 INPUT 参数,并且这些参数必须带有 READONLY 关键字。cursor 数据类型只能是 OUTPUT 参数,并且必须带有 VARYING 关键字。

(6) VARYING:指定作为输出参数支持的结果集(由存储过程动态构造,内容可以变化),仅适用于游标参数。

(7) default:为参数的默认值。如果定义了默认值,则不必指定该参数的值即可执行过程。默认值必须是常量或 NULL。如果过程将对该参数使用 LIKE 关键字,那么默认值中可以包含通配符(%、_、[] 和 [^])。

(8) OUT|OUTPUT:表明参数是返回参数。使用 OUTPUT 参数可将信息返回给调用过程。除非是 CLR 过程;否则,text、ntext 和 image 参数不能作为 OUTPUT 参数。OUTPUT 参数可以为游标占位符,CLR 过程除外。

(9) READONLY:只读,指示不能在过程的主体中更新或修改参数。如果参数类型为表值类型,则必须指定 READONLY。

(10) FOR REPLICATION:表明复制创建该过程。使用 FOR REPLICATION 选项创建的过程可用于过程筛选器,且仅在复制过程中执行。如果指定了 FOR REPLICATION,则无法声明参数。对于 CLR 过程,不能指定 FOR REPLICATION。使用 FOR REPLICATION 创建的过程,要忽略 RECOMPILE 选项。

(11) {[BEGIN] sql_statement [;] […n][END]}:构成过程主体的一条或多条 T-SQL 语句。可使用可选的 BEGIN 和 END 关键字将这些语句括起来。

(12) ENCRYPTION:指示 SQL Server 将 CREATE PROCEDURE 语句的原始文本转换为模糊格式。

(13) RECOMPILE:指示数据库引擎不缓存此过程的查询计划,强制在每次执行此过程时都对该过程进行编译。

(14) EXECUTE AS Clause:指定其中执行过程的安全上下文。

2) 执行存储过程的语句

创建存储过程成功后,就要执行存储过程。执行存储过程实际上是进行编译、执行(依据查询树、统计信息、参数),确定访问路径、建立查询计划这一系列过程。SQL Server 2016 提供的执行存储过程的语句:使用 EXECUTE 或 EXEC 关键字。其具体的语法格式如下:

```
[{EXEC|EXECUTE}]
    {
        [@return_status=]
        {module_name [;number]|@module_name_var}
```

$$[[\text{@parameter}=]\ \{value\,|\,\text{@variable}\ [\text{OUTPUT}]\,|\,[\text{DEFAULT}]\}]$$
$$[\,,\cdots n]$$
$$[\text{WITH}\ <\text{execute\_option}>[\,,\cdots n]]$$
$$\}$$
$$[\,;]$$
$$<\text{execute\_option}>::=$$
$$\{\text{RECOMPILE}$$
$$|\ \{\text{RESULT SETS UNDEFINED}\}$$
$$|\ \{\text{RESULT SETS NONE}\}$$
$$|\ \{\text{RESULT SETS}\ (<\text{result\_sets\_definition}>[\,,\cdots n])\}$$
$$\}$$
$$<\text{result\_sets\_definition}>::=$$
$$\{$$
$$(\{\text{column\_name data\_type}$$
$$[\text{COLLATE collation\_name}]$$
$$[\text{NULL}\,|\,\text{NOT NULL}]\}$$
$$[\,,\cdots n]\quad)$$
$$|\ \text{AS OBJECT}$$
$$[\text{db\_name.}\,[\text{schema\_name}].\,|\,\text{schema\_name.}\,]$$
$$\{\text{table\_name}\,|\,\text{view\_name}\,|\,\text{table\_valued\_function\_name}\}$$
$$|\ \text{AS TYPE}\ [\text{schema\_name.}\,]\text{table\_type\_name}$$
$$|\ \text{AS FOR XML}$$
$$\}$$

参数说明如下：

(1) @return_status：可选的整型变量，存储模块的返回状态。这个变量用于 EXECUTE 语句前，必须在批处理、存储过程或函数中声明过。

(2) module_name：为要调用的存储过程或标量值，用户定义函数的完全限定或不完全限定名称。模块名称必须符合标识符规则。无论服务器的排序规则如何，扩展存储过程的名称总是区分大小写。

(3) number：可选整数，用于对同名的过程分组。该参数不能用于扩展存储过程。

(4) @module_name_var：局部定义的变量名，代表模块名称。

(5) @parameter：module_name 的参数，与模块中定义的相同。参数名称前必须加上符号（@）。与 @parameter_name=value 格式一起使用时，参数名称和常量不必按它们在模块中定义的顺序提供。但是，如果对参数使用了 @parameter_name=value 格式，则必须对所有后续参数都使用此格式。默认情况下，参数可为空值。

(6) value：传递给模块或传递给命令的参数值。如果参数名称没有指定，则参数值必须以模块中定义的顺序提供。如果在模块中定义了默认值，则用户执行该模块时可以不必指定参数。

(7) @variable：用于存储参数或返回参数的变量。

(8) OUTPUT：指定模块或命令字符串返回一个参数。该模块或命令字符串中的匹配参数必须已使用关键字 OUTPUT 创建。使用游标变量作为参数时使用该关键字。

① 不能使用 OUTPUT 将常量传递给模块，返回参数需要变量名称。在执行过程之前，

必须声明变量的数据类型并赋值。

　　② 当对远程存储过程使用 EXECUTE 或对链接服务器执行传递命令时，OUTPUT 参数不能是任何大型对象（LOB）数据类型。

　　③ 返回参数可以是 LOB 数据类型之外的任意数据类型。

　　（9）DEFAULT：根据模块的定义，提供参数的默认值。

　　（10）WITH ＜execute_option＞：可能的执行选项。不能在 INSERT…EXEC 语句中指定 RESULT SETS 选项。具体选项如表 9-14 所示。

表 9-14　WITH 选项

术　　语	定　　义
RECOMPILE	执行模块后，强制编译、使用和放弃新计划。如果该模块存在现有查询计划，则该计划将保留在缓存中。该选项不能用于扩展存储过程。建议尽量少使用该选项，因为它会消耗较多系统资源
RESULT SETS UNDEFINED	此选项不保证返回任何结果（如果有），并且不提供任何定义。如果返回任何结果，则说明语句正常执行而没有发生错误；否则，不会返回任何结果。如果未提供 result_sets_option，则为 RESULT SETS
RESULT SETS NONE	保证执行语句不返回任何结果。如果返回任何结果，则会中止批处理
RESULT SETS （＜result_sets_definition＞）	保证返回 result_sets_definition 中指定的结果。对于返回多个结果集的语句，提供多个 result_sets_definition 部分。将每个 result_sets_ definition 用圆括号括起来并由逗号进行分隔

　　（11）＜result_sets_definition＞：描述执行语句所返回的结果集。result_sets_definition 的子句的具体含义如表 9-15 所示。

表 9-15　result_sets_definition 子句含义

术　　语	定　　义	
{ column_name data_type ［COLLATE collation_name］ ［NULL|NOT NULL］ }	项	定义
	column_name	每个列的名称
	data_type	每个列的数据类型
	COLLATE collation_name	每个列的排序规则
	NULL | NOT NULL	每个列为 NULL
db_name	包含表、视图或表值函数的数据库的名称	
table_name|view_name| table_valued_function_name	指定返回的列是在命名的表、视图或表值函数中指定的列。AS 对象语法中不支持表变量、临时表及同义词	
AS FOR XML	指定由 EXECUTE 语句调用的语句或存储过程返回的 XML 结果将转换为由 SELECT…FOR XML…语句生成的格式。来自原始语句中类型指令的所有格式设置都被删除，返回的结果就好像未指定任何类型指令一样	

注意：在执行过程中要根据存储过程类型的不同进行相关的限定。

3）执行系统存储过程

系统过程以前缀 sp_开头。从逻辑意义上讲,因为这些过程出现在所有用户定义的数据库和系统定义的数据库中,所以可以从任何数据库执行这些过程,而不必完全限定过程名称。但是,建议使用 sys 架构名称对所有系统过程名称进行架构限定,以防止名称冲突。

4）执行用户定义存储过程

当执行用户定义的过程时,建议使用架构名称限定过程名称。这种做法使性能得到小幅提升,因为数据库引擎不必搜索多个架构。如果某个数据库在多个架构中具有同名过程,则可以防止执行错误的过程。

（1）创建简单的不带参数的存储过程。

如果在教学管理系统中,教学秘书想要查询所有学生所学的各门课程的成绩,要求输出学生的学号、姓名、课程名和对应的课程的学习成绩。对于该要求,实际上就是要做一个内连接查询来完成。

例如,使用带有复杂 SELECT 语句的存储过程:查询学生的考试成绩,编写语句。

该例即为图 9-16 所示的 T-SQL 语句的写法。选择 students 数据库,新建一个查询,在查询窗口中输入以下语句:

```
CREATE PROCEDURE student_grade1
AS
    BEGIN
    SELECT s.sno,s.sname,cname,grade
        FROM Student s INNER JOIN enroll sc
        ON s.sno=sc.sno   INNER JOIN course c
        ON c.cno=sc.cno
    END
```

执行:EXEC student_grade1。

（2）创建带输入参数的存储过程。

SQL Server 2016 的存储过程可以使用两种类型的参数:输入参数和输出参数。参数用于在存储过程及应用程序之间交换数据。

① 输入参数:允许用户将数据值传递到存储过程或函数。

② 输出参数:允许存储过程将数据值或游标变量传递给用户。

每个存储过程向用户返回一个整数代码,如果存储过程没有显式设置返回代码的值,则返回代码为 0。

存储过程的参数在创建时应在 CREATE PROCEDURE 和 AS 关键字之间定义,每个参数都要指定参数名和数据类型,参数名必须以@符号为前缀,可以为参数指定默认值;如果是输出参数,则应用 OUTPUT 关键字进行描述。各参数定义之间用逗号隔开。

输入参数,即指在存储过程中有一个条件,在执行存储过程时为这个条件指定值,通过存储过程返回相应的信息。使用输入参数可以向同一存储过程多次查找数据库。

例 9-17 使用带有输入参数的存储过程:查询某个学生某门课程的考试成绩。

分析:在教学管理系统中,某学生想要查询他的某门课程的成绩。由于学校的学生都有可能需要该功能,于是可以建立一个带参数的存储过程。以学生的姓名和课程名作为参数（前提是该课程的学生没有同名的）,用于确认是哪个学生想查询哪一门课程的成绩。

 选择 students 数据库,新建一个查询,在查询窗口中输入以下语句。

```
CREATE PROCEDURE student_grade_param
    @student_name char(10),——字符型输入参数以存放学生姓名
    @course_name char(20) ——字符型输入参数以存放课程名
AS
/*以输入的学生姓名和课程名为条件,对学生表、成绩表和课程表做内连接
连接条件为学生表的学号和成绩表的学号相等,并且课程表的课程号和成绩表的课程号相等*/
SELECT sname,cname,grade FROM student s
    INNER JOIN enroll sc ON s.sno=sc.sno
    INNER JOIN course c ON c.cno=sc.cno
    WHERE sname=@student_name AND cname=@course_name
```

存储过程建立完毕后,可以执行存储过程。执行带有输入参数的存储过程时,SQL Server 2016 提供如下两种传递参数的方式。

① 按参数位置传递。这种方式是在执行存储过程的语句中,直接给出参数的值。当有多个参数时,给出参数的顺序与创建存储过程语句中的参数的顺序一致,即参数传递的顺序就是参数定义的顺序。

② 按参数名传递。这种方式是在执行存储过程的语句中,使用"参数名＝参数值"的形式给出参数值。通过参数名传递参数的好处是,参数可以以任意顺序给出。

具体在执行例 9-17 存储过程时,新建一个查询窗口,输入执行语句。

a. 按参数位置传递值。

```
EXEC student_grade_param '胡峰','数据库'
```

b. 按参数名传递值。

```
EXECstudent_grade_param @student_name='胡峰',@course_name='数据库'
```

执行结果如图 9-19 所示。

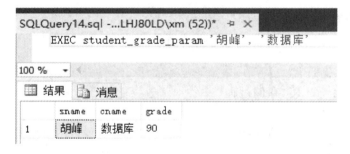

图 9-19　例 9-17 图

思考:如果学习同一门课程的学生中有同名的学生,则该存储过程该如何实现?

（3）使用参数默认值创建存储过程。

执行带参数的存储过程时,如果没有指定参数,则系统运行就会出错;如果希望不给出参数时也能够正确运行,则可以通过设置参数默认值来实现。参数默认值可以是 NULL 值或其他的值。这种情况下,如果未提供参数,则 SQL Server 将根据存储过程的其他语句执行存储过程,不会显示错误信息。过程定义还可指定当不给出参数时要采取的其他某种措施。

存储过程在执行后都会返回一个整型值。如果执行成功,则返回 0;否则,返回-1 到-99 之间的随机数。也可以使用 RETURN 语句来指定一个存储过程的返回值。

例 9-18　使用带有默认值 NULL 参数的存储过程查询某个学生的所有课程的考试成绩,编写语句。

分析:教学管理系统中,每个学生都想查询他自己所学课程的成绩信息,学生的唯一标

识是学号,则可以创建一个以学号为参数的存储过程进行信息的查询。可以给学号一个初始的默认值 NULL。

注意在实际应用系统中,重名的存储过程系统不让定义。为了能够顺利地定义新的存储过程,我们会先检查系统里有没有同名的存储过程,如果有,则将原来的同名的存储过程删除,采用新的定义。我们使用 OBJECT_ID 查询架构范围内的对象。其常见的两个功能是返回指定对象的 ID 和验证对象是否存在,出现错误时会返回 NULL 值。

OBJECT_ID ('[database_name.[schema_name].| schema_name.]
object_name'[,'object_type'])

参数说明:

(1) object_name':要使用的对象。object_name 的数据类型为 varchar 或 nvarchar。如果 object_name 的数据类型为 varchar,则它将隐式转换为 nvarchar。可以选择是否指定数据库和架构名称。

(2) object_type':架构范围的对象类型。object_type 的数据类型为 varchar 或 nvarchar。如果 object_type 的数据类型为 varchar,则它将隐式转换为 nvarchar。

出现错误时会返回 NULL 值。

可选对象类型如下:

① AF=聚合函数（CLR）

② C= CHECK 约束

③ D= DEFAULT(约束或独立)

④ F= FOREIGN KEY 约束

⑤ FN= SQL 标量函数

⑥ FS=程序集（CLR）标量函数

⑦ FT=程序集（CLR）表值函数

⑧ IF= SQL 内联表值函数

⑨ IT=内部表

⑩ P= SQL 存储过程

⑪ PC=程序集（CLR）存储过程

⑫ PG=计划指南

⑬ PK= PRIMARY KEY 约束

⑭ R=规则(旧式,独立)

⑮ RF=复制筛选过程

⑯ S=系统基表

⑰ SN=同义词

⑱ SQ=服务队列

⑲ TA=程序集（CLR）DML 触发器

⑳ TF= SQL 表值函数

㉑ TR= SQL DML 触发器

㉒ U=表(用户定义类型)

㉓ UQ= UNIQUE 约束

㉔ V=视图

㉕ X=扩展存储过程

应用系统中判断数据库对象是否存在的代码:

if object_id(N'对象名',N'对象类型') is not null　执行语句

判断存储过程是否存在,若存在,就删除掉该存储过程:

if object_id(N'存储过程名',N'P') is not null drop procedure 存储过程名

其中 N 表示后续的字符串是 Unicode 类型的字符,因为很多系统的存储过程或函数参数要求是 Unicode 类型;而 P 表示对象类型为存储过程。

解

```
USE students
GO
——检测是否有同名存储过程,如果有,就删除该存储过程。初学者可不写这段代码
IF OBJECT_ID(N'dbo.student_grade_param_default ',N'P')IS NOT NULL
DROP PROCEDURE dbo.student_grade_param_default;
GO
——创建存储过程 student_grade_param_default
CREATE PROCEDURE  student_grade_param_default
@student_no char(10)= NULL
AS
IF @student_no IS NULL  ——判断输入参数学号是否为空,为空就返回
    BEGIN
      PRINT '必须指定一个学生的学号!'
      RETURN
    END
ELSE
    BEGIN
      SELECT s.sno,sname,cname,grade
        FROM student s,enroll sc,course c
        WHERE s.sno=sc.sno  AND c.cno=sc.cno
AND s.sno=@student_no
  END
GO
```

执行该存储过程时由于有默认值,所以可以不输入参数的值。执行结果如图 9-20 所示。

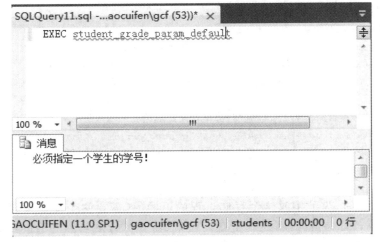

图 9-20　例 9-18 图 1

执行存储过程时也可以重新指定参数的值,执行结果如图 9-21 所示。

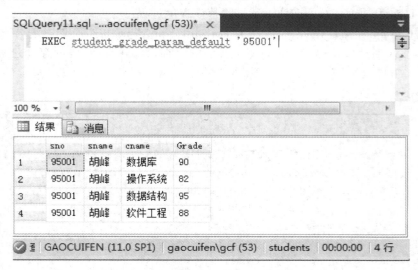

图 9-21 例 9-18 图 2

(4) 创建带有输入和输出参数的存储过程。

在存储过程中,除了定义输入参数外,还可以定义输出参数。通过定义输出参数,可以从存储过程中返回一个或多个值。为了使用输出参数,必须在 CREATE PROCEDURE 语句和 EXECUTE 语句中指定关键字 OUTPUT。执行存储过程时,如果忽略 OUTPUT 关键字,则存储过程仍会执行但不返回值。

例如,在教学管理系统中,老师想要知道他所带课程的考试情况,想知道所带课程的考试平均分和最高分。对于该需求,由于课程的唯一标识是课程编号,所以建立该存储过程要一个输入型参数课程编号,然后两个输出型参数用于返回计算出的该门课程的平均分和最高分。

例 9-19 使用带有输入/输出参数的存储过程:计算某门课程考试的平均成绩和最高成绩,编写语句。

解 语句如下。

```
USE students
GO
CREATE PROCEDURE student_grade_param_inout
    @course_no char(10),      ——输入参数课程编号
    @MAXgrade float OUTPUT,   ——输出参数最高成绩
    @AVGgrade float OUTPUT    ——输出参数平均成绩
AS
——根据输入的课程编号查询成绩表,统计最高成绩和平均成绩
SELECT @MAXgrade=max(grade),@AVGgrade=avg(grade)
FROM enroll
    WHERE enroll.cno=@course_no
GO
```

执行存储过程时,为了接收这个存储过程的返回值,需要两个变量来存放返回参数的值。执行例 9-19 的存储过程,新建一个查询窗口,输入执行语句。由于该存储过程带有输出参数,所以在执行过程中要先定义两个参数,然后执行存储过程 student_grade_param_inout,最后打印结果信息。语句如下:

```
declare@MAXgrade float
declare@AVGgrade float
EXEC student_grade_param_inout 'c2',@MAXgrade output,@AVGgrade output
print'该门课程的平均成绩为:'+RTRIM(CAST(@MAXgrade as char(10)))
print'该门课程的最高成绩为:'+RTRIM(CAST(@AVGgrade as char(10)))
```

具体的执行结果如图 9-22 所示。

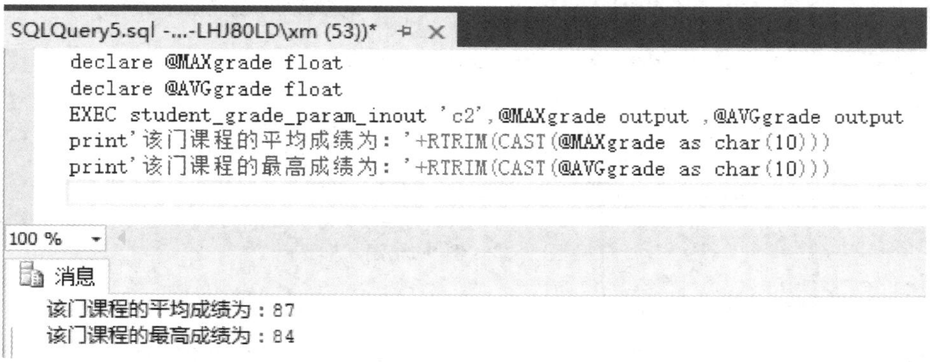

图 9-22　例 9-19 图

例 9-20　查询某个系的学生人数,默认查询计算机系的学生。

分析:要统计不同系的学生就必须以系做参数,需要编写使用带有默认值的输入参数、输出参数的存储过程。Sdept 为输入参数,默认值为计算机。

解　程序如下。

```
USE students
/*判断系统中有没有名字叫 student_dept_stucount 的存储过程,如果有,就删除掉同名的
存储过程*/
IF OBJECT_ID(N'dbo.student_dept_stucount ',N'P')IS NOT NULL
   DROP PROCEDURE dbo.student_dept_stucount;
GO
CREATE PROCEDURE   student_dept_stucount
   @sdept char(10)='计算机',——输入参数,默认值计算机
   @sount int output ——输出参数,统计学生个数
AS
/*按部门分组查询不同部门的人数,并筛选出用户输入的系的人数*/
SELECT @sount=COUNT(sno) FROM student
   GROUP BY department
HAVING department=@sdept
IF @sount IS NULL ——如果返回值为空,提示系里没有学生
   print RTRIM(@sdept)+'没有学生!'
   ELSE   ——统计输出系里学生的人数
   BEGIN
   print RTRIM(@sdept)+'系的学生数为:'+ CONVERT(varchar(6),@sount)
   END
GO
```

执行存储过程时,为了接收这个存储过程的返回值,需要一个变量来存放返回参数的值。执行例 9-20 的存储过程,新建一个查询窗口,输入执行语句。在执行过程中要先定义

231

一个参数,而输入参数已经有默认值,单独说明输出参数即可;然后执行存储过程 student_
dept_stucount;最后打印结果信息。语句如下:

```
declare @count int
EXEC student_dept_stucount @sount=@count output
```

具体的执行结果如图 9-23 所示。

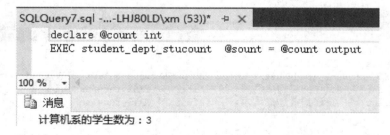

图 9-23 例 9-20 图

(5)利用存储过程执行 DML 操作。

例 9-21 编写存储过程,进行数据的插入操作:插入学生的课程成绩。

分析:在教学管理系统中,一条条地输入学生的所学课程的成绩信息是比较麻烦的过程,要求创建一个存储过程,以简化对成绩表(enroll)的数据添加工作。当执行该存储过程时,其参数值(@student_no,@course_no,@ grade)可作为数据添加到表中(其数据类型为char(10),char(10),numeric(9,0))。

解 语句如下。

```
CREATE PROCEDURE enroll_grade_insert
    @student_no char(10),    ——输入参数学号
    @course_no char(10),     ——输入参数课程号
    @grade numeric(9,0)      ——输入参数成绩
AS
BEGIN
INSERT INTO enroll (sno,cno,grade)
VALUES (@student_no,@course_no,@grade)
END
```

执行存储过程可以通过以下方法执行:

```
EXECUTE enroll_grade_insert '95012','c1',85
```

当然,在执行过程中变量可以显式命名:

```
EXEC enroll_grade_insert @student_no='95012',@course_no='c1',@grade=85
```

具体的执行结果如图 9-24 所示。

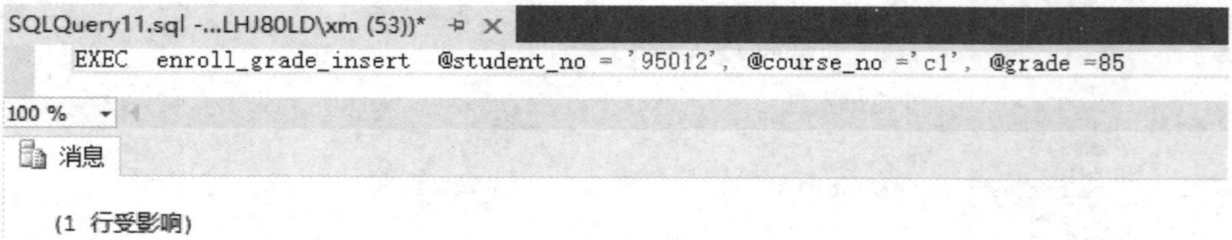

```
SQLQuery11.sql -...LHJ80LD\xm (53))*  ⊕ ×
    EXEC  enroll_grade_insert  @student_no = '95012', @course_no ='c1', @grade =85
100 %  ▼
📄 消息

(1 行受影响)
```

图 9-24 例 9-21 图 1

再次查看成绩表,发现该成绩已经插入,如图 9-25 所示。

DESKTOP-LHJ80LD....nts - dbo.enroll

sno	cno	grade
95001	c1	90
95001	c2	82
95001	c3	85
95001	c4	88
95012	c1	85
95012	c2	83
95012	c3	88
95020	c2	83
95020	c3	*NULL*
95020	c4	88
95022	c2	87
95022	c3	81
95023	c2	85
95101	c2	84

图 9-25　例 9-21 图 2

(6) 游标和存储过程的综合应用。

T-SQL 存储过程只能将 cursor 数据类型用于 OUTPUT 参数。如果为某个参数指定了 cursor 数据类型,则必须指定 VARYING 和 OUTPUT 参数。如果为某个参数指定了 VARYING 关键字,则数据类型必须是 cursor,并且必须指定 OUTPUT 关键字。

例 9-22　查询不同系的学生的各门课的成绩,编写程序。

分析:在教学管理系统中,班主任想要查询所有学生的所有课程的成绩信息。由于学校的学生都有可能需要该功能,所以可以建立一个带参数的存储过程,输入学生的学号来查询学生的各门课的成绩。前面已经建立的例 9-17 和例 9-19 都有类似的功能,但是该存储过程只能查询单一的学生的信息,如果现在要了解全部或其中的一部分学生的信息,那么需要处理多行数据,这时就要用到游标。

解　程序如下。

```
USE students
GO
/*判断系统中有没有名字叫 student_grade_department 的存储过程,如果有,就删除掉同名的存储过程*/
IF OBJECT_ID(N'dbo.student_grade_department ',N'P')IS NOT NULL
   DROP PROCEDURE dbo.student_grade_department;
GO
CREATE PROCEDURE dbo.student_grade_department
    @sdept char(10)='计算机',——输入参数系
@department_gradeCursor cursor VARYING OUTPUT ——定义游标变量,output 为游标参数
```

```
AS
    SET NOCOUNT ON;——不返回计数(受 Transact-SQL 语句影响的行数)
    SET @department_gradeCursor=CURSOR
    forward_only STATIC FOR——指定游标只能从第一行滚到最后一行
/*学生表,成绩表,课程表 3 表做等值连接运算,并且学生表的系名为外部输入参数输入值*/
    SELECT s.sno,sname,cname,Grade
        FROM student s,enroll sc,course c
        WHERE s.sno=sc.sno  AND c.cno=sc.cno AND s.department=@sdept
    OPEN @department_gradeCursor; ——打开游标变量
GO
```

注意:cursor 数据类型不能通过数据库 API(例如 OLE DB、ODBC、ADO 和 DB-Library)绑定到应用程序变量上。必须先绑定 OUTPUT 参数,应用程序才可以执行存储过程。所以,只有将 cursor OUTPUT 变量分配给 Transact-SQL 局部游标(cursor)变量时,才可以通过 Transact-SQL 批处理、存储过程或触发器调用这些过程。

含有游标的存储过程建立完毕后,接下来要调用存储过程。首先要声明一个游标变量,由于游标的查询结果集里有四个字段,所以还要声明四个和对应字段类型相同的变量,以便在打开游标后接受里面的对应数据。然后将游标里的数据一条条地取出来进行打印输出。最后,游标处理完毕后关闭游标,释放资源。程序如下:

```
declare  @exec_cur cursor ——声明游标
declare  @sno char(10),  ——变量学号
            @sname char(10),——变量学生姓名
            @cname char(10),——变量课程名
            @grade  numeric(9,0)——变量成绩
exec student_grade_department @department_gradeCursor=@exec_cur output;
——执行带参数的存储过程
fetch next FROM @exec_cur into @sno,@sname,@cname,@grade;
——提取游标中数据到定义的四个参数中
while (@@fetch_status=0)——提取成功,进行下一条数据的提取操作
begin
    print '学号:'+@sno +',姓名:'+@sname+',课程名:'+@cname——打印数据
+',成绩:'+isnull(convert(char,@grade),0);——当成绩为 NULL 时,显示成绩为 0
    fetch next from @exec_cur into @sno,@sname,@cname,@grade;——移动游标
end
close @exec_cur;——关闭游标
deallocate @exec_cur; ——释放游标资源
```

具体的执行结果如图 9-26 所示。

9.2.3 查看存储过程

查看存储过程代码有两种方法:一种是通过 SQL Server Management Studio 查看存储过程,另一种是通过系统存储过程来查看关于用户创建的存储过程信息。

1. 通过使用 SQL Server Management Studio 查看存储过程

使用 SQL Server Management Studio,在对象资源管理器中查看存储过程的定义。

```
SQLQuery21.sql -...LHJ80LD\xm (53))*  ≠ ×
declare  @exec_cur cursor --声明游标
declare  @sno char(10),  --变量学号
         @sname char(10),--变量学生姓名
         @cname char(10),--变量课程名
         @grade  numeric(9,0)--变量成绩
exec student_grade_department @department_gradeCursor = @exec_cur output,--执行带参数存储过程
fetch next FROM @exec_cur into @sno, @sname, @cname, @grade;--提取游标中数据到定义的四个参数中
while (@@fetch_status =0)--提取成功，进行下一条数据的提取操作
begin
      print '学号：' + @sno + '，姓名：' + @sname + '，课程名：' +@cname--打印数据
           +'，成绩：'+isnull(convert(char, @grade),0);--当成绩为NULL时，显示成绩为0
      fetch next from @exec_cur into @sno, @sname, @cname,@grade;--移动游标

end
close @exec_cur;--关闭游标
deallocate @exec_cur; --释放游标资源
```

100 %

📄 消息
```
学号：95012     ，姓名：陈军      ，课程名：数据库    ，成绩：85
学号：95012     ，姓名：陈军      ，课程名：操作系统  ，成绩：83
学号：95012     ，姓名：陈军      ，课程名：数据结构  ，成绩：88
学号：95020     ，姓名：张春明    ，课程名：操作系统  ，成绩：83
学号：95020     ，姓名：张春明    ，课程名：数据结构  ，成绩：0
学号：95020     ，姓名：张春明    ，课程名：软件工程  ，成绩：88
学号：95022     ，姓名：丁晓春    ，课程名：操作系统  ，成绩：87
学号：95022     ，姓名：丁晓春    ，课程名：数据结构  ，成绩：81
```

图 9-26　例 9-22 图

（1）在对象资源管理器中，连接到数据库引擎实例，然后展开该实例。

（2）展开"数据库"，"students"及"可编程性"，展开"存储过程"。

（3）选中需要查看定义的存储过程，右键单击选择"编写存储过程脚本为"，然后选择下列选项之一："CREATE 到""ALTER 到"或"DROP 和 CREATE 到"。

（4）选择"新建查询编辑器窗口"，这时将显示过程定义，如图 9-27 所示。

```
SQLQuery17.sql -...aocuifen\gcf (52))  ×
USE [students]
GO

/****** Object:  StoredProcedure [dbo].[student_grade_param]    Script Date: 2013/5/8 13:31:27 ×
SET ANSI_NULLS ON
GO

SET QUOTED_IDENTIFIER ON
GO

create PROCEDURE  [dbo].[student_grade_param]
    @student_name char(10), @course_name char(20)
 AS
  SELECT sname,cname,Grade
    FROM Student s INNER JOIN enroll sc
    ON s.sno = sc.sno   INNER JOIN course c
    ON c.cno = sc.cno
    WHERE  sname = @student_name
      AND cname = @course_name

 GO
```

100 %

图 9-27　查看存储过程源代码对话框

235

2. 使用 sp_helptext 查看存储过程的源代码

要查看数据库 students 中存储过程 student_grade_param 的代码,新建一个查询窗口,执行下面的代码:sp_helptext student_grade_param。运行结果如图 9-28 所示。

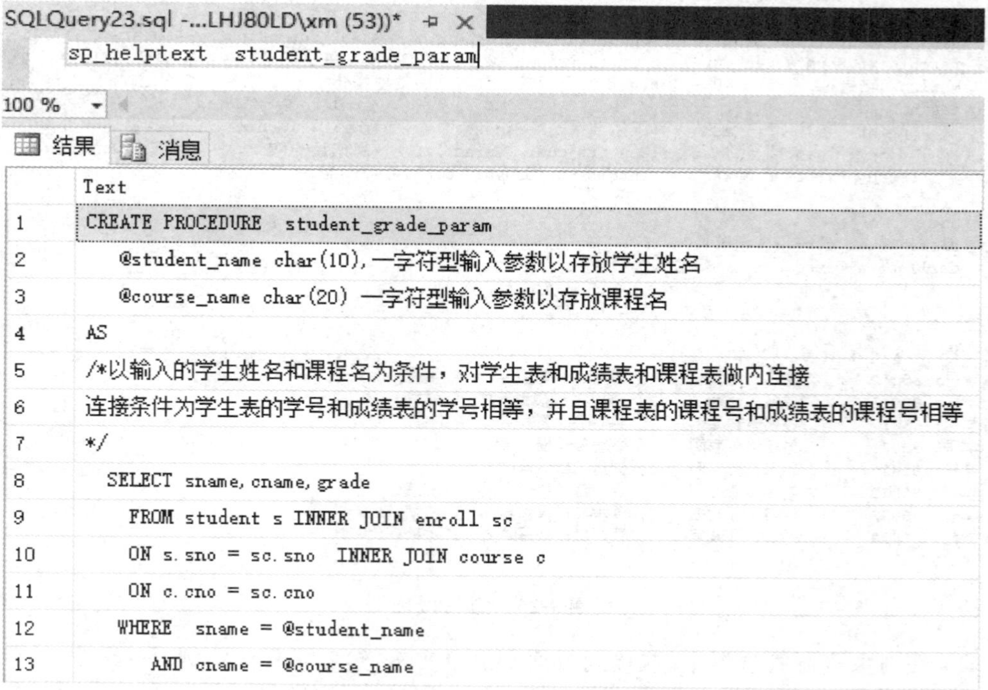

SQLQuery23.sql -...LHJ80LD\xm (53))* ⊕ ×

```
sp_helptext   student_grade_param
```

100 % ▼ ◄

🔲 结果 │ 📄 消息

	Text
1	CREATE PROCEDURE student_grade_param
2	@student_name char(10),一字符型输入参数以存放学生姓名
3	@course_name char(20) 一字符型输入参数以存放课程名
4	AS
5	/*以输入的学生姓名和课程名为条件,对学生表和成绩表和课程表做内连接
6	连接条件为学生表的学号和成绩表的学号相等,并且课程表的课程号和成绩表的课程号相等
7	*/
8	SELECT sname, cname, grade
9	FROM student s INNER JOIN enroll sc
10	ON s.sno = sc.sno INNER JOIN course c
11	ON c.cno = sc.cno
12	WHERE sname = @student_name
13	AND cname = @course_name

图 9-28 使用 sp_helptext 查看存储过程

> 说明:如果在创建存储过程时使用了 WITH ENCRYPTION 选项,那么无论是使用企业管理器还是系统存储过程 sp_helptext,都无法查看到存储过程的源代码。

9.2.4 修改存储过程

当需要修改存储过程的时候,可以通过 SQL Server Management Studio 实现,也可以通过执行 ALTER PROCEDURE 语句来实现。

1. 通过使用 SQL Server Management Studio 修改存储过程

使用 SQL Server Management Studio,在对象资源管理器中修改存储过程。

(1) 在对象资源管理器中,连接到数据库引擎实例,然后展开该实例。

(2) 展开"数据库""students"及"可编程性"。

(3) 展开"存储过程",右键单击要修改的过程,再选择"修改"。

(4) 修改存储过程的文本,又分为以下几种。

① 若要测试语法,就在"查询"菜单上选择"分析"。

② 若要将修改信息保存到过程定义中,就在"查询"菜单上选择"执行"。

③ 若要将更新的过程定义另存为 T-SQL 脚本,就在"文件"菜单上选择"另存为"。接受该文件名或将其替换为新的名称,再选择"保存"。

修改存储过程 student_grade,检查结果按照课程进行排序,如图 9-29 所示。

图 9-29　修改存储过程 1

再次执行该存储过程,结果集按照课程进行排序,结果如图 9-30 所示。

	sno	sname	cname	grade
1	95001	胡峰	操作系统	82
2	95012	陈军	操作系统	83
3	95020	张春明	操作系统	83
4	95022	丁晓春	操作系统	87
5	95023	刘文	操作系统	85
6	95101	王丽	操作系统	84
7	95001	胡峰	软件工程	88
8	95020	张春明	软件工程	88
9	95001	胡峰	数据结构	85
10	95012	陈军	数据结构	88
11	95020	张春明	数据结构	NULL
12	95022	丁晓春	数据结构	81
13	95001	胡峰	数据库	90
14	95012	陈军	数据库	85

图 9-30　修改存储过程 2

2. 使用 ALTER PROCEDURE 语句修改存储过程

其语法格式如下:

```
ALTER {PROC|PROCEDURE} [schema_name. ] procedure_name [;number]
    [{@parameter [type_schema_name. ] data_type}
        [VARYING] [=default] [OUT|OUTPUT] [READONLY]
    ][, …n]
```

```
[WITH <procedure_option>[,…n]]
[FOR REPLICATION]
AS {[BEGIN] sql_statement [;] […n] [END]}
[;]
<procedure_option>::=
    [ENCRYPTION]
    [RECOMPILE]
    [EXECUTE AS Clause]
```

其参数的含义与 CREATE PROCEDURE 的类似，这里不再介绍。

例 9-23 修改 student_grade 存储过程，增加参数，改为不缓存，编写程序。

解 程序如下。

```
ALTER PROCEDURE [dbo].[student_grade]
with recompile——不缓存数据
AS
BEGIN
        SELECT s.sno,s.sname,cname,grade
        FROM student s INNER JOIN enroll sc
        ON s.sno=sc.sno INNER JOIN course c
        ON c.cno=sc.cno
END
```

具体的执行结果如图 9-31 所示。

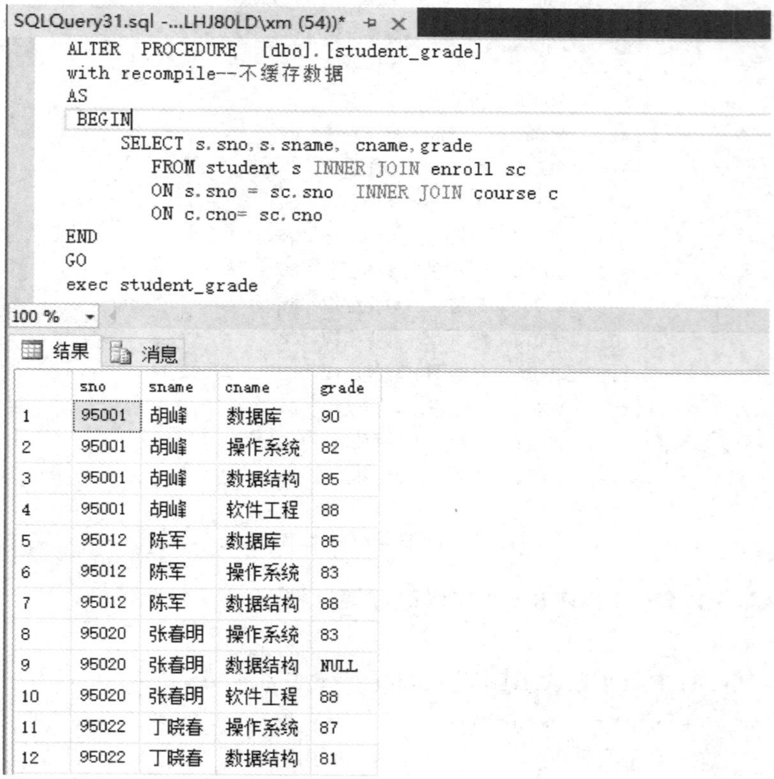

SQLQuery31.sql -...LHJ80LD\xm (54))*

```
ALTER  PROCEDURE  [dbo].[student_grade]
with recompile--不缓存数据
AS
 BEGIN
     SELECT s.sno, s.sname, cname, grade
        FROM student s INNER JOIN enroll sc
        ON s.sno = sc.sno  INNER JOIN course c
        ON c.cno= sc.cno
END
GO
exec student_grade
```

100 %

结果 消息

	sno	sname	cname	grade
1	95001	胡峰	数据库	90
2	95001	胡峰	操作系统	82
3	95001	胡峰	数据结构	85
4	95001	胡峰	软件工程	88
5	95012	陈军	数据库	85
6	95012	陈军	操作系统	83
7	95012	陈军	数据结构	88
8	95020	张春明	操作系统	83
9	95020	张春明	数据结构	NULL
10	95020	张春明	软件工程	88
11	95022	丁晓春	操作系统	87
12	95022	丁晓春	数据结构	81

图 9-31　例 9-23 图

使用 ALTER PROCEDURE 语句时,需要考虑以下事项。

(1) 如果要修改具有任何选项的存储过程,如 WITH ENCRYPTION 选项,则必须在 ALTER PROCEDURE 语句中包括该选项,以保留该选项提供的功能。

(2) ALTER PROCEDURE 语句只能修改一个单一的过程,如果过程调用了其他存储过程,则嵌套的存储过程不受影响。

(3) 默认状态下,允许该语句的执行者是存储过程最初的创建者、sysadmin 服务器角色成员和 db_owner 与 db_ddladmin 固定的数据库角色成员,用户不能授权执行 ALTER PROCEDURE 语句。

建议不要直接修改系统存储过程,相反,可以通过从现有的存储过程中复制语句来创建用户定义的系统存储过程,然后修改它来满足要求。

9.2.5　删除存储过程

1. 通过使用 SQL Server Management Studio 删除存储过程

使用 SQL Server Management Studio,在对象资源管理器中删除存储过程。

(1) 在对象资源管理器中,连接到数据库引擎实例,然后展开该实例。

(2) 展开"数据库""students"及"可编程性"。

(3) 展开"存储过程",右键单击要删除的过程,再选择"删除"。

(4) 若要查看依赖于过程的对象,就选择"显示依赖关系"。

(5) 确认选择了正确的过程,再单击"确定"按钮。

(6) 从所有依赖对象和脚本中删除对该过程的引用。

删除存储过程 student_grade_param,如图 9-32 所示。

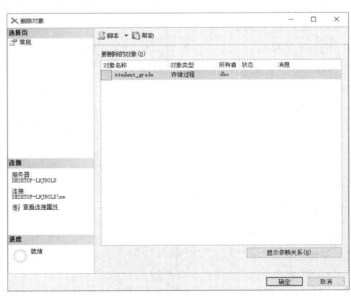

图 9-32　删除存储过程

2. 使用语句删除存储过程

可以使用 SQL 语句删除存储过程,语法格式如下:

DROP PROCEDURE 存储过程名

例 9-24 删除 student_grade_param 存储过程（在当前数据库内），编写语句。

解 语句如下。

```
DROP PROCEDURE student_grade_param
GO
```

具体执行结果如图 9-33 所示。

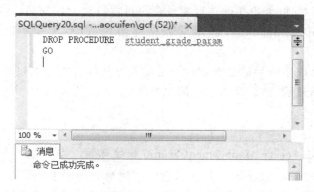

图 9-33 例 9-24 图

9.3 用户定义函数

9.3.1 用户定义函数概述

与编程语言中的函数类似，SQL Server 用户定义函数是接受参数、执行操作（如复杂计算），并将操作结果以值的形式返回的例程。返回值可以是单个标量值或结果集。

1. 用户定义函数的优点

在 SQL Server 2016 中使用用户定义函数有以下优点。

（1）允许模块化程序设计。只需创建一次函数并将其存储在数据库中，以后便可以在程序中调用任意次。用户定义函数可以独立于程序源代码进行修改。

（2）执行速度更快。与存储过程相似，T-SQL 用户定义函数通过缓存计划并在重复执行时重用它来降低 T-SQL 代码的编译开销。这意味着每次使用用户定义函数时均无须重新解析和重新优化，从而缩短了执行时间。

（3）减少网络流量。基于某种无法用单一标量的表达式表示的复杂约束来过滤数据的操作，可以表示为函数。然后此函数便可以在 WHERE 子句中调用，以减少发送至客户端的数字或行数。

2. 函数的分类

SQL Server 2016 中的函数类型如下。

1）标量函数

用户定义标量函数返回在 RETURNS 子句中定义的类型的单个数据值。对于内联标量函数，没有函数体，标量值是单个语句的结果。对于多语句标量函数，定义在 BEGIN…END 块中的函数体包含一系列返回单个值的 T-SQL 语句。返回类型可以是除 text、ntext、image、cursor 和 timestamp 外的任何数据类型。

2）表值函数

用户定义表值函数返回 table 数据类型。内联表值函数没有函数主体。表是单个

SELECT 语句的结果集。

3）系统函数

SQL Server 提供了许多系统函数，可用于执行各种操作。这些函数不能进行修改。

3．限制和局限

（1）用户定义函数不能用于执行修改数据库状态的操作。

（2）用户定义函数不能包含将表作为其目标的 OUTPUT INTO 子句。

（3）下列 Service Broker 语句不能包含在 T-SQL 用户定义函数的定义中：

① BEGIN DIALOG CONVERSATION；

② END CONVERSATION；

③ GET CONVERSATION GROUP；

④ MOVE CONVERSATION；

⑤ RECEIVE；

⑥ SEND。

（4）用户定义函数可以嵌套，也就是说，用户定义函数可相互调用。被调用函数开始执行时，嵌套级别将增加；被调用函数执行结束后，嵌套级别将减少。用户定义函数的嵌套级别最多可达 32 级。

9.3.2　创建和执行用户定义函数

和存储过程一样，在 SQL Server 2016 中创建用户定义函数的方法有两种：一种是使用图形化的 SQL Server Management Studio 来创建用户定义函数，另一种是使用 T-SQL 语句来创建用户定义函数。第一种方法比较适合初学者，第二种方法比较适合 SQL Server 程序员。

1．使用 SQL Server Management Studio 创建和执行用户定义函数

（1）启动 SQL Server Management Studio，在对象资源管理器中，连接到 SQL Server 数据库引擎实例，再展开该实例。

（2）展开“数据库”，选择要创建函数的数据库，展开“可编程性”，右键选择“函数”，右键选择要创建的函数类型，再新建函数，显示模板，如图 9-34 所示。

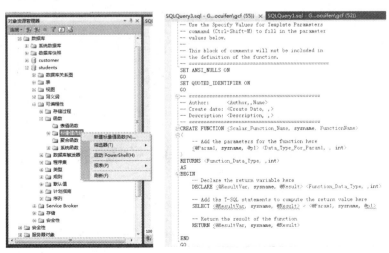

图 9-34　使用 SQL Server Management Studio 创建函数

（3）在查询编辑器中，使用过程语句替换 SELECT 语句，如图 9-35 所示。

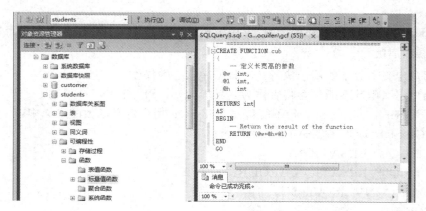

图 9-35 在查询分析器中创建函数

① 若要测试语法，则在"查询"菜单上选择"分析"。

② 若要执行函数程序，则在"查询"菜单上选择"执行"。

③ 若要保存脚本，则在"文件"菜单上单击"保存"按钮。接受该文件名或将其替换为新的名称，再单击"保存"按钮。

例 9-25 定义一个计算长方体体积的函数，编写程序。

解 程序如下。

```
CREATE FUNCTION cub
(
——定义长、宽、高的参数
@w int,
@l int,
@h int
)
RETURNS int
AS
BEGIN
——return the result of the function
RETURN (@w*@h*@l)
END
GO
```

（4）运行存储过程：在工具栏上单击"新建查询"，在查询窗口中，输入执行语句，如图 9-36所示。

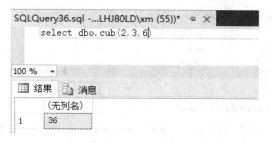

图 9-36 执行函数

2. 用 SQL 语句创建和执行标量函数

语法格式如下：

CREATE FUNCTION [schema_name.] function_name
([{@parameter_name [AS][type_schema_name.] parameter_data_type
    [=default] [READONLY]}
    [,…n]
  ]
)
RETURNS return_data_type
    [WITH <function_option>[,…n]]
    [AS]
    BEGIN
        function_body
        RETURN scalar_expression
    END
[;]

参数说明和存储过程的类似，这里不详细说明。

（1）schema_name：用户定义函数所属架构的名称。

（2）function_name：用户定义函数的名称。

（3）@parameter_name：用户定义函数中的参数，可声明一个或多个参数，一个函数最多可以有 2100 个参数。

（4）[type_schema_name.] parameter_data_type：参数的数据类型及其所属的架构。

（5）[=default]：参数的默认值。如果定义了 default 值，则无须指定此参数的值即可执行函数。

（6）READONLY：指示不能在函数定义中更新或修改参数。如果参数类型为用户定义的表类型，则应指定 READONLY。

（7）function_body：指定一系列定义函数值的 T-SQL 语句。

（8）scalar_expression：指定标量函数返回的标量值。

例 9-26 定义一个求数的立方的用户定义函数，编写程序。

解 程序如下。

```
USE students;
GO
IF OBJECT_ID(N'dbo.Meters',N'FN') IS NOT NULL
──判断标量函数是否存在,如果存在,就删除同名函数
    DROP FUNCTION dbo.Meters;
GO
CREATE FUNCTION Meters(@x INT)──创建函数,参数为整型 x
RETURNS INT  ──返回值类型为整型
AS
BEGIN
    SET @x=@x*@x*@x
    RETURN @x
END
```

函数创建成功后,可以在 T-SQL 语句中允许使用标量表达式的任何位置调用返回标量值(与标量表达式的数据类型相同)的用户定义函数。必须使用至少由两部分组成名称的函数来调用标量值函数,即架构名.对象名。

例 9-26 的调用为 select dbo. Meters (8),具体执行结果如图 9-37 所示。

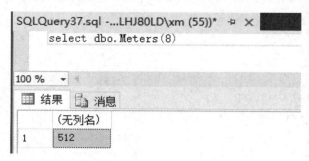

图 9-37　例 9-26 图

3. 用 SQL 语句创建和执行表值函数

表值函数就是返回 table 数据类型的用户定义函数,它分为内联表值函数和多语句表值函数。内联表值函数没有函数主体,表是单个 SELECT 语句的结果集。

1)创建内联表值函数

语法格式如下:

CREATE FUNCTION [schema_name.] function_name

([{@parameter_name [AS] [type_schema_name.] parameter_data_type

　　[=default] [READONLY]}

　　[,…n]

　]

)

RETURNS TABLE

　　[WITH <function_option>[,…n]]

　　[AS]

　　RETURN [() select_stmt ()]

[;]

参数说明与存储过程的类似,这里不详细说明。

(1) TABLE:指定表值函数的返回值为表。只有常量和@local_variables 可以传递到表值函数。

① 在内联表值函数中,TABLE 返回值是通过单个 SELECT 语句定义的。内联函数没有关联的返回变量。

② 在多语句表值函数中,@return_variable 是 TABLE 变量,用于存储和汇总应作为函数值返回的行。

(2) select_stmt:定义内联表值函数返回值的单个 SELECT 语句。

例 9-27　查询学生表(student)中不同性别的学生的信息,编写程序。

分析:查询学生的信息,就要输入性别的值进行查询,所以需要设置参数 vsex 来接收性别信息。

解　程序如下。

```
    USE students;
    GO
    IF OBJECT_ID(N'dbo.stunumsex',N'IF')  IS NOT NULL
——判断内联表值函数是否存在,如果存在,就删除同名函数(这里也可以不写函数类型 N'IF')
        DROP FUNCTION dbo.stunumsex
    GO
    CREATE FUNCTION stunumsex (@vsex char(2))——以性别为参数,建立函数
    RETURNS TABLE
    AS
    RETURN
    (
        SELECT * FROM student WHERE sex=@vsex
——查询学生信息,以外部输入的 vsex 参数作为性别的值
    )
    GO
```

例 9-27 的调用为 select * from stunumsex('男'),具体执行结果如图 9-38 所示。注意,调用时不需指定架构名。

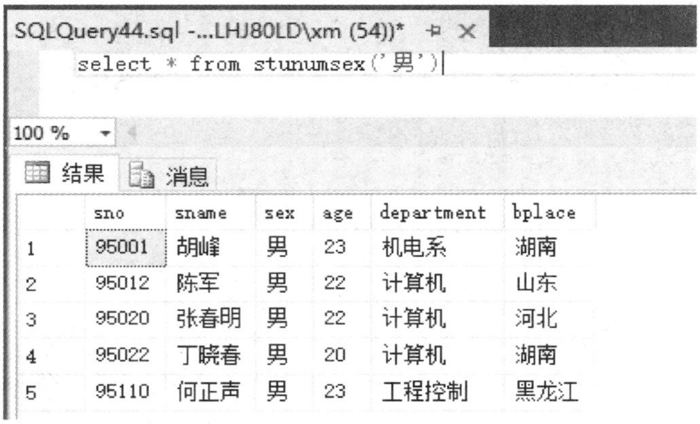

	sno	sname	sex	age	department	bplace
1	95001	胡峰	男	23	机电系	湖南
2	95012	陈军	男	22	计算机	山东
3	95020	张春明	男	22	计算机	河北
4	95022	丁晓春	男	20	计算机	湖南
5	95110	何正声	男	23	工程控制	黑龙江

图 9-38　例 9-27 图

2) 创建多语句表值函数

语法格式如下:

```
CREATE FUNCTION [schema_name.] function_name
([{@parameter_name [AS] [type_schema_name.] parameter_data_type
    [=default] [READONLY]}
    [,…n]
  ]
)
RETURNS @return_variable TABLE <table_type_definition>
    [WITH <function_option>[,…n]]
    [AS]
    BEGIN
        function_body
        RETURN
```

```
END
[;]
```

例 9-28 按学号查询某个同学的各科成绩,编写程序。

分析:按学号查询学生的成绩信息,那么就要有一个输入参数,输入学号,输出时要输出学生的课程号、课程名和成绩,故需要一个表存放学生的每门课的成绩信息。

解 程序如下。

```
USE students;
GO
IF OBJECT_ID (N's_course',N'TF') IS NOT NULL /*判断多语句表值函数是否存在,如果存在,就删除同名函数(这里也可以不写函数类型 N'TF')*/
    DROP FUNCTION s_course
GO
CREATE FUNCTION s_course (@sno char(10))——学号作为输入参数
RETURNS @course table ——返回信息为一个表(课程号,课程名,成绩)
(course_no  char(10),
course_name char(20),
score int)
AS
BEGIN ——课程表和成绩表做按课程号等值连接后,以学号为条件过滤数据
INSERT @course
SELECT sc.cno,c.cname,grade
FROM enroll sc,course c
WHERE sc.cno=c.cno AND sc.sno=@sno
RETURN
END
GO
```

例 9-28 的调用为 select * from s_course ('95001'),具体的执行结果如图 9-39 所示。

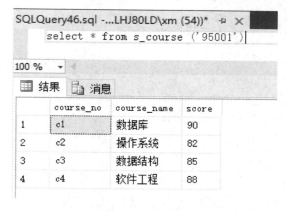

图 9-39 例 9-28 图

9.3.3 查看用户定义函数

1. 通过使用 SQL Server Management Studio 查看用户定义函数

使用 SQL Server Management Studio,在对象资源管理器中查看用户定义函数。

（1）在对象资源管理器中，连接到数据库引擎实例，然后展开该实例。

（2）展开"数据库""students"及"可编程性"。

（3）展开"函数"，选择要查看属性的函数的文件夹，右键单击要查看其属性的函数，然后选择"属性"。

（4）在"函数属性-s_course"对话框中显示属性，如图 9-40 所示。

图 9-40 "函数属性-s_course"对话框

2. 使用语句查看函数的定义和属性

（1）在对象资源管理器中，连接到数据库引擎实例。

（2）在标准菜单栏上，选择"新建查询"。

（3）输入以下代码到查询窗口中（查询 s_course 的定义），然后选择"执行"。

```
USE students;
GO
---- Get the function name,definition,and relevant properties
SELECT sm.object_id,
   OBJECT_NAME(sm.object_id)  AS object_name,
   o.type,
   o.type_desc,
   sm.definition,
   sm.uses_ansi_nulls,
```

```
    sm.uses_quoted_identifier,
    sm.is_schema_bound,
    sm.execute_as_principal_id
    ── using the two system tables sys.sql_modules and sys.objects
FROM sys.sql_modules AS sm
JOIN sys.objects AS o ON sm.object_id=o.object_id
── from the function 'dbo.ufnGetProductDealerPrice'
WHERE sm.object_id=OBJECT_ID('dbo.s_course')
ORDER BY o.type;
GO
USE students;
GO
── Get the definition of the function dbo.ufnGetProductDealerPrice
SELECT OBJECT_DEFINITION (OBJECT_ID('dbo.s_course')) AS ObjectDefinition;
GO
```

执行结果如图 9-41 所示。

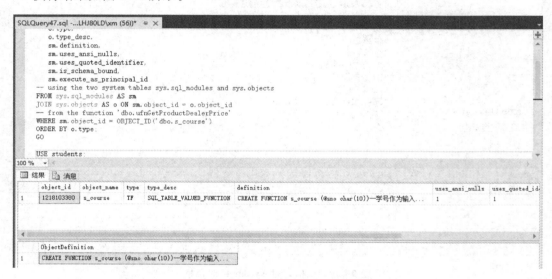

图 9-41 查询 s_course 的执行结果

9.3.4 修改用户定义函数

当需要修改用户定义函数时,可以通过使用 SQL Server Management Studio 实现,也可以通过执行 ALTER PROCEDURE 语句来实现。

1. 通过使用 SQL Server Management Studio 修改用户定义函数

使用 SQL Server Management Studio,在对象资源管理器中修改用户定义函数。

(1) 在对象资源管理器中,连接到数据库引擎实例,然后展开该实例。

(2) 展开“数据库”“students”及“可编程性”。

(3) 单击包含要修改函数的文件夹旁边的加号,右键单击要修改的函数,再选择“修改”。

(4) 在查询窗口中,对 ALTER FUNCTION 语句进行必要的更改。

(5) 在“文件”菜单上,选择“保存 function_name”。

2. 使用 SQL 语句修改标量函数

语法格式如下：

ALTER FUNCTION [schema_name.] function_name

([{@parameter_name [AS][type_schema_name.] parameter_data_type

    [=default]}

    [,…n]

  ]

)

RETURNS return_data_type

    [WITH <function_option>[,…n]]

    [AS]

    BEGIN

        function_body

        RETURN scalar_expression

    END

[;]

3. 用 SQL 语句修改表值函数

1）修改内联表值函数

语法格式如下：

ALTER FUNCTION [schema_name.] function_name

([{@parameter_name [AS] [type_schema_name.] parameter_data_type

    [=default]}

    [,…n]

  ]

)

RETURNS TABLE

    [WITH <function_option>[,…n]]

    [AS]

    RETURN [(] select_stmt [)]

[;]

2）修改多语句表值函数

语法格式如下：

ALTER FUNCTION [schema_name.] function_name

([{@parameter_name [AS] [type_schema_name.] parameter_data_type

    [=default]}

    [,…n]

  ]

)

RETURNS @return_variable TABLE <table_type_definition>

    [WITH <function_option>[,…n]]

    [AS]

    BEGIN

```
        function_body
        RETURN
     END
  [;]
```

9.3.5　删除用户定义函数

1. 通过使用 SQL Server Management Studio 删除用户定义函数

使用 SQL Server Management Studio,在对象资源管理器中删除用户定义函数。

(1) 在对象资源管理器中,连接到数据库引擎实例,然后展开该实例。

(2) 展开"数据库""students"及"可编程性"。

(3) 展开函数的文件夹旁边的加号,右键单击要删除的函数,再选择"删除"。

(4) 在"删除对象"对话框中,单击"确定"按钮。

执行结果如图 9-42 所示。

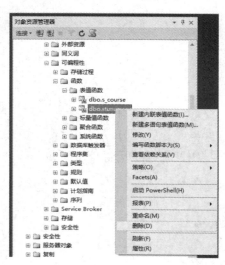

图 9-42　删除用户定义函数

2. 使用语句删除用户定义函数

语法格式如下:

DROP FUNCTION {[schema_name.] function_name} [,…n]

参数说明:

(1) schema_name:用户定义函数所属架构的名称。

(2) function_name:要删除的用户定义函数的名称。

可以选择是否指定架构名称,不能指定服务器名称和数据库名称。

具体步骤如下。

(1) 在对象资源管理器中,连接到数据库引擎实例。

(2) 在标准菜单栏上,选择"新建查询"。

(3) 输入以下代码到查询窗口中(删除标量函数 cub),然后单击"执行"。

```
IF OBJECT_ID (N'cub',N'FN') IS NOT NULL
DROP FUNCTION cub;
GO
```

执行语句后,删除该函数。

 **9.4 触发器**

9.4.1 触发器概述

触发器是一种特殊的存储过程,它包括大量的 T-SQL 语句。但是,触发器又与一般的存储过程有着明显的区别,一般的存储过程可以由用户直接调用执行,而触发器不能被直接调用执行,它只能由事件触发自动执行。

当对某个表进行诸如 UPDATE、INSERT 和 DELETE 这些数据记录操作时,SQL Server 就会自动执行触发器事先定义好的 SQL 语句,从而确保输入的数据及对数据的处理必须符合这些 SQL 语句所定义的规则,减少输入数据中出现的错误。

SQL Server 为每个触发器都创建了两个专用表:inserted 表和 deleted 表。这两个表由系统来维护,它们存在于内存中而不是在数据库中。这两个表的结构总是与被该触发器作用的表的结构相同。触发器执行完成后,与该触发器相关的这两个表也被删除。

(1) deleted 表存放由于执行 DELETE 或 UPDATE 语句而要从表中删除的所有行。

(2) inserted 表存放由于执行 INSERT 或 UPDATE 语句而要向表中插入的所有行。

1. 触发器的作用

若存储过程像 VB 中各种事件的处理代码及函数,只是用于处理一些具体的事情,那么触发器的执行过程就像是按钮响应某种事件,当单击按钮时,按钮可以响应用户的单击事件,去执行单击事件的处理代码(存储过程)。

触发器的主要作用是能够实现由主键和外键所不能保证的、复杂的参照完整性和数据的一致性,除此之外,触发器还有其他许多不同的功能。

(1) 调用存储过程。

为了响应数据库更新,触发器的操作可以通过一个或多个存储过程来完成相应的操作。

(2) 强化数据条件约束。

触发器能够实现比 CHECK 子句更为复杂的约束,更适合大型数据库管理系统约束数据的完整性。

(3) 跟踪数据库内数据变化的情况,并判断数据变化是否符合数据库要求。

触发器可以侦测数据库内的操作,而不允许数据库中未经许可的指定更新和变化,使数据库修改、更新操作更安全,数据库运行更稳定。

(4) 级联、并行运行。

触发器可以侦测数据库内的操作,并自动地级联影响整个数据库的各项内容。例如,某个表上的触发器中,包含对另一个表的数据操作,如删除、更新、插入,而该操作又导致该表上的触发器被触发。

2. 触发器的分类

SQL Server 2016 支持的触发器有两类。

1) DML 触发器

DML 触发器为特殊类型的存储过程,可在发生数据操作语言(DML)事件时自动生效,以便影响触发器中定义的表或视图。DML 事件包括 INSERT、UPDATE 或 DELETE 语句。DML 触发器可用于强制业务规则和数据完整性、查询其他表并包括复杂的 T-SQL 语句。将触发器和触发它的语句作为可在触发器内回滚的单个事务对待,如果检测到错误(例如,磁盘空间不足),则整个事务即自动回滚。

DML 触发器的主要优点为:DML 触发器可通过数据库中的相关表实现级联更改;DML 触发器可以评估数据修改前后表的状态,并根据该差异采取措施;DML 触发器可以防止恶意或错误的 INSERT、UPDATE 及 DELETE 操作,并强制执行比 CHECK 约束定义的限制更为复杂的其他限制。与 CHECK 约束不同,DML 触发器可以引用其他表中的列。

DML 触发器又可分为两类:AFTER 触发器和 INSTEAD OF 触发器。

(1) AFTER 触发器。

在执行 INSERT、UPDATE、MERGE 或 DELETE 语句的操作之后执行 AFTER 触发器。如果违反了约束,则永远不会执行 AFTER 触发器。因此,这些触发器不能用于任何可能违反约束的处理。对于在 MERGE 语句中指定的每个 INSERT、UPDATE 或 DELETE 操作,将为每个 DML 操作触发相应的触发器。

以删除记录为例:SQL Server 先将要删除的记录存放在删除表里;然后把数据表里的记录删除,再激活 AFTER 触发器,执行 AFTER 触发器里的 SQL 语句。执行完毕之后,删除内存中的删除表,退出整个操作。

注意: AFTER 触发器只能定义在表的这一级上,但可以为针对表的同一操作定义多个触发器。可用 sp_settriggerorder 指定表上第一个和最后一个执行的 AFTER 触发器。如果同一表上还有其他的 AFTER 触发器,则这些触发器将以随机顺序执行。

(2) INSTEAD OF 触发器。

INSTEAD OF 触发器在这些操作进行之前就激活了,并且不再去执行原来的 SQL 操作,而去运行触发器本身的 SQL 语句。因此,触发器可用于对一个或多个列执行错误或值检查,然后在插入、更新或删除行之前执行其他操作。

例如,当工资表中小时工资列的更新值超过指定值时,可以将触发器定义为产生错误消息并回滚该事务,或者将记录插入工资表中之前将新记录插入到审核记录。

INSTEAD OF 触发器的主要优点是可以使不能更新的视图支持更新。例如,基于多个基本表的视图必须使用 INSTEAD OF 触发器来支持引用多个表中数据的插入、更新和删除操作。

INSTEAD OF 触发器的另一个优点是可以编写这样的逻辑代码:在允许批处理的其他部分成功地同时拒绝批处理中的某些部分。

2) DDL 触发器

DDL 触发器是在响应数据定义语言(data definition language)事件时执行的存储过程。DDL 触发器一般用于执行数据库中的管理任务。如审核和规范数据库操作、防止数据库表结构被修改等。

以下几种情况可以使用 DDL 触发器。

(1) 数据库里的库架构或数据表架构很重要,不允许被修改。

(2) 防止数据库或数据表被误操作而删除。

(3) 在修改某个数据表结构的同时修改另一个数据表的相应的结构。

(4) 要记录对数据库结构操作的事件。

9.4.2 创建触发器

1. 用 SQL Server Management Studio 创建触发器

（1）启动 SQL Server Management Studio，在对象资源管理器中，连接到 SQL Server 数据库引擎实例，再展开该实例。

（2）展开"数据库"，选择要创建触发器的数据，展开"表"，右键单击"触发器"，然后选择"新建触发器"，如图 9-43 所示。

图 9-43　新建触发器

（3）在"查询"菜单上，选择"指定模板参数的值"，或者按下 Ctrl＋Shift＋M 以打开"指定模板参数的值"对话框，可在该对话框中输入作者、日期、说明等相关信息。

（4）单击"确定"按钮，然后在"查询编辑器"中使用相关语句替换注释。

① 若要验证语法是否有效，就在"查询"菜单上选择"分析"。如果返回错误消息，则将该语句与上述信息进行比较，视需要进行更正并重复此步骤。

② 若要创建 DML 触发器，就在"查询"菜单上选择"执行"。该 DML 触发器可作为数据库中的对象创建。

③ 若要查看对象资源管理器中列出的 DML 触发器，就右键单击"触发器"，然后选择"刷新"。

例 9-29　创建一个触发器（）：当向成绩表（enroll）中添加数据时，如果添加的数据与学生表（student）中的数据不匹配（没有对应的学号），则删除此数据。

解 选择 enroll 表，新建触发器，在对应的创建触发器的代码处输入相关内容，如图 9-44 所示。

```
SET ANSI_NULLS ON
GO
SET QUOTED_IDENTIFIER ON
GO
-- =============================================
-- Author:       <Author,,Name>
-- Create date: <Create Date,,>
-- Description: <Description,,>
-- =============================================
CREATE TRIGGER   enroll_ins
    on enroll
    AFTER INSERT
   AS
BEGIN
     SET NOCOUNT ON;
     declare @bh char(10)
    Select @bh= Inserted.sno from Inserted
  If not exists(select sno from student where student.sno=@bh)
       Delete enroll where sno=@bh
END
GO
```

图 9-44　例 9-29 图

2. 使用 SQL 语句创建 DML 触发器

基本语法格式如下：

CREATE TRIGGER [schema_name.]trigger_name

ON {table|view}

[WITH <dml_trigger_option>[,…n]]

{FOR|AFTER|INSTEAD OF}

{[INSERT][,][UPDATE][,][DELETE]}

[NOT FOR REPLICATION]

AS {sql_statement[;][,…n]|EXTERNAL NAME <method specifier [;] >}

<dml_trigger_option> ::=

　　[ENCRYPTION]

　　[EXECUTE AS Clause]

<method_specifier>::=

　　assembly_name. class_name. method_name

参数说明：

（1）schema_name：DML 触发器所属架构的名称。DML 触发器的作用域是为其创建该触发器的表或视图的架构。不能为 DDL 或登录触发器指定 schema_name。

（2）trigger_name：触发器的名称。trigger_name 必须遵循标识符规则，但 trigger_name 不能以♯或♯♯开头。

（3）table|view：对其执行 DML 触发器的表或视图。可以根据需要指定表或视图的完

全限定名称。视图只能被 INSTEAD OF 触发器引用,不能对局部或全局临时表定义 DML 触发器。

(4) ENCRYPTION:对 CREATE TRIGGER 语句的文本进行模糊处理。

使用 ENCRYPTION 可以防止将触发器作为 SQL Server 复制的一部分进行发布。不能为 CLR 触发器指定 WITH ENCRYPTION。

(5) EXECUTE AS Clause:指定用于执行该触发器的安全上下文。允许控制 SQL Server 实例用于验证被触发器引用的任意数据库对象权限的用户账户。

(6) FOR|AFTER:AFTER 用于指定 DML 触发器仅在触发 SQL 语句中指定的所有操作都已成功执行时才被触发。所有的引用级联操作和约束检查也必须在激发此触发器之前成功完成。如果仅指定 FOR 关键字,则 AFTER 为默认值。不能对视图定义 AFTER 触发器。

(7) INSTEAD OF:指定执行 DML 触发器而不是触发 SQL 语句,因此,其优先级高于触发语句的操作。不能为 DDL 或登录触发器指定 INSTEAD OF。

(8) {[INSERT][,][UPDATE][,][DELETE]}:指定数据修改语句,这些语句可在 DML 触发器对此表或视图进行尝试时激活该触发器。必须至少指定一个选项。在触发器定义中允许使用上述选项的任意顺序组合。

(9) NOT FOR REPLICATION:当复制代理修改涉及触发器的表时,不应执行触发器。

(10) sql_statement:触发条件和操作。触发条件用于指定其他标准,用于确定尝试的 DML、DDL 或 logon 事件是否导致执行触发器操作。尝试上述操作时,将执行 T-SQL 语句中指定的触发器操作。DML 触发器使用 deleted 和 inserted 逻辑(概念)表。它们在结构上类似于定义了触发器的表,即对其尝试执行了用户操作的表。在 deleted 和 inserted 表中保存了可能会被用户更改的行的旧值或新值。

(11) < method_specifier >:对于 CLR 触发器,指定程序集与触发器绑定的方法。

注意:在使用触发器时的限制如下。

① CREATE TRIGGER 必须是批处理中的第一条语句,并且只能应用于一个表。

② 触发器只能在当前的数据库中创建,但是可以引用当前数据库的外部对象。

③ 如果指定了触发器架构名称来限定触发器,则将以相同的方式限定表名称。

④ 在同一条 CREATE TRIGGER 语句中可以为多种用户(如 INSERT 和 UPDATE)定义相同的触发器操作。

⑤ 如果一个表的外键包含对定义的 DELETE/UPDATE 操作的级联,则不能对表定义 INSTEAD OF DELETE/UPDATE 触发器。

⑥ 在触发器内可以指定任意的 SET 语句。选择的 SET 选项在触发器执行期间保持有效,然后恢复为原来的设置。

⑦ 虽然 TRUNCATE TABLE 语句实际上就是 DELETE 语句,但是它不会激活触发器,因为该操作不记录各个行删除的情况。然而,仅那些具有执行 TRUNCATE TABLE 语句的权限的用户才需要考虑是否无意中因为此方式而导致没有使用 DELETE 触发器。

⑧ 无论有日志记录还是无日志记录,WRITETEXT 语句都不触发触发器。

1) AFTER 触发器

执行 DML 触发器时,会产生两个临时表 deleted 和 inserted。它们在结构上类似于定义了触发器的表,即对其尝试执行了用户操作的表。在 deleted 和 inserted 表中保存了可能会被用户更改的行的旧值或新值。

(1) 插入 inserted 表中存放的是更新前的记录。

——对于插入记录操作来说,插入表中存放的是要插入的记录。

——对于更新记录操作来说,插入表中存放的是要更新的记录。

(2) 删除 deleted 表中存放的是更新后的记录。

——对于更新记录操作来说,删除表里存放的是更新前的记录(更新完后即被删除)。

——对于删除记录操作来说,删除表里存入的是被删除的旧记录。

例如,若要检索 deleted 表中的所有值,则使用:select * from deleted。

① 使用 INSERT 触发器。

INSERT 触发器通常用于更新时间标记字段,或者验证被触发器监控的字段中数据满足要求的标准,以确保数据的完整性。

例 9-30 创建一个 INSERT 触发器:当向成绩表(enroll)中添加数据时,如果添加的数据与学生表(student)中的数据不匹配(没有对应的学号),则将此数据删除(可设变量@bh)。

分析:成绩表的学号要参照引用学生表的主键,即学号的值,成绩表插入数据时,必须要验证该值是不是已经存在的学号,定义一个变量 bh。当在执行成绩表数据行的插入操作时,将准备插入的学号列的信息传递给变量 bh,如果这个编号不存在,说明新插入的学生的成绩信息是非法信息(学校数据库里没有这个学生),为了保证数据完整性,强行删除该行数据。

解 代码如下。

```
USE students
GO
IF OBJECT_ID (N'enroll_ins','TR') IS NOT NULL
——判断名为 enroll_ins 的触发器是否存在,如果存在,就删除同名触发器
DROP TRIGGER enroll_ins;
GO
CREATE TRIGGER enroll_ins
ON enroll ——触发的表为成绩表
AFTER INSERT——触发点为插入操作执行成功后
AS
BEGIN
SET NOCOUNT ON;
DECLARE @bh char(10)
    SELECT @bh=Inserted.sno FROM inserted
——设置 bh 的值为插入成功后的数据行中的学号(sno)
If NOT EXISTS(SELECT sno FROM student WHERE student.sno=@bh)/*如果查询学生表
中没有 bh 中的学号,就在成绩表中删除该新插入的学号对应的成绩信息*/
BEGIN
   DELETE enroll WHERE sno=@bh
   print '没有该学生的记录,成绩信息添加失败!'
——提示用户插入信息失败,原因为没有该学号对应的学生
END
END
GO
```

然后插入数据测试触发器,输入一个 student 表中没有的学生信息(编号 95002),语句如下:

```
insert into enroll values('95002','c1',80);
```

具体的执行结果如图 9-45 所示。

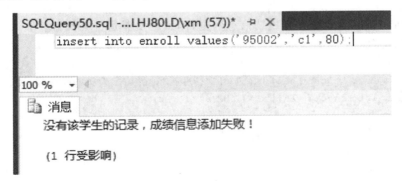

图 9-45　例 9-30 图

② 使用 DELETE 触发器。

当触发 DELETE 触发器时,从受影响的表中删除的行将被放置到一个特殊的临时表 deleted 表中,它保留已被删除数据行的一个副本。deleted 表还允许引用由初始化 DELETE 语句产生的日志数据。

使用 DELETE 触发器时,需要考虑以下事项和原则。

(1) 当某行被添加到 deleted 表中时,它就不再存在于数据库中,因此,deleted 表和数据库表没有相同的行。

(2) 创建 deleted 表时,空间是从内存中分配的。deleted 表总是被存储在调整缓存中。

(3) 为 DELETE 动作定义的触发器并不执行 TRUNCATE TABLE 语句,原因在于日志不记录 TRUNCATE TABLE 语句。

例 9-31　创建触发器(tr_del_s):当删除学生表(student)中的记录时,自动删除成绩表(enroll)中对应学号的记录(可设变量@bh),编写程序。

分析:当教学管理系统中确定要删除学生的信息时,学生的其他相关记录比如成绩也就没有存在的价值了。这个时候就可以把学生的成绩信息一并删除。这个触发器应该在 student 表的删除操作完成后触发。

解　程序如下。

```
USE students
GO
IF OBJECT_ID (N'tr_del_stu','TR') IS NOT NULL
——判断名为 tr_del_stu 的触发器是否存在,如果存在,就删除同名触发器
    DROP TRIGGER tr_del_stu;
GO
CREATE TRIGGER tr_del_stu
ON student ——触发的表为学生表
AFTER DELETE   ——触发点为删除操作执行成功后
AS
BEGIN
DECLARE @bh char(10)
SELECT @bh=deleted.sno FROM deleted ——将删除的信息中的学号内容赋值给 bh 变量
```

257

```
DELETE enroll WHERE sno=@bh ——在成绩表中删除和 bh 变量中的学号对应的所有的成绩信息
print '该学生的个人记录以及对应的成绩信息已全部删除!' ——提示用户级联删除成功
    END
GO
```

接下来插入新的学生信息和成绩信息数据,测试触发器是否会执行。输入 student 表中没有的学生信息(编号 95002)的个人信息,然后插入该生的 c1 课程的成绩。语句如下:

```
use students
insert into student values('95002','张扬','男',21,'机电系','湖北');
insert into enroll values('95002','c1',80);
GO
```

验证触发器,删除 95002 号学生的信息,语句如下:

```
delete fromstudent where sno='95002';
```

具体的执行结果如图 9-46 所示,结果提示触发器中的信息。同时查看 student 表、enroll 表,发现对应的 95002 号学生的个人信息和成绩信息已全部删除。

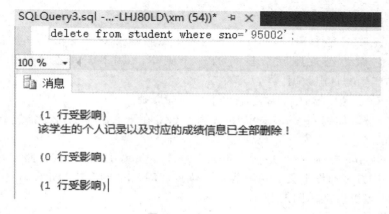

图 9-46 例 9-31 图

③ 使用 UPDATE 触发器。

更新触发器是当 UPDATE 语句在目标表上运行的时候,就调用更新触发器。就像任何其他触发器一样,当调用触发器时,运行被触发的 SQL 语句并且执行动作。

例 9-32 当插入学生成绩时,利用触发器检查该课程是否为考查课,若是,则通过的成绩只能以 60 分计,未通过的只能以 40 分计,编写程序。(课程表中有课程号 cno、课程名 cname 和课程类型 ctype 三列)

分析:由于考查课的成绩的计算一般就是合格和不合格,所以修改和添加成绩数据时,要换一种记录成绩的方式。该触发器是在更新和插入成绩表时才会做的操作,所以触发点为 INSERT,UPDATE,同时要用两个变量记录下插入数据的课程类型(ctype)和课程成绩(grade))。记录下数据后,如果课程是考查课并且成绩不是 60 和 40 中的一种的话,就提示用户成绩录入有误,并回滚相关的事物处理。

解 程序如下。

```
USE students
GO
IF OBJECT_ID ('tr_grade_kc','TR') IS NOT NULL
——判断名为 tr_grade_kc 的触发器是否存在,如果存在,就删除同名触发器
    DROP TRIGGER tr_grade_kc;
```

```
GO
CREATE TRIGGER tr_grade_kc
ON enroll ——触发的表为成绩表
FOR INSERT ——触发点为插入操作
AS
BEGIN
    DECLARE
        @SCORE numeric(9,0),——存放成绩信息变量
        @CTYPE nchar(10)    ——存放课程类型信息变量
/* 将新插入的数据行中的数据和课程表中的数据以课程号为条件做等值连接。相应课程的成
绩和课程类型信息* /
        SELECT @SCORE=grade,@CTYPE=Ctype
        FROM course,inserted  WHERE  inserted.cno=course.cno
    IF((@CTYPE='考查') AND (@SCORE<>60 AND @SCORE<>40)
——如果课程是考查课并且分数不是规定的 60 和 40 就抛出异常
        BEGIN
            RAISERROR('该课程为考查课,成绩以 60 或 40 计!',16,1)——提示用户错误原因
            ROLLBACK TRANSACTION  ——回滚事务处理
        END
END
GO
```

接下来插入新的学生信息和成绩信息数据,测试触发器是否会执行。输入 student 表中没有的学生信息(编号 95002)的个人信息,插入 c5 课程信息(电子商务,考查)然后插入该生的 c5 课程的成绩,该课程为考查课。语句如下:

```
insert intostudent values('95002','张扬','男',21,'机电系','湖北');
insert intocourse values('c5','电子商务','考查');
```

具体的执行结果如图 9-47 所示

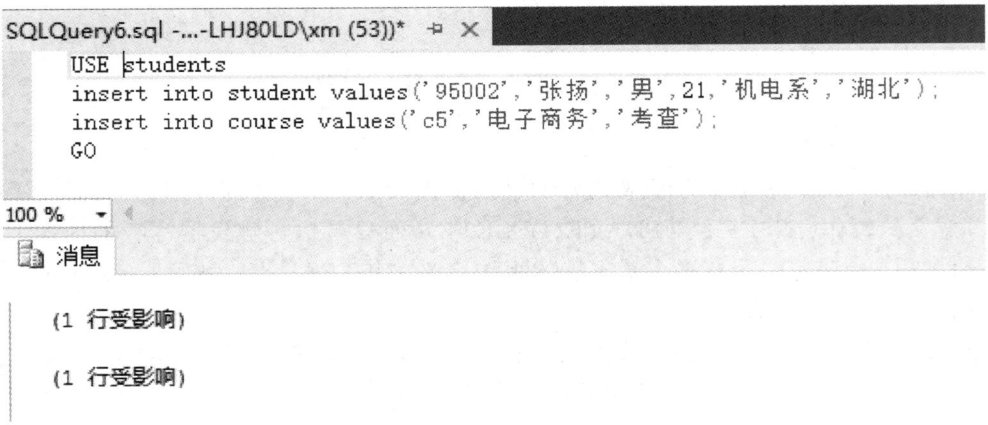

图 9-47 例 9-32 图 1

插入数据成功后,再向成绩表插入 95002 号学生的 c5 课程的成绩:

```
insert into enroll values('95002','c5',80);
```

具体的执行结果如图 9-48 所示,结果提示触发器中的信息,同时查看 student 表、enroll

表,发现 95002 号学生的个人信息已经录入,但是 c4 课程的成绩信息没有插入。

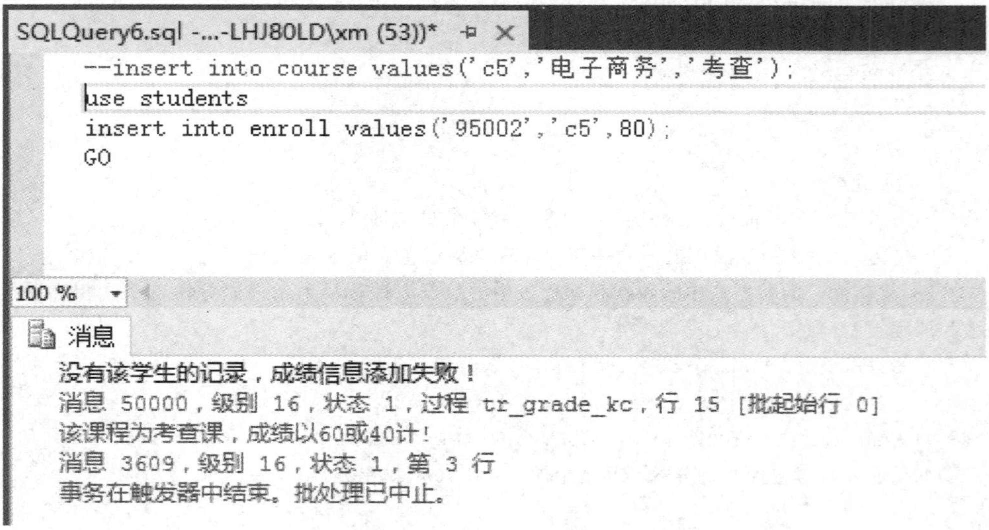

图 9-48 例 9-32 图 2

如果把该生的该课程的成绩改成 60 分,则可以正常录入,执行结果如图 9-48 所示。语句如下:

```
insert into enroll values('95002','c5',60);
```

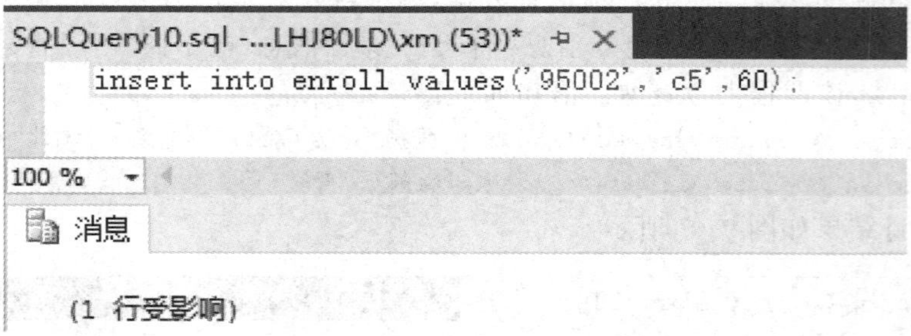

图 9-49 例 9-32 图 3

2) INSTEAD OF 触发器

INSTEAD OF 触发器用于代替通常的触发操作(AFTER 触发器),该触发器表示并不执行其定义的操作(INSERT、UPDATE、DELETE),而只是执行触发器本身的内容。SQL Server 2016 支持带有一个或多个基本表的视图定义 INSTEAD OF 触发器,这些触发器可以扩展视图可支持的更新类型。

INSTEAD OF 触发器的主要优点是:使不可被修改的视图能够支持修改,其中典型的例子是分割视图。为了提高查询性能,分割视图通常是一个来自多个表的结果集,但是也不支持视图更新。

需注意以下几点:

(1) 对于表或视图,每个 INSERT、UPDATE 或 DELETE 语句最多可定义一个 INSTEAD OF 触发器。但是,可以为具有自己的 INSTEAD OF 触发器的多个视图定义视图。

（2）INSTEAD OF 触发器不可以用于使用 WITH CHECK OPTION 的可更新视图。如果将 INSTEAD OF 触发器添加到指定了 WITH CHECK OPTION 的可更新视图中，则 SQL Server 将引发错误。用户须用 ALTER VIEW 删除该选项后才能定义 INSTEAD OF 触发器。

（3）对于 INSTEAD OF 触发器，不允许对具有指定级联操作 ON DELETE 的引用关系的表使用 DELETE 选项。同样，也不允许对具有指定级联操作 ON UPDATE 的引用关系的表使用 UPDATE 选项。

例 9-33　创建触发器 sex_control：当插入或更新学生基本资料时，该触发器检查指定插入记录的性别是否只是男或女。若是，则插入数据；若不是，则给出错误信息并回滚。

分析：该案例要求插入或更新时判断性别的值，所以触发的时间为插入和修改。由于在插入和修改操作时要查看输入的数据，所以需要 6 个参数，分别对应学生表的 6 个字段，用来存放输入的数据并进行数据检查。

解　程序如下。

```
USE students
GO
CREATE TRIGGER sex_control
    ON student      ——触发的表为学生表
    INSTEAD Of INSERT,UPDATE
AS
    DECLARE ——声明 6 个变量，用来存放插入到 student 表的数据信息
    @sno char(10),@sname char(10),@ssex char(2),
    @sage numeric(9,0),@sdept char(10),@sbplace char(10)
    SELECT @sno=sno,@sname=sname,@ssex=sex,
            @sage=age,@sdept=department,@sbplace=bplace
        FROM inserted     ——inserted 为临时表，查询被修改的记录的性别
        IF NOT((rtrim(@ssex)='男') OR (rtrim(@ssex)='女'))
——对插入的性别信息去空格后判断是否是'男'或'女'，不是就触发异常
    BEGIN
        RAISERROR('性别只能是男或者女！不能是%s',16,1,@ssex)
——抛出异常，提示性别只能是男或女
        ROLLBACK     ——撤销所做的更改
    END
    ELSE ——如果性别满足条件，直接插入新的数据
        INSERT INTO student VALUES(@sno,@sname,@ssex,@sage,@sdept,@sbplace)
```

创建好了触发器后，插入一条数据和修改一条数据进行测试，语句如下：

```
INSERT INTO student VALUES('95008','李伟','南',21,'机电系','湖北')
UPDATE student SET sex='绿' WHERE SNO='95001'
```

运行结果显示，插入不成功，并给出提示，如图 9-50 所示。

接下来插入一条正确的数据：

```
INSERT INTO student VALUES('95008','李伟','男',21,'机电系','湖北')
```

提示插入成功，一行受影响，再去查看学生表，发现该学生信息已经输入，结果如图 9-51 所示。

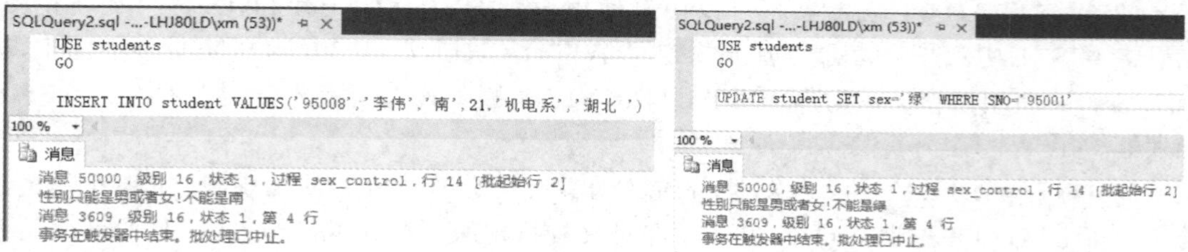

图 9-50　例 9-33 图 1

sno	sname	sex	age	department	bplace
95001	胡峰	男	23	机电系	湖南
95002	张扬	男	21	机电系	湖北
95008	李伟	男	21	机电系	湖北
95012	程军	男	22	计算机	山东
95020	张春明	男	22	计算机	河北
95022	丁晓春	男	20	计算机	湖南
95023	刘文	女	24	机电系	辽宁
95101	王丽	女	21	工程控制	广东
95110	何正声	男	23	工程控制	黑龙江

图 9-51　例 9-33 图 2

3. 使用 SQL 语句创建 DDL 触发器

使用 CREATE TRIGGER 语句创建 DDL 触发器的语法格式如下：

```
CREATE TRIGGER trigger_name
ON {ALL SERVER|DATABASE}
[WITH <ddl_trigger_option>[,…n]]
{FOR|AFTER} {event_type|event_group} [,…n]
AS {sql_statement[;] [,…n]|EXTERNAL NAME <method specifier>[;]}
<ddl_trigger_option>::=
    [ENCRYPTION]
    [EXECUTE AS Clause]
```

参数说明如下(部分参数和 DML 触发器的说明一样，不再重复)。

(1) ALL SERVER：将 DDL 或登录触发器的作用域应用于当前服务器。如果指定了此参数，则只要当前服务器中的任何位置上出现 event_type 或 event_group，就会激发该触发器。

(2) DATABASE：将 DDL 触发器的作用域应用于当前数据库。如果指定了此参数，则只要当前数据库中出现 event_type 或 event_group，就会激发该触发器。

(3) event_type：执行之后将定义激发 DDL 触发器的 T-SQL 语言事件的名称。

(4) event_group：预定义 T-SQL 语言事件分组的名称。

执行任何属于 event_group 的 T-SQL 语言事件之后，都将激发 DDL 触发器。DDL 事件组中列出了 DDL 触发器的有效事件组。

例 9-34　创建一个 DDL 触发器：保护当前 SQL Server 服务器里的所有数据库不能被删除。

解 具体代码如下。

```
CREATE TRIGGER drop_database_error
ON all server    ——当前服务器所有位置上都要检查
FOR DROP_DATABASE ——触发点为删除数据库
AS
    PRINT '对不起,您不能删除数据库'
    ROLLBACK;
GO
```

触发器创建成功后,尝试删除系统中的 students 数据库,提示错误结果如图 9-52 所示。

图 9-52 例 9-34 图

9.4.3 查看触发器

在 SQL Server 2016 中,有两种方法可以管理触发器:一种方法是通过 SQL Server Management Studio,另一种方法是通过在查询分析器中运行系统存储过程。

1. 用 SQL Server Management Studio 查看触发器

在 SQL Server Management Studio 中,展开服务器和数据库,选择并展开表,然后展开触发器选项,右击查看需要的触发器名称,如图 9-53 所示,从弹出的快捷菜单中,选择"编写触发器脚本为→CREATE 到→新查询编辑器窗口",则可以看到触发器的源代码。

2. 使用 sp_helptext 存储过程查看存储过程的源代码

1) 显示触发器的基本信息

通过 sp_help 查看触发器的基本信息,这些基本信息包括触发器名称、所有者、创建者和创建时间,其语法格式为:

sp_help 触发器名称

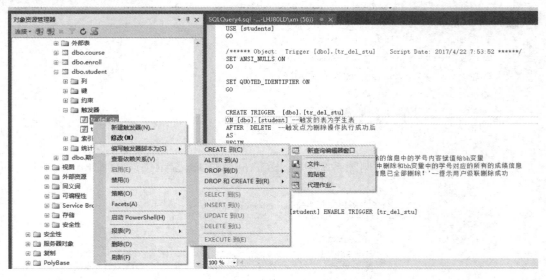

图 9-53　管理触发器

例如,要查看已创建的触发器 tr_del_stu,可以执行以下语句:

```
USE students
GO
EXEC sp_help tr_del_stu
GO
```

执行结果如图 9-54 所示。

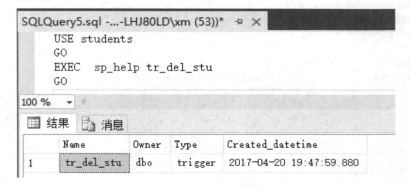

图 9-54　查看触发器的基本信息

2)显示触发器代码

通过 sp_helptext 查看触发器的 SQL 代码信息。如果在创建触发器时使用 WITH ENCRYPTION 选项,执行该语句将看不到 SQL 代码,其语法格式为:

sp_helptext 触发器名称

例 9-35 编写查看触发器 tr_del_stu 的 SQL 代码。

解 具体代码如下。

```
USE students
GO
EXEC sp_helptext tr_del_stu
GO
```

执行结果如图 9-55 所示。

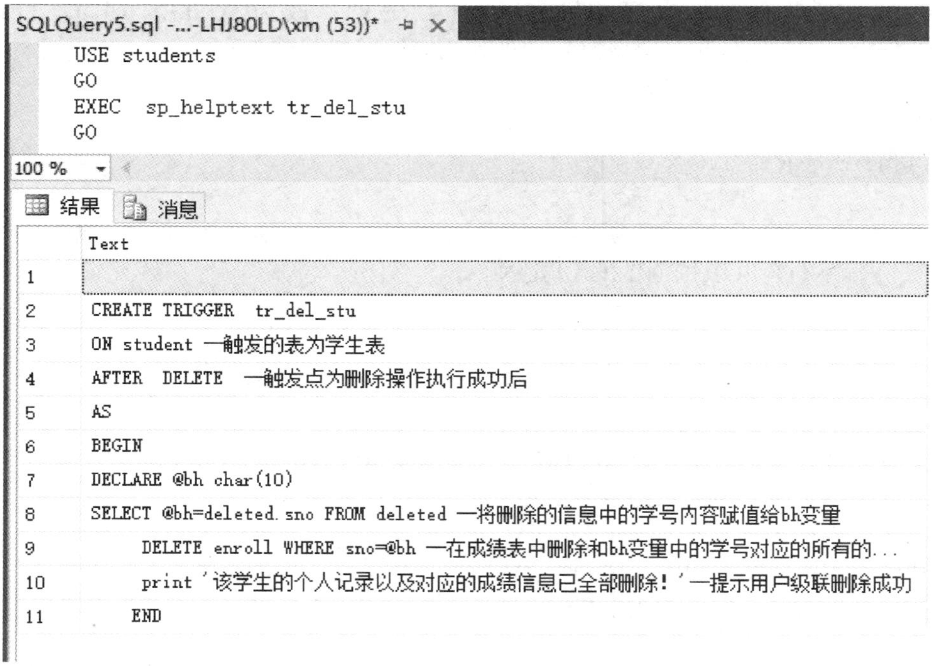

SQLQuery5.sql -...-LHJ80LD\xm (53))*
USE students
GO
EXEC sp_helptext tr_del_stu
GO
100 %
结果
消息
Text
1
2 CREATE TRIGGER tr_del_stu
3 ON student —触发的表为学生表
4 AFTER DELETE —触发点为删除操作执行成功后
5 AS
6 BEGIN
7 DECLARE @bh char(10)
8 SELECT @bh=deleted.sno FROM deleted —将删除的信息中的学号内容赋值给bh变量
9 DELETE enroll WHERE sno=@bh —在成绩表中删除和bh变量中的学号对应的所有的...
10 print '该学生的个人记录以及对应的成绩信息已全部删除！'—提示用户级联删除成功
11 END

图 9-55 例 9-35 图

9.4.4 修改触发器

1. 用 SQL Server Management Studio 修改触发器

在 SQL Server Management Studio 中，展开指定的表，右击要修改的触发器，从弹出的快捷菜单中选择“修改”选项，则会出现触发器修改窗口，如图 9-56 所示。在文本框中修改触发器的 SQL 语句，单击“语法检查”按钮，可以检查语法是否正确，单击“执行”按钮，可以成功修改此触发器。

对象资源管理器
连接
dbo.course
dbo.enroll
dbo.student
列
键
约束
触发器
tr_s
索引
统计信息
视图
外部资源
同义词
可编程性
Service Broker
存储
安全性
安全性
服务器对象
复制
PolyBase
新建触发器(N)...
修改(M)
编写触发器脚本为(S)
查看依赖关系(V)
启用(E)
禁用(I)
策略(O)
Facets(A)
启动 PowerShell(H)
报表(P)
删除(D)
刷新(F)
SQLQuery6.sql -...-LHJ80LD\xm (54))
USE [students]
GO
/****** Object: Trigger [dbo].[tr_del_stu] Script Date: 2017/4/22 7:58:31 ******/
SET ANSI_NULLS ON
GO
SET QUOTED_IDENTIFIER ON
GO
ALTER TRIGGER [dbo].[tr_del_stu]
ON [dbo].[student] --触发的表为学生表
AFTER DELETE --触发点为删除操作执行成功后
AS
BEGIN
DECLARE @bh char(10)
SELECT @bh=deleted.sno FROM deleted --将删除的信息中的学号内容赋值给bh变量
DELETE enroll WHERE sno=@bh --在成绩表中删除和bh变量中的学号对应的所有的成绩信息
print '该学生的个人记录以及对应的成绩信息已全部删除！'--提示用户级联删除成功
END

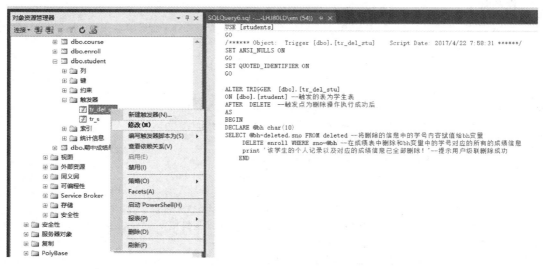

图 9-56 修改触发器

2. 使用 SQL 语句修改触发器

修改触发器与创建触发器类似，只是把 CREATE 改为 ALTER 即可。可以通过 ALTER TRIGGER 语句来修改触发器中的代码，其语法格式如下：

```
ALTER TRIGGER trigger_name
ON( table|view )
[WITH ENCRYPTION]
{
{( FOR|AFTER|INSTEAD OF ) {[DELETE] [,] [INSERT] [,] [UPDATE]}
    [NOT FOR REPLICATION]
    AS
    sql_statement [···n]
}
|
{( FOR|AFTER|INSTEAD OF ) {[INSERT] [,] [UPDATE]}
    [NOT FOR REPLICATION]
    AS
    {IF UPDATE( column )
    [{AND|OR} UPDATE( column )]
    [···n]
    | IF( COLUMNS_UPDATED ( ) {bitwise_operator} updated_bitmask )
    {comparison_operator} column_bitmask [···n]
    }
    sql_statement [···n]
}
}
```

例 9-36 将例 9-33 创建的替代触发器改为普通的 AFTER 触发器，要求在修改或插入学生表的数据时检查插入或修改记录的性别是否只是男或女。若不是，则给出错误信息并回滚。

程序如下：

```
ALTER TRIGGER [dbo].[sex_control]
  ON student
  FOR INSERT,UPDATE——触发点为插入和修改
AS
  DECLARE
  @sno char(10),@sname char(10),@ssex char(2),
  @sage numeric(9,0),@sdept char(10),@sbplace char(10)
  —— inserted 为临时表,查询被修改记录的性别
  SELECT @sno=sno,@sname=sname,@ssex=sex,
        @sage=age,@sdept=department,@sbplace=bplace
    FROM inserted
IF NOT((rtrim(@ssex)='男') OR (rtrim(@ssex)='女'))
——利用 rtrim 函数去掉空格后,判断输入的性别信息是不是男或女
BEGIN
  RAISERROR('性别只能是男或者女! 不能是%s',16,1,@ssex)
  ROLLBACK  ——撤销所做的更改
```

```
            END
```

触发器成功后,新建查询,输入一条修改学生表的 95008 号学生信息的代码:

```
UPDATE student SET sex='南' WHERE sno='95008'
```

提示修改不成功,执行结果如图 9-57 所示。

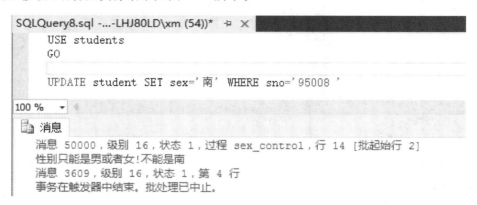

图 9-57　例 9-36 图

9.4.5　删除触发器

1. 用 SQL Server Management Studio 删除触发器

(1) 删除触发器所在的表。删除表时,SQL Server 将会自动删除与该表相关的触发器。

(2) 在 SQL Server Management Studio 管理平台中,展开指定的服务器和数据库,选择并展开指定的表,右击要删除的触发器,从弹出的快捷菜单中选择"删除"选项,即可删除该触发器,如图 9-58 所示。

图 9-58　删除 DML 触发器

(3) 在 SQL Server Management Studio 管理平台中,如果要删除 DDL 触发器,要展开指定的服务器,展开"服务器对象",展开"触发器",右击要删除的触发器,从弹出的快捷菜单中选择"删除"选项,即可删除该触发器,如图 9-59 所示。

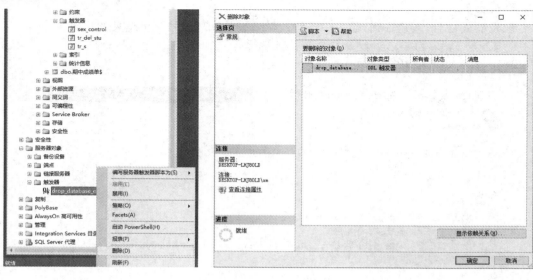

图 9-59　删除 DDL 触发器

2．使用 SQL 语句删除触发器

1）删除 DML 触发器的语法格式

DROP TRIGGER［schema_name.］trigger_name［,…n］［;］

2）删除 DDL 触发器的语法格式

DROP TRIGGER trigger_name［,…n］

ON｛DATABASE｜ALL SERVER｝

［;］

参数说明：

（1）schema_name：DML 触发器所属架构的名称。DML 触发器的作用域是为其创建该触发器的表或视图的架构，不能为 DDL 或登录触发器指定 schema_name。

（2）trigger_name：要删除的触发器的名称。

（3）DATABASE：指示 DDL 触发器的作用域应用于当前数据库。

（4）ALL SERVER：指示 DDL 触发器的作用域应用于当前服务器。

本 章 小 结

　　本章介绍了包括变量、运算符、函数、批处理、流程控制、游标在内的 T-SQL 的程序设计知识。在 SQL Server 中使用 T-SQL 语句进行程序设计时，通常用一组 T-SQL 语句组成一个批处理，并由一个或多个批处理构成一个程序文件。其中包含流程控制语句 IF、WHILE、CASE、RETURN 语句及游标等相关的内容。

　　在 SQL Server 中，存储过程和函数是数据库中的重要对象，任何一个设计良好的数据库应用程序都应该用到存储过程或函数。由于存储过程和函数是经编译后存放在 SQL Server 服务器的，对于提高应用程序的执行效率有很大的帮助。另外，SQL Server 的大部分控制功能都可以通过系统存储过程完成。对于数据库开发人员来说，掌握存储过程开发应用程序是非常必要的。

268

触发器是存储过程的扩展,能够帮助开发人员实现许多规则,增强数据库的完整性、安全性需求。通过触发器,数据库开发人员可以检验用户输入的数据是否正确,将数据错误率降到最低,使 SQL Server 的运行更加稳定。

思 考 题

1. 什么是批处理?如何标识多个批处理?

2. T-SQL 语言附加的语言要素有哪些?

3. SQL Server 2016 中的变量有什么特点?如何定义变量?如何给变量赋值?

4. 用全局变量查看 SQL Server 的版本、当前所使用的 SQL Server 服务器的名称及所使用的服务名称等信息。

5. 以下变量名中,哪些是合法的变量名,哪些是不合法的变量名?

A1,1a,@x,@@y,& 变量 1,@姓名,姓名,♯m,♯♯n,@@@abc♯♯,@my_name

6. 计算下列表达式:

(1) $9-3*5/2+6\%4$;

(2) $5\&2|4$;

(3) '你们'+'好';

(4) ~10;

(5) DECLARE @d SMALLDATETIME;SET @d='2007-1-26';SELECT @d+10,@d−10。

7. 用 CASE 函数,求当前日期是否是闰年。

8. 用 T-SQL 流程控制语句编写程序,求两个数的最大公约数和最小公倍数。

9. 用 T-SQL 流程控制语句编写程序,求斐波那契数列中小于 100 的所有数(斐波那契数列 1,2,3,5,8,13,…)。

10. 求 1~10 之间的奇数和。

11. 求 100~200 之间的全部素数。

12. 为什么要使用游标?

13. 计算下列表达式:

(1) ABS(−5.5)+SQRT(16)∗SQUARE(2);

(2) ROUND(456.789,2)−ROUND(345.678,−2);

(3) SUBSTRING(REPLACE('北京大学','北京','清华'),3,2)。

14. 利用字符串函数以"∗"方式输出菱形。

15. 什么是存储过程?请分别写出使用企业管理器和 SQL 语句创建存储过程的主要步骤。

16. 定义一个用户标量函数,用于实现判断并返回三个数中的最大数。

17. 定义一个用户标量函数,用于实现判断并返回一个日期时间数据位于该年的第几天。

18. 存储过程和触发器的作用是什么?使用它们有什么好处?

19. 创建自定义函数 TOTAL()来计算任意两数之和。

20. 举例说明触发器的使用。

第⑩章　SQL Server 的安全管理

【学习目的与要求】

本章从安全性的角度对 SQL Server 数据库管理系统的基本管理方法进行介绍,通过学习,要求达到下列目的:

(1) 了解如何确保系统的安全性。

(2) 了解如何设置 SQL Server 2016 的安全认证模式。

(3) 了解如何设置服务器的登录账号。

(4) 掌握从安全的角度管理数据库用户。

(5) 了解 SQL Server 2016 的权限及其设置。

10.1　SQL Server 安全认证模式

SQL Server 2016 整个安全体系结构从顺序上可以分为认证和授权两个部分,其安全机制可以分为五个层级。

(1) 客户机安全机制。

(2) 网络传输安全机制。

(3) 实例级别安全机制。

(4) 数据库级别安全机制。

(5) 对象级别安全机制。

这些层级之间相互联系,用户只有通过了高一层的安全验证,才能继续访问数据库中低一层的内容。

客户机安全机制:数据库管理系统需要运行在某一特定的操作系统平台下,当用户用客户机通过网络访问 SQL Server 2016 服务器时,用户首先要获得客户机操作系统的使用权限。

网络传输安全机制:SQL Server 2016 对关键数据进行了加密,即使攻击者通过防火墙和服务器上的操作系统达到数据库,也要对数据进行破解。

实例级别安全机制:SQL Server 2016 采用标准 SQL Server 登录和集成 Windows 登录两种方式。无论使用哪种登录方式,用户在登录时必须提供密码和账号。管理和设计合理的登录方式是 SQL Server 数据库管理员的重要任务,也是 SQL Server 安全体系中重要的组成部分。SQL Server 2016 服务器中预设了很多固定服务器角色,用于为具有服务器管理员资格的用户分配使用权限,固定服务器角色的成员可以用于服务器级别的管理权限。

数据库级别安全机制:在建立用户的登录账号信息时,SQL Server 提示用户选择默认的数据库,并分配给用户权限,以后每次用户登录服务器后,会自动转到默认数据库上。SQL Server 2016 允许用户在数据库上建立新的角色,然后为该用户授予多个权限,最后再通过角色将权限赋予 SQL Server 2016 的用户,使其他用户获取具体数据的操作权限。

对象级别安全机制:对象安全性检查是数据库管理系统的最后一个安全的等级。创建数据库对象时,SQL Server 2016 将自动把该数据库对象的用户权限赋予该对象的拥有者,对象的拥有者可以实现该对象的安全控制。

设计 SQL Server 登录模式和为数据库用户分配相应管理权限是 SQL Server 安全体系中常见的任务。

10.1.1 身份验证

作为网络操作系统上的应用服务，SQL Server 的安全性可以借助操作系统的安全机制。SQL Server 完全集成了 Windows 中的安全系统，允许用户使用单一的用户名和口令访问 SQL Server 和 Windows。

SQL Server 支持三种登录验证模式：SQL Server 验证、Windows 验证和 SQL Server 验证与 Windows 验证的混合验证模式。

用 SQL Server 验证时，系统管理员为每个用户创建一个登录账号和口令。只有提供登录账号和口令，用户才可以连接到 SQL Server 上。

用 Windows 验证时，被授权连接 SQL Server 服务器的 Windows 账号或组在连接 SQL Server 时不必提供登录账号和口令，认为 Windows 已经对用户进行了身份验证。但是 SQL Server 系统管理员必须将 Windows 账号或组映射成 SQL Server 的登录账号。该验证模式将用户账号的管理交给了 Windows 去完成，这减轻了数据库管理员的工作量。

> 注意：使用该验证模式，要在客户端和服务器间建立连接。使用该验证模式时，应该满足以下两个条件之一。
>
> (1) 客户端的用户必须有合法的服务器上的 Windows 账户，服务器能够在自己的域中或信任域中验证该用户。
>
> (2) 服务器启动了 Guest 账户。因为该方法会带来安全隐患，故不是一个好方法。

除了有 SQL Server 或 Windows 验证外，还可以采用混合验证模式，让用户使用 Windows 验证或 SQL Server 验证与 SQL Server 实例连接。混合验证模式将区分用户账号在 Windows 操作系统下是否可信，对于可信连接用户，系统将直接采用 Windows 验证机制，否则 SQL Server 会通过账户的存在性和密码的匹配性自行进行验证。例如，允许某些非可信的 Windows 用户（Internet 客户）连接到 SQL Server，通过检查是否已设置 SQL Server 登录账户及输入的密码是否与设置的密码相符来进行身份验证。如果 SQL Server 未设置登录账户，则身份验证失败，而且用户会收到错误信息。

使用哪种验证模式取决于在最初的通信过程中使用的网络库。如果用户使用的是 TCP/IP Sockets 进行登录验证，则使用 SQL Server 验证模式；如果用户使用命名管道，则登录时将使用 Windows 验证模式，这种模式能更好地适应用户的各种环境。

混合验证模式具有以下优点。

(1) 创建了 Windows 之上的另外一个安全层次。

(2) 支持更大范围的用户，如 Unix/Linux 用户等。

(3) 一个应用程序可以使用单个的 SQL Server 登录账户和口令。

由此可以看出：验证模式的选择通常与网络验证的模型和客户端与服务器间的通信协议有关。如果网络处于 Windows，则用户登录到 Windows 时已经得到了确认，因此，使用 Windows 验证模式可以减轻系统的工作负担；但是，对于连接到 Windows Server 客户端以外的其他客户端，必须使用 SQL Server 验证模式。

10.1.2 权限认证

除了身份验证外,为了更好地防止不合理使用造成数据的泄密和破坏,SQL Server 还使用权限认证来控制用户对数据库的操作。

在用户通过了身份验证连接到 SQL Server 实例后,用户可以访问的每个数据库都要求单独的用户账户,对于没有账户的数据库将无法访问。

此时,用户虽然可以发送各种 T-SQL 操作命令,但是这些操作命令在数据库中是否能够成功地执行,还取决于该用户账户在该数据库中对这些操作的权限设置。如果发出操作命令的用户没有执行该操作命令的权限或没有访问该对象的权限,则 SQL Server 将不会执行该操作命令。所以,若没有通过数据库中的权限认证,即使用户连接到了 SQL Server 实例上,也无法使用数据库。

一般来说,数据库的所有者或对象的所有者可以对其他数据库用户授予权限或解除权限。

10.1.3 设置安全验证模式

设置安全验证模式需要使用 Windows 身份登录,通过企业管理器来设置安全验证模式。选择要设置的服务器组,然后右键单击要设置安全验证模式的服务器,并在弹出的快捷菜单中选择"属性"菜单项,选择"安全性"选项卡,在图 10-1 所示的界面中选择"Windows 身份验证模式"或"SQL Server 和 Windows 身份验证模式"。设置改变后,必须停止并重新启动 SQL Server 服务器,设置才会生效。

图 10-1　设置安全验证模式

10.2 服务器管理的安全性

10.2.1 服务器管理安全性概述

不管使用哪种验证方式,都必须首先具备有效的登录账户。登录账户是附加到 SQL Server 本身的能力,所有的登录账户信息都被存放在系统表 syslogin 中。为 Windows 用户或组在 SQL Server 中建立登录账号,可以使用企业管理器,也可以直接使用 T-SQL 语句。只有系统管理员(Sysadmin)和安全管理员(Securityadmin)才可以执行这一操作。

1. 添加 Windows 账号

使用企业管理器添加 Windows 服务器登录账号,操作如下。

首先展开服务器,找到"安全性"目录项,再右击下面的"登录名"目录,在弹出的快捷菜单中选择"新建登录名",打开"登录名-新建"对话框,如图 10-2 所示。然后在"登录名"文本框中添加用户账号,Users 是系统已经创建好了的 Windows 组,DESKTOP-LHJ80LD 为组所在域名。在"默认数据库"文本框中,可以为该账号选择允许它访问的数据库。其他选项可以选择默认值,然后单击"确定"按钮即可。

图 10-2 新建登录账号

2. 添加 SQL Server 账号

如果用户没有 Windows 账号,则可以通过企业管理器或 T-SQL 语句为其创建 SQL

Server 账号。

使用企业管理器添加 SQL Server 服务器登录账号时只要在图 10-2 所示的"登录名-新建"对话框中选择"SQL Server 身份验证",然后输入密码即可。

使用 T-SQL 语句创建 SQL Server 账号,需要用到系统存储过程 sp_addlogin。例如,

```
USE students
EXEC sp_addlogin 'user2','us2','students','Simplified Chinese'
```

也就是创建一个登录名为 user2、密码为 us2、默认数据库为 students、默认语言为 Simplified Chinese 的账号。

3. 修改登录账号的属性

要修改已创建好的登录账号,可以通过"对象资源管理器→安全性→登录名"修改。右击需要修改的登录名,选择"属性→常规"页面,在弹出的图 10-3 所示的对话框中进行修改,如修改密码等内容。

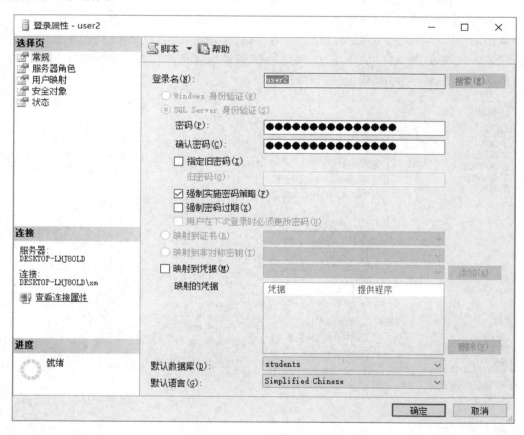

图 10-3　修改登录账号的属性

4. 拒绝登录账号

一般来说,要禁止登录账号连接 SQL Server,其方法是删除这个账号。但有时只需暂时禁止这个账号的访问,那么就不要轻易删除,此时只要在图 10-3 所示的"登录属性-user2"对话框中选择"状态"页,然后选择"拒绝连接到数据库引擎"或"禁用登录"选项即可。

如果要使用 T-SQL 语句进行操作,就要使用系统存储过程 sp_denylogin,此过程可以暂时禁止一个账号的登录权限。如果以后要恢复其登录权限,还可以通过系统存储过程 sp_ grantlogin 进行恢复。

5. 删除登录账号

对于永久禁止访问 SQL Server 的用户,可以通过企业管理器删除其登录账号,用鼠标右键单击要删除的账号,在弹出的快捷菜单中选择"删除"即可。

如果要使用 T-SQL 语句进行操作,则可以使用 sp_revokelogin 删除账号。

10.2.2 服务器角色

服务器角色是一些系统已定义好操作权限的用户组,其中的成员是登录账号。服务器角色不能增加或删除,只能对其中的成员进行修改。

展开企业管理器"服务器名→安全性→服务器角色",可以看到所有的服务器角色,如图 10-4 所示。

图 10-4 服务器角色

表 10-1 显示了服务器的固定角色及其权限。

表 10-1 服务器的固定角色及其权限

服务器的固定角色	权限
bulkadmin	bulkadmin 固定服务器角色的成员可以运行 BULK INSERT 语句
dbcreator	dbcreator 固定服务器角色的成员可以创建、更改、删除和还原任何数据库
diskadmin	diskadmin 固定服务器角色可用于管理磁盘文件
processadmin	processadmin 固定服务器角色的成员可以终止在 SQL Server 实例中运行的进程
public	每个 SQL Server 登录账号均属于 public 服务器角色。如果未向某个服务器主体授予或拒绝某个安全对象的特定权限，该用户将继承授予该对象的 public 角色的权限。当希望该对象对所有用户可用时，只需对任何对象分配 public 权限即可。无法更改 public 中的成员关系
securityadmin	securityadmin 固定服务器角色的成员管理登录账号及其属性。它们可以授权、拒绝和取消服务器级权限，可以授权、拒绝和取消数据库级权限（如果它们具有数据库的访问权限）。此外，还可以重置 SQL Server 登录账号的密码
serveradmin	serveradmin 固定服务器角色的成员可以更改服务器范围内的配置选项并关闭服务器
setupadmin	setupadmin 固定服务器角色的成员可以添加和删除链接服务器
sysadmin	sysadmin 固定服务器角色的成员可以在服务器中执行任何活动

通常，一个登录账号可以不属于任何角色，也可以同时属于多个角色。将一个登录账号加入一个角色，可以让使用该账号登录的用户自动具有角色预定义的所有权限。例如，要在 Database Create 组中增加成员，只要在图 10-4 中找到 dbcreator 并双击，在弹出的"服务器角色属性-dbcreator"对话框中单击"添加"按钮，就可以打开选择登录名的对话框。在图 10-5 中，选择 user2 并添加到 dbcreator 角色中。

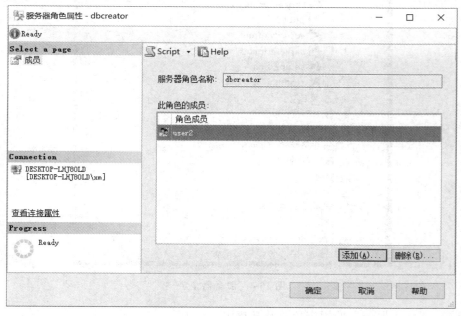

图 10-5 选择要添加的成员

如果使用 T-SQL 语句更改服务器角色的成员,则要将一个账号加入一个服务器角色,再使用系统存储过程 sp_addsrvrolemember。

10.2.3 管理数据库的用户

如果一个用户登录到 SQL Server 服务器后,还不能对数据库进行操作,这是因为系统管理员还没有为他在数据库中建立一个用户名。SQL Server 用户分为两级:登录账号和用户账号。其中用户账号是由 SQL Server 管理的,用户必须通过登录账号建立自己的连接(身份验证),以便获得对 SQL Server 实例的访问权限。如同先刷卡再进入公司(登录服务器),然后再拿钥匙打开自己的办公室(进入数据库)一样。

每台服务器都有一套服务器登录账号列表,每个数据库中都有一套相互独立的数据库用户列表。因此,每个数据库用户与服务器登录账号之间存在着一种映射关系,系统管理员可以将一个服务器登录账号映射到用户需要访问的每个数据库中的一个用户账号或角色上。一个登录账号在不同的数据库中可以映射成不同的用户,从而可以具有不同的权限。这种映射关系为同一服务器上不同数据库的权限管理提供了灵活性。

管理数据库用户的过程实际上就是管理这种映射关系的过程。

每个数据库都有两个默认的用户:dbo 和 guest。dbo(database owner)代表数据库的拥有者,sysadmin 服务器角色的成员会自动映射成 dbo。任何一个登录账号都可以通过 guest 用户账号来存取相应的数据库。但是,当新建一个数据库时,默认只有 dbo 用户账号而没有 guest 用户账号。每个登录账号在一个数据库中只能有一个用户账号,但是每个登录账号可以在不同的数据库中各有一个用户账号。如果在新建登录账号过程中要指定某个数据库有存取权限,则应在该数据库中自动创建一个与登录账号同名的用户账号。

当数据库存在 guest 用户时,所有通过自己账号访问数据库的用户都可作为 guest 用户访问。guest 用户可以像其他用户一样设置权限,也可以增加或删除,但在 master 和 tempdb 中不能删除 guest。因为 master 数据库中记录了所有的系统信息,每个登录的用户若没有特别指定数据库,默认都使用 master 数据库。tempdb 数据库是临时使用的数据库,所有与服务器连接的数据都会存储在该处,因此也必须提供 guest 用户账号。用户自建的数据库默认状态下没有 guest 用户,可以手工创建。但是 guest 用户如果使用不当,则有可能成为安全隐患。

需要注意的是,登录账号具有对某个数据库的访问权限,并不表示该登录账号对数据库具有存取的权限。如果要对数据库的对象进行插入、更新等操作,还需要设置用户账号的权限。

要查看数据库用户,可以在企业管理器中单击数据库节点,展开"安全性",即可看到用户。展开用户即可看到该数据库拥有的用户。

1. 添加数据库用户

可以使用企业管理器添加数据库用户,如在 students 数据库中添加数据库用户,只要在"students"数据库的"用户"节点上单击鼠标右键,在弹出的快捷菜单中选择"新建用户",然后在图 10-6 所示的对话框中输入用户名,映射登录账号,选择相应内容即可。

创建数据库用户账号后还可对其拥有的架构进行修改。在对象资源管理器中的用户账号上右击,然后选择"属性",打开"数据库用户"对话框进行修改。

通过 T-SQL 语句添加数据库用户,需要使用系统存储过程 sp_grantdbaccess。

2. 修改数据库用户

为了管理数据库用户的权限,与服务器一样,数据库中也设计了角色的概念。与服务器角色不同的是,在数据库中,除了有固定角色外,还可以有自定义角色。

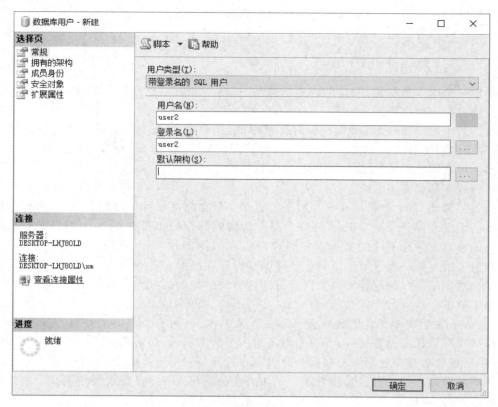

图 10-6　新建数据库用户

　　固定数据库角色是在每个数据库中都存在的预定义组。系统管理员可以将一个用户加入到一个或多个数据库角色中。固定角色有权执行一些特殊的数据库级管理活动。固定角色不能被添加、修改或删除。表 10-2 说明了固定数据库角色及其能够执行的操作,所有数据库中都有这些角色。

表 10-2　固定数据库角色说明

固定数据库角色	说　　明
db_owner	db_owner 固定数据库角色的成员可以执行数据库的所有配置和维护活动,还可以删除数据库
db_securityadmin	db_securityadmin 固定数据库角色的成员可以修改角色成员身份和管理权限。向此角色中添加主体可能会导致意外的权限升级
db_accessadmin	db_accessadmin 固定数据库角色的成员可以为 Windows 登录账号、Windows 组和 SQL Server 登录账号添加或删除数据库访问权限
db_backupoperator	db_backupoperator 固定数据库角色的成员可以备份数据库
db_ddladmin	db_ddladmin 固定数据库角色的成员可以在数据库中运行任何数据定义语言命令
db_datawriter	db_datawriter 固定数据库角色的成员可以在所有用户表中添加、删除或更改数据
db_datareader	db_datareader 固定数据库角色的成员可以从所有用户表中读取所有数据

固定数据库角色	说　　明
db_denydatawriter	db_denydatawriter 固定数据库角色的成员不能添加、修改或删除数据库内用户表中的任何数据
db_denydatareader	db_denydatareader 固定数据库角色的成员不能读取数据库内用户表中的任何数据

实际上,系统中除有固定数据库角色外,还有用户自定义数据库角色。若已经创建了数据库 students,再创建数据库角色如 R1,则只要在该数据库下的"角色"节点中单击鼠标右键,选择"新建数据库角色",在弹出的对话框中填入角色名称 R1,再选择此角色拥有的架构及添加角色成员即可。

如果使用 T-SQL 语句添加角色成员,则可以使用系统存储过程 sp_addrolemember。

3. 删除用户自定义角色

在企业管理器中,用鼠标右键选择角色,从弹出的快捷菜单中选择"删除",如图 10-7 所示,确认后就可以删除这个角色。但只能删除用户自定义的角色,不能删除系统的固定角色。

如果使用 T-SQL 语句删除角色,则可以使用系统存储过程 sp_droprolemember。

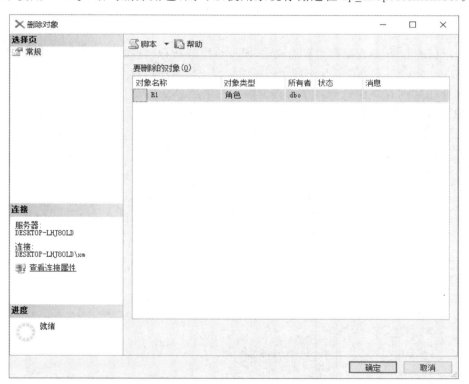

图 10-7　"删除对象"对话框(角色)

 ## 10.3　管理权限

权限是用于控制用户如何访问数据库对象的。用户可以直接分配得到权限,也可以作为角色中的一个成员间接得到权限。用户还可以同时属于具有不同权限的多个角色,这些不同的权限提供了对同一数据库对象的不同访问级别。

10.3.1 SQL Server 的权限

系统预定义的服务器角色、数据库拥有者和数据库对象拥有者本身就默认具有一些权限。除此以外,SQL Server 还可另外赋予或删除权限。

对象权限是指用户对数据库中的表、存储过程、视图等对象的操作权限。例如,是否可以查询、是否可以执行存储过程等,具体包括以下几个方面。

(1) 对于表和视图,是否可以执行 SELECT、INSERT、UPDATE、DELETE。

(2) 对于表和视图的列,是否可以执行 SELECT、UPDATE。

(3) 对于存储过程,是否可以执行 EXECUTE。

语句权限是指是否可以执行一些数据定义语句,包括 BACKUP DATABASE、BACKUP LOG、CREATE DATABASE、CREATE DEFAULT、CREATE FUNCTION、CREATE PROCEDURE、CREATE RULE、CREATE TABLE、CREATE VIEW 等。

10.3.2 权限设置

用户或角色的权限可以有三种操作方式:授权(GRANT)、拒绝(DENY)或取消(REVOKE)。如果用户是直接授予权限或用户属于已经授予权限的角色,那么用户就可以执行操作。

在一定程度上,拒绝权限类似取消权限,但拒绝权限具有最高的优先级,即只要一个对象拒绝一个用户或对象访问,即使该用户或角色被明确授予某种权限,也不允许执行相应的操作。

下面介绍如何在企业管理器中管理权限。权限可以从用户/角色的角度进行管理,即管理一个用户或角色能对哪些表执行哪些操作,如图 10-8 所示;也可以从对象的角度进行管理,即设置一个数据库对象能被哪些用户或角色执行哪些操作,如图 10-9 所示。

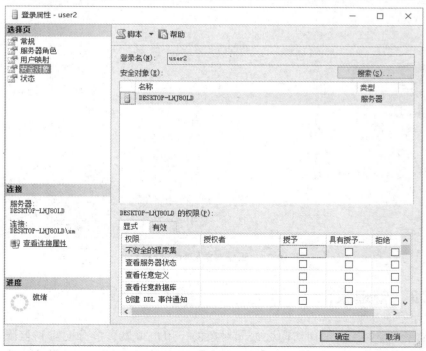

图 10-8 从用户角度管理权限

图 10-9 从对象角度管理权限

例 10-1 拒绝给用户 user2 授予对 students 数据库中 course 表的 SELECT 的权限,写出相关语句。

解 具体语句如下。

```
USE students
GO
DENY SELECT ON course TO user2
```

10.4 应用程序的安全管理

如何使用登录账号和权限实现数据库的安全访问,属于用户的权限管理。用户只要被授予使用某个语句或操作某个数据库对象的权限,就可以用任何工具来使用这些权限。

但有些时候,不允许用户用任何工具对数据库进行某些操作,而只能用特定的应用程序来处理,如一些关键数据或一些复杂的数据库,表间的数据关系可能很难直接用外键、规则等功能来维护。为了保证数据的完整性和一致性,应该使用设计良好的应用程序来对数据库进行操作,而不应让用户使用数据库工具直接修改数据,这时要求只能由专用的应用程序存取,以避免用户对数据库的错误操作。

因此,SQL Server 设计了应用程序角色的概念,这种安全机制可以指定数据库或其中的某些对象只能由某些特殊的应用程序访问。

应用程序角色的特点是不包含成员,任何用户都不能加入应用程序角色中,其角色权限在角色被激活时生效;应用程序角色在激活时需要口令;在激活应用程序角色后,当前用户的所有权限都会消失,代之以应用程序角色的权限。例如,人事数据库中包含档案表,这是敏感数据,一般都是要求保密的。因此,档案表设计为只允许通过专门的档案管理程序存取,任何用户无论是总经理还是数据库管理员都不能直接用外部工具访问。为此可以将所有用户对该表的所有操作权限全部设置为 DENY,同时另外创建一个应用程序角色,并授予该角色所有权限。只有专门开发的档案管理程序可以提供这个应用程序角色激活所需的口令,当档案管理程序连接到数据库之后,就可以激活这个应用程序角色,从而进行正常的业务数据处理,而其他工具由于无法提供正确的口令,即使连上了数据库,也不能对档案表进行存取。

通过企业管理器创建应用程序角色,只要在"角色"节点下选择"新建应用程序角色",在图 10-10 中所示的"角色名称""密码""此角色拥有的架构"的文本框中分别输入相应的内容,就可设置应用程序角色。如果使用 T-SQL 语句创建应用程序角色,则可以调用系统存储过程 sp_addapprole。

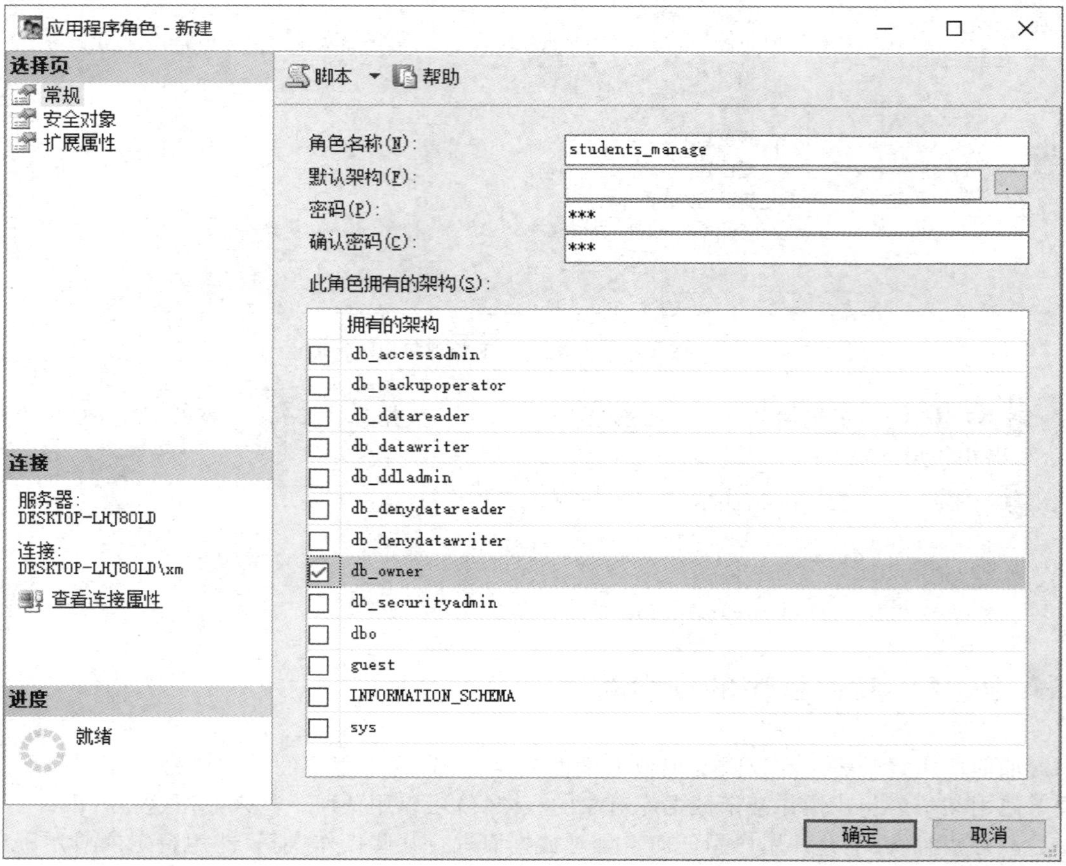

图 10-10   设置应用程序角色

默认情况下,应用程序角色处于停用状态,如果要使用应用程序角色所具有的权限,则应激活应用程序角色。激活应用程序角色要使用系统存储过程 sp_setapprole。

应用程序角色一旦被激活,只有当应用程序与 SQL Server 断开连接时才被停用。修改应用程序角色的口令可以使用系统存储过程 sp_approlepassword。

如果要删除一个应用程序角色,只要用鼠标右键单击角色,在弹出的快捷菜单中选择"删除"命令即可。如果使用 T-SQL 语句删除应用程序角色,则需要调用系统存储过程 sp_dropapprole。

本 章 小 结

本章首先介绍了 SQL Server 2016 的安全管理机制,包括身份验证、权限认证和设置安全验证模式。然后从服务器登录账号、服务器角色和管理数据库用户三个方面重点介绍了服务器管理的安全性。最后介绍了 SQL Server 2016 的权限和权限设置,进一步从应用程序的角度介绍了应用程序的安全性和应用程序角色。

思 考 题

1. SQL Server 2016 的安全性主要从哪些方面具体实现?
2. 服务器的登录账号是如何设置的? 它有何作用?
3. 什么是服务器的角色? 它是如何建立的?
4. 如何创建数据库的用户? 如何对它进行管理?
5. SQL Server 2016 的权限有哪些? 具体是如何设置的?
6. 应用程序的安全管理是如何实现的?

第11章 备份与还原

【学习目的与要求】

本章主要介绍了数据库备份和还原的基本概念、具有检查点的数据还原技术原理,并重点介绍了在 SQL Server 环境下进行数据库备份和还原的基本方法。通过学习,要求达到下列目的:

(1) 学会根据不同实际情况制订相应的备份和还原策略。

(2) 掌握备份设备的创建方法。

(3) 学会使用 SQL Server Enterprise Manager 和 BACKUP、RESTORE 备份或还原,附加数据库。

(4) 理解具有检查点的数据还原技术原理。

SQL Server 2016 备份和还原组件可为存储在 SQL Server 数据库中的关键数据提供重要的保护手段,可让数据库从多种故障中还原。另外,也可出于其他目的备份和还原数据库,如通过备份一台计算机上的数据库,再将该数据库还原到另一台计算机上,以快速地生成数据库的复本。通常,用户可以使用 SQL 语句,也可以通过 SQL Server 的企业管理器进行数据的备份和还原。

11.1 备份与还原概述

11.1.1 备份与还原需求分析

SQL Server 2016 中有关备份和还原数据库的选项如下,通常应根据数据库中数据的重要程度来确定备份选项。

(1) 完全备份:将数据库完全复制到备份文件中。

(2) 事务日志备份:仅复制数据库上的事务日志。

(3) 增量备份:仅复制自上一次完全备份之后数据库中发生变化的数据。

备份和还原策略可以参考以下三种,数据库管理员应根据实际情况进行合适的选择。

(1) 使用完全备份策略。使用完全备份策略可使数据库还原操作非常简单,只需将最近一次的完全备份还原即可。但是,完全备份所占存储空间很大、备份时间较长,且备份后对数据库所做的修改无法还原。

(2) 在完全备份基础上使用事务日志备份的策略。定期进行完全备份,如一天一次或两天一次;更频繁地进行事务日志备份,如一小时一次或两小时一次。当需要数据库还原时,可用最近一次的完全备份还原数据库;可用最近一次完全备份之后创建的所有事务日志备份,按顺序还原完全备份之后发生在数据库上的所有操作。

(3) 同时使用三种备份策略:在同时使用数据库完全备份和事务日志备份的基础上,再以增量备份作为补充。

11.1.2 数据库备份的基本概念

数据库备份就是对 SQL Server 数据库或事务日志进行备份,在进行备份这一操作时记录数据库中所有数据的状态,以便在数据库遭到破坏时能够及时地将其还原。执行备份操作必须拥有对数据库备份的许可权限,SQL Server 只允许系统管理员、数据库所有者和数据库备份执行者备份数据库。

11.1.3 数据库还原的概念

数据库管理系统必须具有把数据库从错误状态还原到某一已知的正确状态的功能,这就是数据库的还原功能。数据库系统采用的还原技术是否行之有效,不仅对系统的可靠程度起着决定性作用,而且对系统的运行效率有很大影响,这是衡量系统性能优劣的重要指标。

11.2 备份操作和备份命令

11.2.1 创建备份设备

备份操作或还原操作使用的磁盘驱动器或磁带机称为备份设备。当创建备份设备时,必须选择要将数据写入目标备份设备。SQL Server 2016 可以将数据库、事务日志和文件备份到磁盘或磁带设备上。

磁盘备份设备是指硬盘或其他磁盘存储介质上的文件,跟常规的操作系统文件一样。引用磁盘备份设备与引用任何其他操作系统文件一样,可以在服务器的本地磁盘上或共享网络资源的远程磁盘上定义磁盘备份设备。

可以使用 SSMS 创建备份设备,具体步骤如下。

启动 SSMS,选择需要创建备份设备的服务器,打开"服务器对象"文件夹,在"备份设备"图标上单击右键,在弹出的快捷菜单中选择"新建备份设备",如图 11-1 所示。

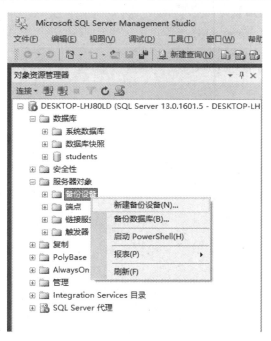

图 11-1 新建备份设备

随后出现图 11-2 所示的"备份设备"对话框,在"设备名称"文本框中输入该备份设备的逻辑名称,选择"文件"选项,并通过"文件"栏最右边的"…"按钮确定该备份设备的磁盘路径和文件名。

如果备份设备创建得不合适或有些备份设备已经不再使用,则可以删除这些备份设备。启动 SSMS,打开"服务器对象"文件夹,在"备份设备"中选择要删除的备份设备,单击鼠标右键,选择"删除"即可,如图 11-3 所示。删除对象后的效果如图 11-4 所示。

图 11-2 "备份设备"对话框　　　　　　　图 11-3 删除备份设备

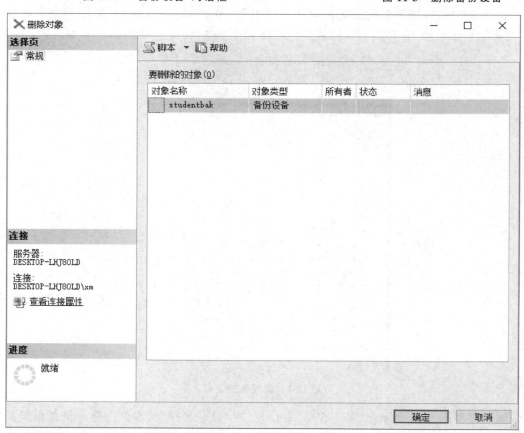

图 11-4 删除对象

11.2.2 备份命令

备份数据库既可以通过运行备份命令实现，也可以使用 SSMS 来完成，本节使用 BACKUP 进行数据库的备份。BACKUP 有许多选项，它的基本语法为：

BACKUP DATABASE {database_name|@database_name_var}

    TO <backup_device>[,…n]

    [<MIRROR TO clause>] [next-mirror-to]

    [WITH {DIFFERENTIAL|<general_WITH_options>[,…n]}]

[;]

参数说明：

（1）{database_name| @database_name_var}：备份事务日志、部分数据库或完整的数据库时所用的源数据库。如果作为变量（@database_name_var）提供，则可以将此名称指定为字符串常量（@database_name_var= database name）或指定为字符串数据类型（ntext 或 text 数据类型除外）的变量。

（2）TO <backup_device>[,…n]：指示附带的备份设备集是一个未镜像的介质集，或者是镜像介质集中的第一批镜像（为其声明了一个或多个 MIRROR TO 子句）。

<backup_device>：指定用于备份操作的逻辑备份设备或物理备份设备。

（3）MIRROR TO <backup_device>[,…n]：指定一组辅助备份设备（最多三个），其中每个设备都将镜像 TO 子句中指定的备份设备。必须对 MIRROR TO 子句和 TO 子句指定相同类型和数量的备份设备。最多可以使用三个 MIRROR TO 子句。

[next-mirror-to]：一个占位符，表示一个 BACKUP 语句除了包含一个 TO 子句外，最多还可包含三个 MIRROR TO 子句。

（4）WITH 选项：指定要用于备份操作的选项。

（5）DIFFERENTIAL：只能与 BACKUP DATABASE 一起使用，指定数据库备份或文件备份应该只包含上次完整备份后更改的数据库或文件部分。差异备份一般会比完整备份占用更少的空间。对于上一次完整备份后执行的所有单个日志备份，使用该选项可以不必再进行备份。

（6）<general_WITH_options>[,…n]：具体的备份操作设置

① {COMPRESSION|NO_COMPRESSION}：显式启用备份压缩|显式禁用备份压缩。

② NAME= {backup_set_name| @backup_set_var}：指定备份集的名称。名称最长可达 128 个字符。如果未指定 NAME，它将为空。

③ {NOINIT|INIT}：控制备份操作是追加到还是覆盖备份介质中的现有备份集。默认为追加到介质中最新的备份集（NOINIT）。

④ STATS [=percentage]：每当另一个 percentage 完成时显示一条消息，并用于测量进度。如果省略 percentage，则 SQL Server 在每完成 10% 后就显示一条消息。

⑤ {NOSKIP|SKIP}：控制备份操作是否在覆盖介质中的备份集之前检查它们的过期日期和时间。默认 NOSKIP，表示 BACKUP 语句在可以覆盖介质上的所有备份集之前先检查它们的过期日期。SKIP 表示禁用备份集的过期和名称检查。

例 11-1 使用 BACKUP 语句备份 students 数据库。

解 用逻辑设备名称执行 BACKUP 语句。

```
BACKUP DATABASE students TO studentsbak
```

通过上述方法可以备份整个数据库。然而,如果数据库很大且频繁变动,由于时间和空间的限制,所以频繁进行全数据库备份是不现实的。这种情况下,可以采用差异数据库备份,它只捕获并保存全数据库备份后改变的数据。由于它的文件较小且信息简明,用它进行数据还原的速度非常快。

例 11-2　在一个名为 students 的数据库上创建 students 数据库的差异备份,写出相关语句。

解　语句如下。

BACKUP DATABASE students TO studentsbak with DIFFERENTIAL

11.2.3　使用 SSMS 进行备份

可以使用 SSMS 对数据库进行备份,具体操作过程如下。

(1) 启动 SSMS,单击"开始"按钮,并依次选择"所有程序→Microsoft SQL Server 2016→SQL Server Management Studio"选项,打开"连接到服务器"对话框。

(2) 在"对象资源管理器"对话框中展开需要备份的数据库,单击右键,在出现的快捷菜单中选择"任务→备份",如图 11-5 所示。

(3) 在"常规"选项卡中进行设置,如图 11-6 所示。在"数据库"文本框中,输入备份集名称,默认为选定的数据库。在"备份到"选项下,可以选择"磁盘"或"URL",默认选择磁盘,并且给出的路径就是数据库的安装路径下的 backup 目录。

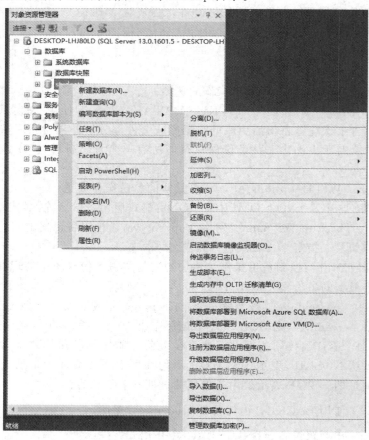

图 11-5　执行"备份"命令

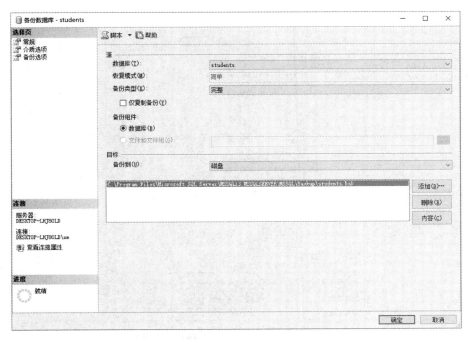

图 11-6 备份数据库"常规"页面

用户也可以单击图 11-6 的目标栏目下的"添加"按钮来选择其他路径添加备份文件,如图 11-7 所示,在"文件名"下输入文件路径,或者单击旁边的按钮,进行数据库文件定位,如图 11-8 所示。在这里,用户可以选择存放备份文件的路径,并输入文件名 stu201704,选择文件类型为备份文件。所有设置完毕后单击"确定"按钮,退回上级对话框。

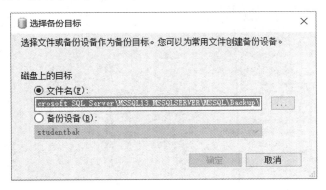

图 11-7 "选择备份目标"对话框

(4)在"介质选项"页面中继续进行设置。如可以选择"追加到现有备份集",将备份追加到备份设备上任何现有的备份中;也可以选择"覆盖所有现有备份集",重写备份设备中任何现有的备份,如图 11-7 所示。

(5)在"备份选项"页面中继续进行设置。如可以填写备份集的名称和说明,可以设置备份集过期时间,0 天为不过期,如图 11-10 所示。

(6)单击"确定"按钮完成备份操作,如图 11-11 所示。

11.2.4 使用备份向导进行备份

使用备份向导进行备份,具体操作步骤如下。

图 11-8　定位数据库文件对话框

图 11-9　备份数据库"介质选项"页面

（1）启动 SSMS，单击"开始"按钮，并依次选择"所有程序→Microsoft SQL Server 2016 →SQL Server Management Studio"选项，打开"连接到服务器"对话框。

（2）在菜单栏上，选择"视图→模板资源管理器"，打开模板浏览器窗口。

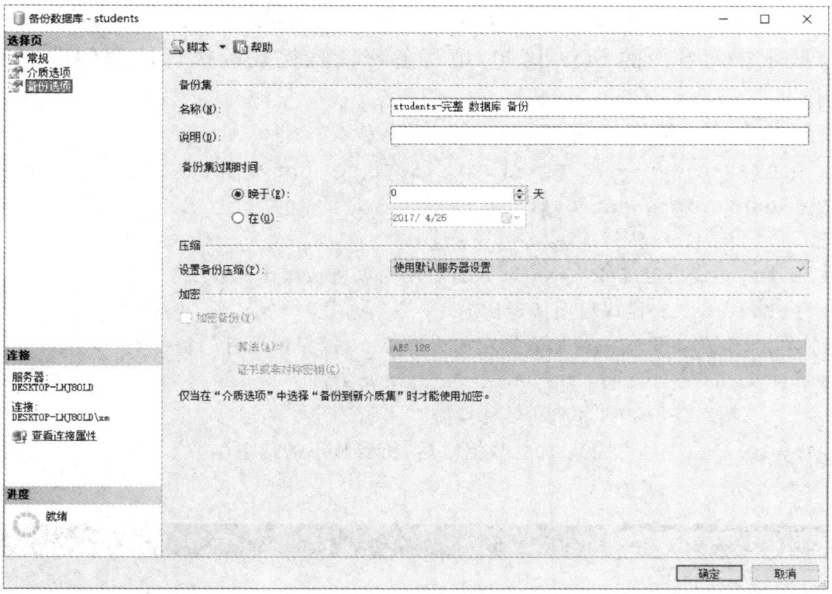

图 11-10　备份数据库"备份选项"页面

Microsoft SQL Server Management Studio　　　　　　　　　　　　　×

ⓘ　对数据库"students"的备份已成功完成。

确定

图 11-11　备份完成

（3）展开"Backup"，然后双击"Backup Database"，如图 11-12 所示。

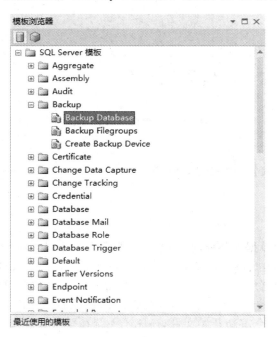

图 11-12　模板浏览器

（4）出现一个查询编辑器窗口，如图 11-13 所示。按照 BACKUP DATABASE 的语法规则，编辑修改数据库备份的 SQL 语句，填写备份信息完成后执行该语句即可完成对数据库的备份操作。

```
BACKUP DATABASE students
TO  DISK=N'C:\Program Files\Microsoft SQL Server\MSSQL13. MSSQLSERVER\
MSSQL\Backup\student_bak2017.bak'
WITH
NOFORMAT,——指定媒体头不应写入所有用于该备份操作的卷中
COMPRESSION,——显式启用备份压缩
NOINIT,   ——备份集将追加到指定的介质集上，以保留现有的备份集
NAME=N'students-Full Database Backup',
SKIP,——禁用备份集的过期和名称检查
STATS=10;——在备份完某 10% 数据之后，所要显示的信息
GO
```

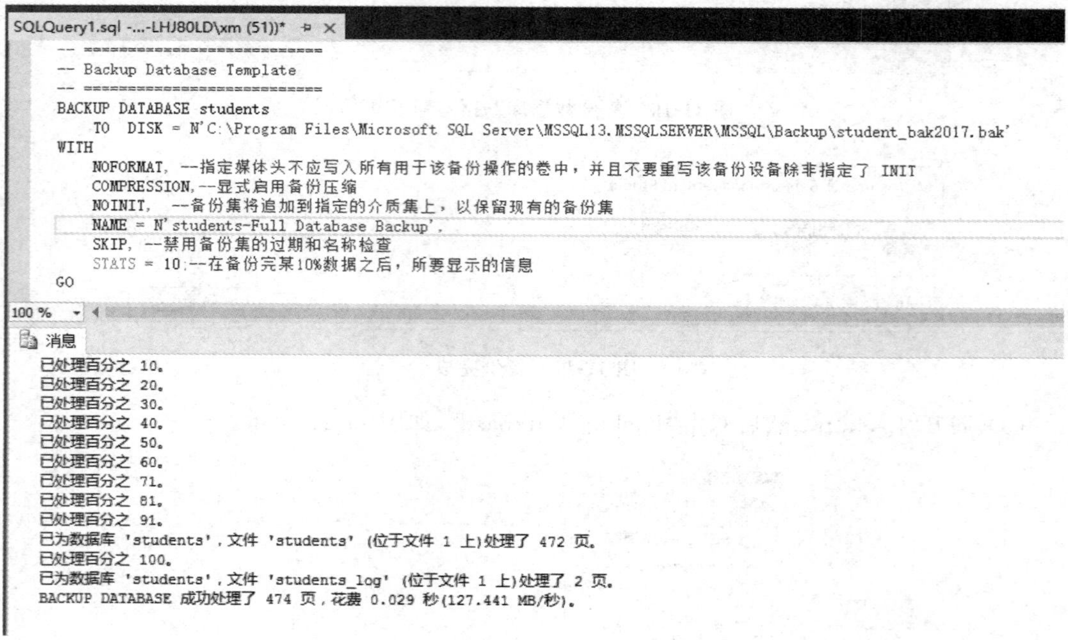

图 11-13　查询编辑器窗口

11.3　还原操作与还原命令

11.3.1　检查点

利用日志技术进行数据库还原时，还原子系统需要搜索日志并检查所有日志记录，以确定哪些事务需要撤销，哪些事务需要重做。但实际上，许多需要 REDO 处理的事务已经将它们的更新操作写到数据库中了，然而，还原子系统又会重新执行这些操作，导致浪费大量时间。因此，针对这一问题，又开发了具有检查点的还原技术：在日志文件中增加"检查点（check point）记录"和一个重新开始文件，还原子系统在登录日志文件期间动态维护日志。

检查点记录的内容：检查点建立时所有正在执行的事务清单，事务最近一个日志记录的

地址。

重新开始文件:用于记录各个检查点记录在日志文件中的地址。

建立检查点 Ci 时对应的日志文件和重新开始文件,如图 11-14 所示。

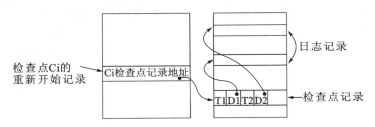

图 11-14 具有检查点的日志文件和重新开始文件

1. 动态维护日志的方法

动态维护日志的方法是周期性地执行如下操作:

(1) 将当前日志缓冲区中的所有日志记录写入日志文件;

(2) 在日志文件中写入一个检查点记录;

(3) 将当前数据缓冲区的所有数据记录写入磁盘的数据库中;

(4) 把检查点记录在日志文件中的地址写入重新开始文件。

由上可知,如果事务 T 在一个检查点前提交,则 T 对数据库所做的修改一定都已写入数据库,写入时间是这个检查点建立之前或建立之时,因此,使用检查点方法可以改善还原效率。系统出现故障时,还原子系统会根据事务的不同状态采取不同的还原策略,如图 11-15 所示。

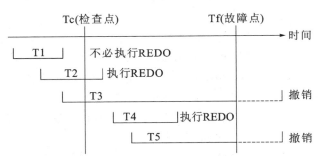

图 11-15 还原子系统采取的不同策略

T1:在检查点之前提交。

T2:在检查点之前开始执行,在检查点之后故障点之前提交。

T3:在检查点之前开始执行,在故障点时还未完成。

T4:在检查点之后开始执行,在检查点之后故障点之前提交。

T5:在检查点之后开始执行,在检查点时还未完成。

其中,T1 在检查点之前已经提交,所以不必执行 REDO 操作;T3 和 T5 在故障发生时还未完成,但可能有部分数据已写入数据库,所以予以撤销;T2 和 T4 在检查点后才提交,其对数据库所做的修改在故障发生时可能还在缓冲区中,尚未全部写入数据库,所以要执行REDO。

2. 系统使用检查点方法进行还原的步骤

(1) 从重新开始文件中找到最后一个检查点记录在日志文件中的地址,由该地址在日志文件中找到最后一个检查点记录。

（2）由该检查点记录得到建立检查点时所有正在执行的事务清单 ACTIVE-LIST。这里要建立两个事务队列：执行 UNDO 操作的事务集合 UNDO-LIST 和执行 REDO 操作的事务集合 REDO-LIST。把 ACTIVE-LIST 暂时放入 UNDO-LIST 队列，REDO 队列暂时为空。

（3）从检查点开始正向扫描日志文件。如果有新开始的事务 Ti，则把 Ti 暂时放入 UNDO-LIST 队列；如果有提交的事务 Tj，则把 Tj 从 UNDO-LIST 队列移到 REDO-LIST 队列；直至日志文件结束。

（4）对 UNDO-LIST 中的每个事务执行 UNDO 操作，对 REDO-LIST 中的每个事务执行 REDO 操作。

11.3.2　数据库的还原命令

还原数据库既可以通过运行还原语句实现，也可以使用 SSMS 来完成。本节介绍使用 RESTORE 语句还原数据库，它的基本语法格式如下：

```
RESTORE DATABASE {database_name}
FROM <backup_device>
    WITH [FILE={file_number}] [,]
[RECOVERY| NORECOVERY|…]
```

参数说明：

<backup_device>：用于指定还原操作要使用的逻辑或物理备份设备，可以是下列的一种或多种形式。

① {'logical_backup_device_name'}：为备份设备（数据库将从该备份设备还原）的逻辑名称，该名称必须符合标识符规则。

② {DISK|TAPE}=' physical_backup_device_name'：允许从命名磁盘或磁带设备还原备份。磁盘或磁带的设备类型应该用设备的真实名称来指定，即 DISK = ' C:\Program Files\ Microsoft SQL Server\MSSQL\BACKUP\Mybackup. bak '。

RESTORE 语句有许多可选项，这里简单介绍两项。

（1）FILE 用于标识要还原的备份集。例如，file_number 为 1 表示备份介质上的第一个备份集，file_number 为 2 表示第二个备份集。

（2）NORECOVERY 表示还原操作不回滚任何未提交的事务。如果 NORECOVERY、RECOVERY 和 STANDBY 均未指定，则默认为 RECOVERY。当还原数据库备份和多个事务日志时，或者需要多个 RESTORE 语句时（例如，在完整数据库备份后进行差异数据库备份），SQL Server 要求在除最后的 RESTORE 语句外的所有其他语句上使用 WITH NORECOVERY 选项。

例 11-3　从备份设备 students_bak 还原完整数据库备份为 students，写出语句。

解　语句如下。

```
RESTORE DATABASE students FROM students_bak
```

11.3.3　使用 SSMS 还原数据库

使用 SSMS 还原数据库的步骤如下。

（1）打开 SSMS，在数据库上单击鼠标右键，在弹出的快捷菜单中选择"任务→还原→数据库"，如图 11-16 所示，打开还原数据库对话框。

图 11-16　还原数据库的命令

　　(2) 设置还原数据库的"常规"页面,如图 11-17 所示。在"还原的目标"选项区中选择要还原的目标数据库和时间点,在"源"选项区中,选择源数据库或源设备。如果数据库已经执行了备份,那么在表格的对话框中会显示备份的历史,从中选择用于还原的备份集。

图 11-17　还原数据库的"常规"页面

（3）选择"文件"页面进行设置，如图 11-18 所示。在"还原为"选项里，选择以前的备份集的备份数据。

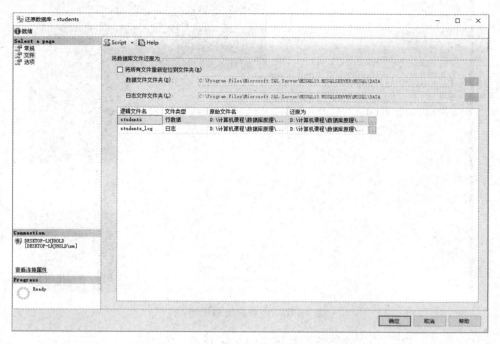

图 11-18　还原数据库的"文件"页面

（4）选择"选项"页面进行设置，如图 11-19 所示，可以设置覆盖现有数据库，或者保留复制设置，或者是限制访问还原的数据库，还可以设置恢复状态、日志备份等。

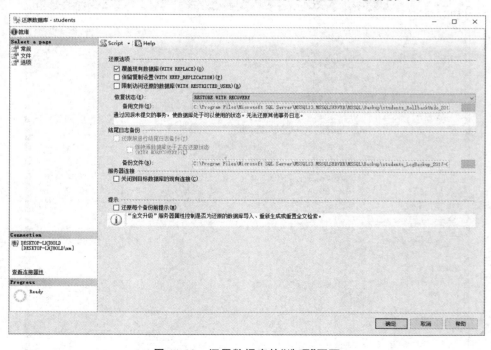

图 11-19　还原数据库的"选项"页面

（5）单击"确定"按钮，数据库还原完成，如图11-20所示。

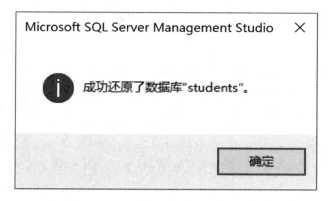

图 11-20　完成数据库还原

本 章 小 结

本章主要讨论了数据库备份和还原的基本概念、具有检查点的数据还原技术原理，并重点介绍了在 SQL Server 环境下进行数据库备份和还原的基本方法。

通过本章学习，读者应学会根据不同实际情况制订相应的备份和还原策略，了解备份设备的创建方法，以及如何使用 SSMS 和 BACKUP、RESTORE 备份或还原数据库。

思 考 题

1. 数据库中为什么要有恢复子系统？它的功能是什么？
2. 常用的备份和恢复策略有哪些？
3. 什么是备份设备？如何创建备份设备？
4. 备份数据库有哪些方法？分别如何实现？
5. 还原数据库有哪些方法？分别如何实现？
6. 什么是检查点记录？检查点记录包括哪些内容？
7. 具有检查点的恢复技术有什么优点？试举例说明。

参 考 文 献

[1] 赵永霞.数据库系统原理与应用[M].2版.武汉:武汉大学出版社,2008.

[2] 赵永霞.数据库原理与应用技术[M].武汉:华中科技大学出版社,2013.

[3] Abraham Silberschatz.数据库系统概念[M].5版.杨冬青,等,译.北京:机械工业出版社,2006.

[4] Raghu Ramakrishnan,Johannes Gehrke.数据库管理系统原理与设计[M].3版.周立柱,张志强,等,译.北京:清华大学出版社,2004.

[5] Michael V. Mannino.数据库设计、应用开发与管理[M].2版.唐常杰,张天庆,等,译.北京:电子工业出版社,2005.

[6] 萨师煊,王珊.数据库系统概论[M].5版.北京:高等教育出版社,2014.

[7] 冯玉才.数据库系统基础[M].武汉:华中科技大学出版社,2003.

[8] 丁宝康.数据库系统原理[M].北京:经济科学出版社,2000.

[9] 尹为民,李石君.现代数据库系统及应用教程[M].武汉:武汉大学出版社,2005.

[10] 苗雪兰,刘瑞新,等.数据库技术及应用[M].北京:机械工业出版社,2005.

[11] 徐孝凯.数据库技术[M].北京:清华大学出版社,2004.

[12] 孔璐,徐志坚,顾洪.数据库系统原理与开发应用技术[M].北京:国防工业出版社,2004.

[13] 陈洛资,陈昭平.数据库系统及应用基础[M].北京:北方交通大学出版社,2002.

[14] 黄志球,李清.数据库应用技术基础[M].北京:机械工业出版社,2003.

[15] 赵致格.数据库系统原理与应用[M].北京:清华大学出版社,2005.

[16] 夏邦贵,郭胜.SQL Server 数据库开发入门与范例解析[M].北京:机械工业出版社,2004.

[17] 关敬敏,沈立强.SQL Server 数据库应用教程[M].北京:清华大学出版社,2005.

[18] 金林樵,唐军芳.SQL Server 数据库开发技术[M].北京:机械工业出版社,2005.

[19] 张俊玲.数据库原理与应用[M].北京:清华大学出版社,2005.

[20] (美)罗伯,(美)柯尼尔.数据库系统设计实现与管理[M].张瑜,张继萍,等,译.北京:清华大学出版社,2005.

[21] 虞益诚.SQL Server 2005 数据库应用技术[M].2版.北京:中国铁道出版社,2009.

[22] 张蒲生.数据库应用技术 SQL Server 2005 基础篇[M].北京:机械工业出版社,2008.

[23] 希赛 IT 发展研究中心.贯通 SQL Server 2008 数据库系统开发[M].北京:电子工业出版社,2009.

[24] 卫琳,等.SQL Server 2008 数据库应用与开发教程[M].2版.北京:清华大学出版社,2011.

[25] 吴秀丽,等.数据库技术与应用:SQL Server 2008[M].北京:清华大学出版社,2010.

[26] 闪四清.SQL Server 2008 基础教程[M].北京:清华大学出版社,2010.

[27] 高晓黎.SQL Server 2008 案例教程[M].北京:清华大学出版社,2010.

[28] 姜桂洪,等.SQL Server 2005 数据库应用与开发[M].北京:清华大学出版社,2010.